高等院校理工科类大学物理系列教材

大学物理

（下册）

主编 》 罗春霞 许晗

华中科技大学出版社
http://www.hustp.com
中国·武汉

内 容 简 介

本书是根据教育部高等学校非物理专业物理基础课程教学指导分委员会制定的《非物理类、理工科专业大学物理课程教学基本要求》编写而成的。书中包括了基本要求中的所有核心内容，可供不同专业选用。

全书分为上、下两册，上册包括力学和电磁学，下册包括振动与波动、光学、热学、近代物理学等。

本书既可作为高等学校理工科非物理类专业的教材，也可供文科的相关专业选用，还可供物理爱好者阅读。

图书在版编目(CIP)数据

大学物理. 下册/罗春霞，许晗主编. —武汉：华中科技大学出版社，2021.11(2024.1重印)
ISBN 978-7-5680-7621-0

Ⅰ.①大… Ⅱ.①罗… ②许… Ⅲ.①物理学-高等学校-教材 Ⅳ.①O4

中国版本图书馆 CIP 数据核字(2021)第 218076 号

大学物理(下册)
Daxue Wuli(Xiace)

罗春霞　许　晗　主编

策划编辑：张　毅
责任编辑：郭星星
封面设计：孢　子
责任监印：朱　玢
出版发行：华中科技大学出版社(中国·武汉)　电话：(027)81321913
武汉市东湖新技术开发区华工科技园　邮编：430223
录　　排：武汉市洪山区佳年华文印部
印　　刷：武汉市洪林印务有限公司
开　　本：787mm×1092mm　1/16
印　　张：11.5
字　　数：288 千字
版　　次：2024 年 1 月第 1 版第 2 次印刷
定　　价：38.00 元

华中出版

前言

本书根据教育部高等学校非物理类专业物理基础课程教学指导分委员会发布的《理工科非物理类专业大学物理课程教学基本要求》，借鉴众多优秀大学物理教材，结合编者多年教学改革与实践经验编写而成。

物理学是一门以实验为基础的自然学科，是高等学校理工科各专业一门重要的通识性必修基础课。大学物理所教授的基本理论和基础方法是构成学生科学素养的重要组成部分，是科学研究工作者和科学技术人员必备的基本技能和知识。同时，大学物理课程在培养学生科学的世界观和方法论、增强学生分析问题和解决问题的能力、培养学生的探索精神和创新意识等方面，具有其他课程不能替代的重要作用。

在教育部的指导和支持下，许多高校正在以培养应用型人才为宗旨转型发展，转型发展的结果必然是大学物理这类基础理论课的学时减少。为了适应少学时下的大学物理教学，本书做了一些尝试，力求用简单明了的语言论述各章理论知识，准确把握物理概念、物理模型、物理思想，同时加强数学方法在物理学中的应用。本教材特别适合大学物理课程教学学时较少（如96学时、80学时）的高校使用，既适用于本科也适用于专科。

由于编者水平有限，书中难免存在不妥和错漏之处，敬请广大读者和同仁批评指正。

编　者

2021年9月于武汉

目录

第3篇　振动与波动

第4篇　光　　学

第 3 篇　振动与波动

第 9 章　振　　动

振动是自然科学和社会科学中的一种运动形式，如行星的运动、血液的循环、社会科学中的生态循环、消费指数的振荡等，这些运动的共同特点就是具有周期性。周期性运动是指在时间上具有重复性或往复性的运动。在日常的生活中，也有很多的振动，如心脏的跳动、钟摆的摆动、活塞的往复运动等，这些运动具有自身的特点，我们称之为机械振动。

9-1　简谐运动　振幅　周期和频率　相位

简谐运动是一种最简单、最基本的振动，任何复杂的振动都可以由简谐运动合成。因此，学习简谐运动的规律十分必要。

一、简谐运动

物体振动时，决定其位置的坐标是时间的正弦（或余弦）函数，该振动便称为**简谐运动**。简谐运动是一种最简单、最基本的振动。下面以弹簧振子为例，研究简谐运动的基本规律。

如图 9-1 所示，把轻弹簧（质量忽略不计）的左端固定，右端连一质量为 m 的物体，放置在光滑的水平面上，物体所受阻力忽略不计。当物体在位置 O 时，弹簧具有自然长度，此时物体在水平方向所受的合外力为零，位置 O 叫作平衡位置。取平衡位置 O 为坐标原点，以水平向右 Ox 为正方向。现将物体向右移动到位置 A，然后放开，由于弹簧伸长而出现指向平衡位置的弹性力。在弹性力作用下，物体向左运动，当通过位置 O 时，作用在物体 m 上的弹性力等于 0，但是由于惯性作用，物体 m 将继续向 O 点左边运动，使弹簧压缩。此时，由于弹簧被压缩，而出现了指向平衡位置的弹性力并将阻止物体向左运动，使物体 m 的速率减小，直至物体静止于 B 点（瞬时静止），之后物体在弹性力作用下改变运动方向，向右运动。这样在弹性力作用下物体左右往复运动，即为机械振动。

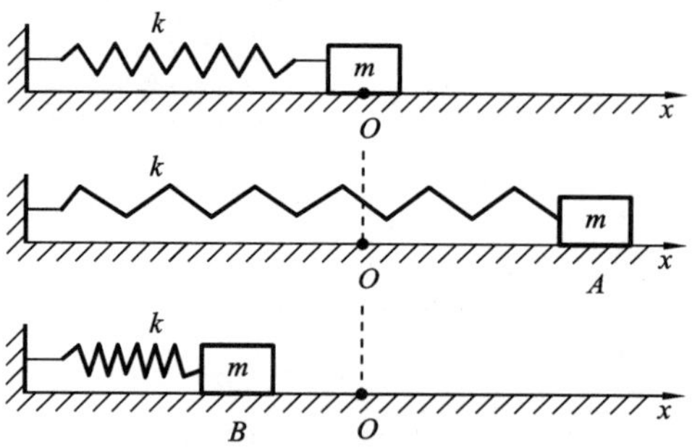

图 9-1　弹簧振子的振动

由胡克定律可知，物体所受的弹性力 F 与物体相对于平衡位置的位移 x 成正比，弹性力的方向与位移的方向相反，始终指向平衡位置，此力称为**回复力**。于是 $F=-kx$，其中 k 为弹簧的刚度系数，“$-$”表示力与位移的方向相反。由牛顿第二定律，物体的加速度为

$$a=\frac{F}{m}=-\frac{kx}{m} \tag{9-1}$$

又

$$a=\frac{\mathrm{d}^2x}{\mathrm{d}t^2}$$

所以

$$\frac{\mathrm{d}^2x}{\mathrm{d}t^2}+\frac{k}{m}x=0$$

令 $\frac{k}{m}=\omega^2$，上式可以写成

$$\frac{\mathrm{d}^2x}{\mathrm{d}t^2}+\omega^2x=0 \tag{9-2}$$

式(9-2)是标准的简谐运动物体的微分方程。它是一个常系数的齐次二阶的线性微分方程，它的解为

$$x=A\cos(\omega t+\varphi) \tag{9-3a}$$

或

$$x=A\sin(\omega t+\varphi')\quad\left(\text{式中 }\varphi'=\varphi+\frac{\pi}{2}\right) \tag{9-3b}$$

式(9-3a)和式(9-3b)是简谐运动的运动方程。因此，我们也可以说位移是时间 t 的正弦或余弦函数的运动都是简谐运动，本书用余弦形式表示简谐运动方程。

将式(9-3a)对时间求一阶、二阶导数，可得到简谐运动物体的速度 v 与加速度 a 为

$$v=\frac{\mathrm{d}x}{\mathrm{d}t}=-\omega A\sin(\omega t+\varphi) \tag{9-4}$$

$$a=\frac{\mathrm{d}^2x}{\mathrm{d}t^2}=-\omega^2A\cos(\omega t+\varphi) \tag{9-5}$$

可知

$$v_{\max}=\omega A,\quad a_{\max}=\omega^2A$$

由式(9-3a)、式(9-4)和式(9-5)，可以作出图 9-2 所示的 x-t、v-t 和 a-t 图。

由图可见，做简谐运动的物体的位移、速度、加速度均为周期性变化，运动的周期性为简谐运动的基本特性。

二、描述简谐运动的物理量

1. 振幅

由简谐运动方程 $x=A\cos(\omega t+\varphi)$可知，位移 x 的绝对值最大为 A。A 是做简谐运动的物体离开平衡位置最大位移的绝对值，称为**振幅**，记作 A。A 反映了振动的强弱。

2. 周期和频率

物体做一次完全振动所经历的时间叫作振动的**周期**，用 T 表示；在单位时间内物体所做的完全振动次数叫作**频率**，用 ν 表示；ω 表示在 2π 秒时间内物体所做的完全振动次数，ω 称为**角频率**（或**圆频率**）。一般选取周期的单位为秒(s)，频率的单位为赫兹(Hz)，角频率的单位为弧

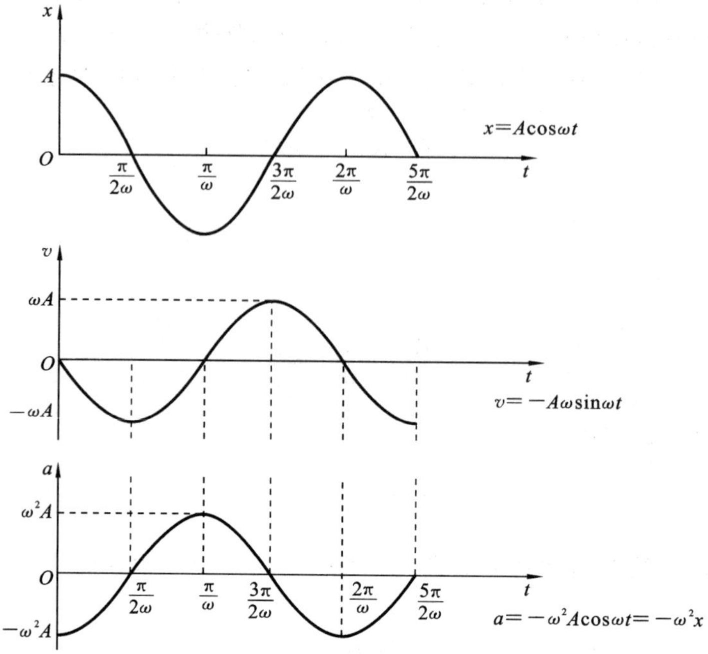

图 9-2　简谐运动的关系曲线

度/秒(rad/s)。

因为 $\omega=\frac{2\pi}{T}$,对于弹簧振子,$\omega=\sqrt{\frac{k}{m}}$,所以弹簧振子的周期和频率分别为

$$T=\frac{2\pi}{\omega}=2\pi\sqrt{\frac{m}{k}} \tag{9-6}$$

$$\nu=\frac{\omega}{2\pi}=\frac{1}{2\pi}\sqrt{\frac{k}{m}} \tag{9-7}$$

由于弹簧振子的角频率 ω 取决于 m 和 k,因此 T、ν 完全由弹簧振子本身的性质决定,与其他因素无关。这种周期和频率又称为**固有周期**和**固有频率**。

3. 相位和初相

由运动方程的位移和速度关系:$x=A\cos(\omega t+\varphi)$,$v=-\omega A\sin(\omega t+\varphi)$,可知物体在某一时刻的运动状态由位置坐标和速度决定,振动中,当 A、ω 给定后,物体的位置和速度取决于$(\omega t+\varphi)$,$(\omega t+\varphi)$称为**相位**(或**位相**)。

由上可见,相位是决定振动物体运动状态的物理量。φ 是 $t=0$ 时的相位,称为**初相**,它决定了初始时刻振动物体的运动状态。

4. A、φ 的确定

对于给定的系统,ω 已知,振幅 A 和初相 φ 取决于振动开始时物体的位移值 x_0 和速度值 v_0,x_0 和 v_0 叫作**初始条件**。

初始条件:$t=0$ 时,$x=x_0$,$v=v_0$。将初始条件代入式(9-3a)和式(9-4)得

$$x_0=A\cos\varphi,\quad v_0=-\omega A\sin\varphi$$

由上面两式联立得

$$A=\sqrt{x_0^2+\frac{v_0^2}{\omega^2}} \tag{9-8}$$

$$\varphi=\arctan\frac{-v_0}{\omega x_0} \tag{9-9}$$

由于振幅为正，因此式(9-8)中的开方取正号。一般，在 $0\sim2\pi$ 之间，有两个 φ 值的正切函数相同，由式(9-9)得出两个 φ 值，但两个中只有一个是正确的解，此解必须同时满足式(9-8)和式(9-9)。

例 9-1　一弹簧振子在光滑水平面上，已知 $k=1.60\ \mathrm{N/m}$，$m=0.40\ \mathrm{kg}$，试根据下列两种情况求出物体的振动方程。

(1) 将物体从平衡位置向右移到 $x_0=0.10\ \mathrm{m}$ 处由静止释放并开始计时；

(2) 在 $x_0=0.10\ \mathrm{m}$ 处给物体一个向左的初速度 $v_0=0.20\ \mathrm{m/s}$。

解　(1) 物体 m 的运动方程为

$$x=A\cos(\omega t+\varphi)$$

由题意知

$$\omega=\sqrt{\frac{k}{m}}=\sqrt{\frac{1.60}{0.40}}\ \mathrm{rad/s}=2\ \mathrm{rad/s}$$

初始条件：$t=0$ 时，$x_0=0.10\ \mathrm{m}$，$v_0=0$。

得

$$A=\sqrt{x_0^2+\frac{v_0^2}{\omega^2}}=\sqrt{0.10^2+0}\ \mathrm{m}=0.10\ \mathrm{m}$$

$$\varphi=\arctan\frac{-v_0}{\omega x_0}=\arctan 0$$

因为 $x_0>0$，$v_0=0$，所以 $\varphi=0^\circ$，得

$$x=0.10\cos 2t$$

(2) 初始条件：$t=0$ 时，$x_0=0.10\ \mathrm{m}$，$v_0=-0.20\ \mathrm{m/s}$。

$$A=\sqrt{x_0^2+\frac{v_0^2}{\omega^2}}=\sqrt{0.10^2+\frac{(-0.20)^2}{2^2}}\ \mathrm{m}=0.1\sqrt{2}\ \mathrm{m}$$

$$\varphi=\arctan\frac{-v_0}{\omega x_0}=\arctan\left(-\frac{-0.20}{2\times0.10}\right)=\arctan 1$$

因为 $x_0>0$，$v_0<0$，所以 $\varphi=\frac{\pi}{4}$，得

$$x=0.1\sqrt{2}\cos\left(2t+\frac{\pi}{4}\right)$$

可见：对于给定的系统，如果初始条件不同，则振幅和初相就有相应的改变。

9-2　旋转矢量

为了更直观更方便地研究简谐运动，我们引进旋转矢量的图示法。通过这种方法，可以形象地理解简谐运动的各个物理量。

一、旋转矢量

如图 9-3 所示，自 Ox 轴的原点 O 作一矢量 $\boldsymbol{A}$，其模为简谐运动的振幅 A，并使 $\boldsymbol{A}$ 在图面内绕 O 点逆时针转动，角速度大小为谐振动角频率 ω，矢量 $\boldsymbol{A}$ 称为**旋转矢量**。

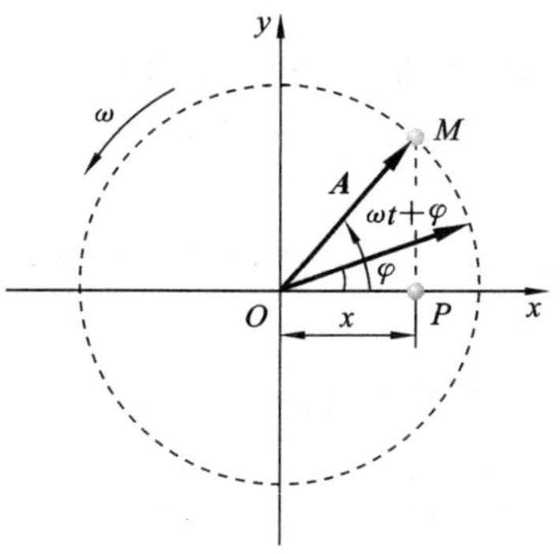

图 9-3　旋转矢量图

二、简谐运动的旋转矢量表示法

在图 9-3 中，旋转矢量 $\boldsymbol{A}$ 的矢端 M 在 Ox 轴上的投影点可表示为 Ox 轴上的简谐运动，振幅为 A，旋转矢量 $\boldsymbol{A}$ 以角速度 ω 旋转一周，相当于简谐运动物体在 Ox 轴上做一次完全振动，即旋转矢量旋转一周，所用时间与简谐运动的周期相同。$t=0$ 时刻，旋转矢量与 Ox 轴的夹角 φ 为简谐运动的初相，t 时刻旋转矢量与 Ox 轴的夹角 $(\omega t+\varphi)$ 为 t 时刻简谐运动的相位，这时矢量 $\boldsymbol{A}$ 的末端在 Ox 轴上的投影点 P 的位移为

$$x=A\cos(\omega t+\varphi)$$

由此可见，旋转矢量 $\boldsymbol{A}$ 绕 O 点转动时，其端点 M 在 Ox 轴上的投影点 P 的运动是简谐运动。在矢量 $\boldsymbol{A}$ 的转动过程中，M 点做圆周运动。矢量 $\boldsymbol{A}$ 旋转一周所需要的时间等于相应的简谐运动的周期。图 9-4 显示了旋转矢量与简谐运动 x-t 曲线的对应关系。

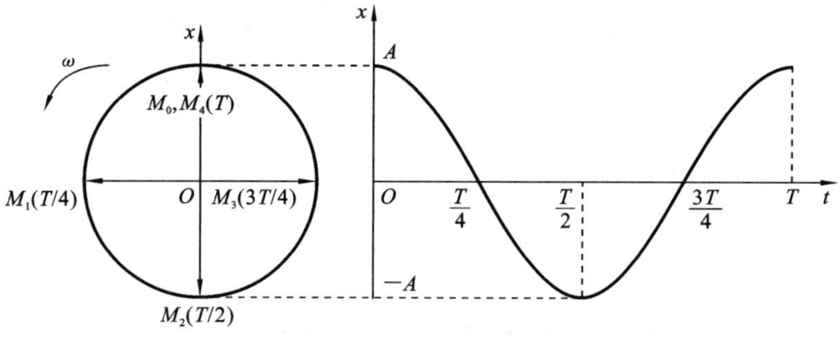

图 9-4　旋转矢量与简谐运动 x-t 曲线的对应关系(设 $\varphi=0$)

旋转矢量是研究简谐运动的一种直观、简便方法。但是必须注意，旋转矢量本身并不在做简谐运动，而是它矢端在 Ox 轴上的投影点在 Ox 轴上做简谐运动。

三、旋转矢量法应用举例

例 9-2　一物体沿 Ox 轴做简谐运动，振幅为 0.12 m，周期为 2 s。$t=0$ 时，位移为 0.06 m，且沿 Ox 轴正向运动。

(1) 求物体振动方程；

(2) 设 t_1 时刻时，物体第一次运动到 $x=-0.06$ m 处，试求物体从 t_1 时刻运动到平衡位置所用最短时间。

解　(1) 设物体谐振动方程为

$$x=A\cos(\omega t+\varphi)$$

由题意知 $A=0.12\ \text{m}$，　$\omega=\frac{2\pi}{T}=\frac{2\pi}{2}=\pi\ \text{rad/s}$。

解法一：用数学公式求 φ。

根据 $x_0=A\cos\varphi, A=0.12\ \text{m}, x_0=0.06\ \text{m}$，得

$$\cos\varphi=\frac{1}{2}$$

则

$$\varphi=\pm\frac{\pi}{3}$$

由于

$$v_0=-\omega A\sin\varphi>0$$

则

$$\varphi=-\frac{\pi}{3}$$

$$x=0.12\cos\left(\pi t-\frac{\pi}{3}\right)$$

解法二：用旋转矢量法求 φ。

根据题意，旋转矢量如图 9-5 所示，可得

$$\varphi=-\frac{\pi}{3}$$

则

$$x=0.12\cos\left(\pi t-\frac{\pi}{3}\right)$$

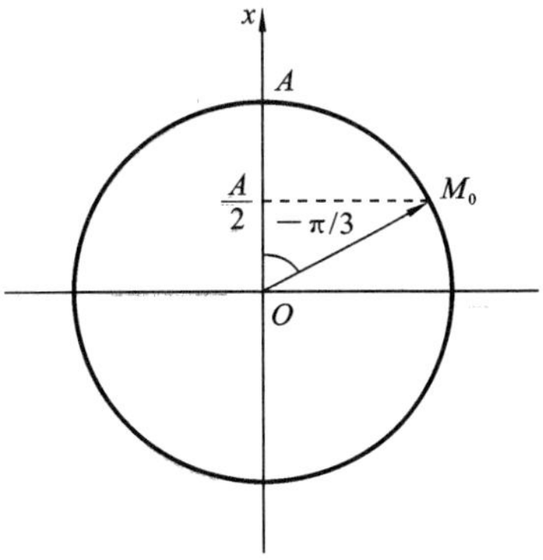

图 9-5　例 9-2 图 1

由上可见，旋转矢量法更简单。

(2) 解法一：用数学公式求 Δt。

由题意有

$$-0.06=0.12\cos\left(\pi t_1-\frac{\pi}{3}\right)$$

由于 $\omega t_1<\omega T=2\pi$，得

$$\omega t_1-\frac{\pi}{3}<2\pi$$

因此

$$\omega t_1-\frac{\pi}{3}=\frac{2}{3}\pi\quad\text{或}\ \omega t_1-\frac{\pi}{3}=\frac{4}{3}\pi$$

此时

$$v_1=-A\omega\sin\left(\pi t_1-\frac{\pi}{3}\right)<0$$

则 $\pi t_1-\frac{\pi}{3}=\frac{2}{3}\pi$，得到

$$t_1=1\ \text{s}$$

设 t_2 时刻物体从 t_1 时刻运动后首次到达平衡位置，有

$$0=0.12\cos\left(\pi t_2-\frac{\pi}{3}\right)$$

$$\pi t_2-\frac{\pi}{3}=\frac{\pi}{2}\text{或}\frac{3}{2}\pi$$

由于 $\omega t_2<2\pi$，因此

$$\omega t_2-\frac{\pi}{3}<2\pi$$

因为 $v_2=-A\omega\sin\left(\pi t_2-\frac{\pi}{3}\right)>0$，所以

$$\pi t_2-\frac{\pi}{3}=\frac{3}{2}\pi$$

得

$$t_2=\frac{11}{6}\ \text{s},\quad \Delta t=t_2-t_1=\frac{11}{6}\ \text{s}-1\ \text{s}=\frac{5}{6}\ \text{s}$$

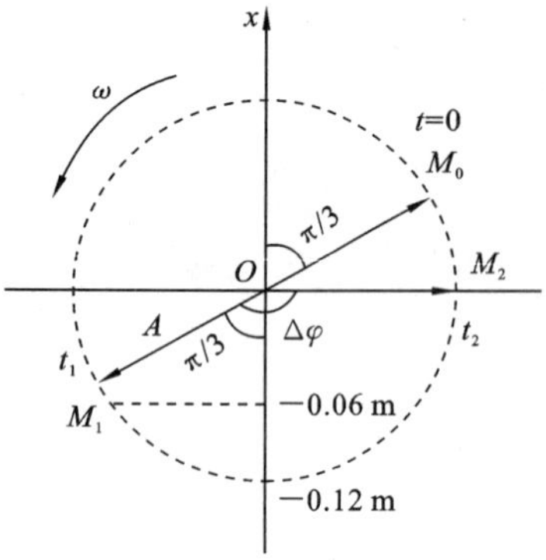

图 9-6　例 9-2 图 2

解法二：用旋转矢量法求 Δt。

由题意知，旋转矢量如图 9-6 所示，M_1 为 t_1 时刻旋转矢量 $\boldsymbol{A}$ 的末端位置，M_2 为 t_2 时刻旋转矢量 $\boldsymbol{A}$ 的末端位置。

在 $t_1\rightarrow t_2$ 时间内，$\boldsymbol{A}$ 转角为

$$\begin{aligned}\Delta\varphi&=\omega(t_2-t_1)=\angle M_1OM_2\\&=\frac{\pi}{3}+\frac{\pi}{2}=\frac{5}{6}\pi\end{aligned}$$

$$\Delta t=t_2-t_1=\frac{\Delta\varphi}{\omega}=\frac{5}{6}\cdot\frac{\pi}{\pi}\ \text{s}=\frac{5}{6}\ \text{s}$$

显然，旋转矢量法更简单。

9-3　单摆和复摆

一、单摆

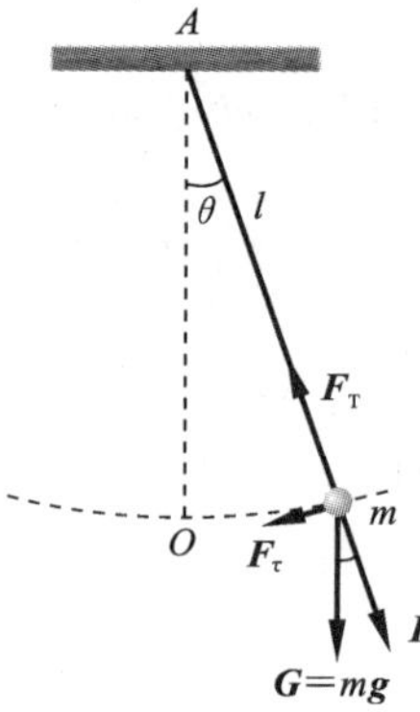

图 9-7　单摆

如图 9-7 所示，细线的一端固定在 A 点，另一端悬挂一体积很小、质量为 m 的重物，细线的质量和伸长可以忽略不计。细线静止时处于铅直位置，重物在位置 O。此时，作用在重物上的合外力为零，位置 O 即为平衡位置。若把重物从平衡位置略微移开后放手，重物就在平衡位置附近往复运动。这一振动系统叫作单摆。通常把重物叫作摆锤，细线叫作摆线。

设在某一时刻，单摆的摆线偏离铅垂线的角位移为 θ，并规定摆锤在平衡位置的右方时，θ 为正，在左方时，θ 为负。若悬线长为 l，则重力 G 对点 A 的力矩为 $M=-mgl\sin\theta$，负号表示力矩方向与角位移 θ 的方向相反。拉力 F_T 对该点的力矩为零。当角位移 θ 很小($\theta<5°$)时，$\sin\theta\approx\theta$，则摆锤所受的力矩为

$$M \approx -mgl\theta$$

式中，M 与角度 θ 的关系就像 F 与位移 x 的关系。根据转动定律 $M=J\dfrac{\mathrm{d}^2\theta}{\mathrm{d}t^2}$ 及 $J=ml^2$，可以得到

$$ml^2\frac{\mathrm{d}^2\theta}{\mathrm{d}t^2}=-mgl\theta$$

令 $\omega^2=\dfrac{g}{l}$，则有

$$\frac{\mathrm{d}^2\theta}{\mathrm{d}t^2}+\omega^2\theta=0$$

所以单摆的角加速度为

$$\frac{\mathrm{d}^2\theta}{\mathrm{d}t^2}=-\frac{g}{l}\theta$$

上式表明，在 θ 很小时，单摆的角加速度与角位移成正比但方向相反，这个公式与简谐运动的标准微分方程完全一样，可见单摆的振动具有简谐运动的特征，因此也是简谐运动。

单摆的角频率和周期分别为

$$\omega=\sqrt{\frac{g}{l}},\quad T=2\pi\sqrt{\frac{l}{g}} \tag{9-10}$$

可见，单摆的周期取决于摆长和该处的重力加速度。利用上式可通过测量单摆的周期以确定该地点的重力加速度。

二、复摆

质量为 m 的任意形状的物体，被支持在无摩擦的水平轴 O 上，将它拉开一个微小的角度 θ 后释放，物体将绕轴 O 做微小的自由摆动。这样的装置叫作**复摆**，如图 9-8 所示。若复摆对轴 O 的转动惯量为 J，复摆的质心 C 到点 O 的距离 $OC=l$。

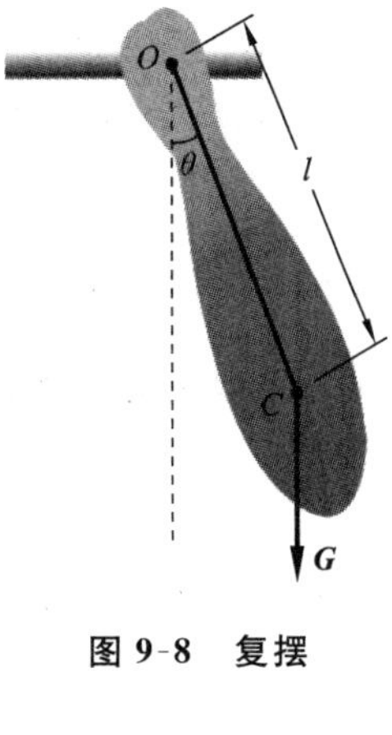

图 9-8　复摆

设复摆在某一时刻受到的重力矩 $M=-mgl\sin\theta$。当摆角很小($\theta<5°$)时，$\sin\theta\approx\theta$，有 $M\approx-mgl\theta$，若不计空气阻力，由转动定律得

$$\frac{\mathrm{d}^2\theta}{\mathrm{d}t^2}=-\frac{mgl}{J}\theta$$

将上式与简谐运动的形式相比较，可见复摆的运动在摆角很小($\theta<5°$)时，可视为简谐运动，其角频率和周期分别为

$$\omega=\sqrt{\frac{mgl}{J}},\quad T=2\pi\sqrt{\frac{J}{mgl}} \tag{9-11}$$

由上述可知：已知复摆对轴 O 的转动惯量 J 和复摆质心与该轴的距离 l，通过实验测得复摆的周期 T，则可求得该地点的重力加速度。或者已知 g 和 l，由实验测得 T，可得复摆绕轴 O 的转动惯量 J。

9-4 简谐运动的能量

我们仍然以弹簧振子为例来说明简谐运动系统的能量。假设在某一时刻，物体的速度为 v，则系统的动能 $E_k=\frac{1}{2}mv^2=\frac{1}{2}m\omega^2A^2\sin^2(\omega t+\varphi)$，若该时刻物体的位移为 x，则系统的弹性势能 $E_p=\frac{1}{2}kx^2=\frac{1}{2}kA^2\cos^2(\omega t+\varphi)$。

由上面两式子可知，系统的动能和势能都随时间 t 做周期性变化。当物体的位移最大时，势能达到最大值，但此时动能为零；当物体的位移为零时，势能为零，而动能却达到最大值。

系统的总能量为

$$\begin{aligned}E&=E_k+E_p=\frac{1}{2}mv^2+\frac{1}{2}kx^2\\&=\frac{1}{2}m\omega^2A^2\sin^2(\omega t+\varphi)+\frac{1}{2}kA^2\cos^2(\omega t+\varphi)\\&=\frac{1}{2}kA^2[\sin^2(\omega t+\varphi)+\cos^2(\omega t+\varphi)]\\&=\frac{1}{2}kA^2\end{aligned}$$

故

$$E=\frac{1}{2}kA^2=\frac{1}{2}m\omega^2A^2 \tag{9-12}$$

上式表明：弹簧振子做简谐运动的总能量与振幅的平方成正比。因为在简谐运动中，只有保守力做功，所以系统的总能量必然守恒，虽然 E_k 与 E_p 均随时间相互转换，但总能量保持恒定。

例 9-3 一物体连在弹簧一端在水平面上做简谐振动，振幅为 A。试求 $E_k=\frac{1}{2}E_p$ 的位置。

解 设弹簧的刚度系数为 k，系统总能量为

$$E=E_k+E_p=\frac{1}{2}kA^2$$

在 $E_k=\frac{1}{2}E_p$ 时，有

$$E_k+E_p=\frac{3}{2}E_p=\frac{3}{2}\cdot\frac{1}{2}kx^2$$

得

$$\frac{3}{4}kx^2=\frac{1}{2}kA^2$$

$$x=\pm\sqrt{\frac{2}{3}}A$$

9-5　简谐运动的合成

下面来讨论振动的合成。例如，两个声源发出的声波同时传播到空气中某点时，由于每一声波都在该点引起一个振动，因此该质点同时参与两个振动。但一般的振动显然是比较复杂的，下面讨论几种简单、基本的简谐运动的合成。

一、两个同方向同频率的简谐运动的合成

两个同方向的简谐运动，它们的角频率都是 ω，振幅分别为 A_1 和 A_2，初相分别为 φ_1 和 φ_2，它们的运动方程分别为

$$x_1 = A_1\cos(\omega t+\varphi_1)$$

$$x_2 = A_2\cos(\omega t+\varphi_2)$$

为简单起见，用旋转矢量法求合振动。如图 9-9 所示，两振动对应的旋转矢量为 $\boldsymbol{A}_1$、$\boldsymbol{A}_2$，合矢量为 $\boldsymbol{A}=\boldsymbol{A}_1+\boldsymbol{A}_2$。$\boldsymbol{A}_1$、$\boldsymbol{A}_2$ 以相同角速度 ω 转动，所以转动过程中 $\boldsymbol{A}_1$ 与 $\boldsymbol{A}_2$ 间夹角不变，可知 $\boldsymbol{A}$ 大小不变，并且 $\boldsymbol{A}$ 也以角速度 ω 转动。在任意时刻 t，$\boldsymbol{A}$ 矢端在 Ox 轴上的投影为

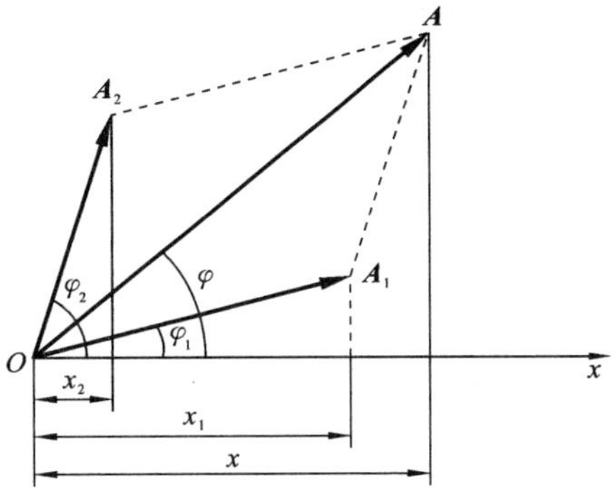

图 9-9　简谐运动的合成

$$x = x_1 + x_2$$

因此，合矢量 $\boldsymbol{A}$ 即为合振动对应的旋转矢量，A 为合振动振幅，φ 为合振动初相，合振动为简谐运动，方程为

$$x = A\cos(\omega t+\varphi)$$

由图可知：

$$A=\sqrt{A_1^2+A_2^2+2A_1A_2\cos(\varphi_2-\varphi_1)} \tag{9-13}$$

$$\tan\varphi=\frac{A_1\sin\varphi_1+A_2\sin\varphi_2}{A_1\cos\varphi_1+A_2\cos\varphi_2} \tag{9-14}$$

讨论：(1) 当 $\varphi_2-\varphi_1=2k\pi(k=0,\pm1,\pm2,\cdots)$ 时，$A=A_1+A_2$；

(2) 当 $\varphi_2-\varphi_1=(2k+1)\pi\ (k=0,\pm1,\pm2,\cdots)$ 时，$A=|A_1-A_2|$。

一般情况，相位差 $\varphi_2-\varphi_1$ 为任意值，合振动的振幅在 A_1+A_2 和 $|A_1-A_2|$ 之间。

例 9-4　有两个同方向同频率的简谐运动方程分别为：$x_1=0.05\cos(10t+0.75\pi)$(m)；$x_2=0.06\cos(10t+0.25\pi)$(m)。求：

(1) 合振动的振幅及相位；

(2) 若有另一个同方向、同频率的简谐运动 $x_3=0.07\cos(10t+\varphi_3)$(m)，则 φ_3 为多少时，x_1+x_3 的振幅最大？φ_3 又为多少时，x_1+x_3 的振幅最小？

解　(1) 作两个简谐运动合成的旋转矢量图(见图 9-10)。因为 $\Delta\varphi=\varphi_2-\varphi_1=-\pi/2$，故合振动振幅为

$$\begin{aligned}A &= \sqrt{A_1^2+A_2^2+2A_1A_2\cos(-\pi/2)}\\ &=7.8\times10^{-2}\ \text{m}\end{aligned}$$

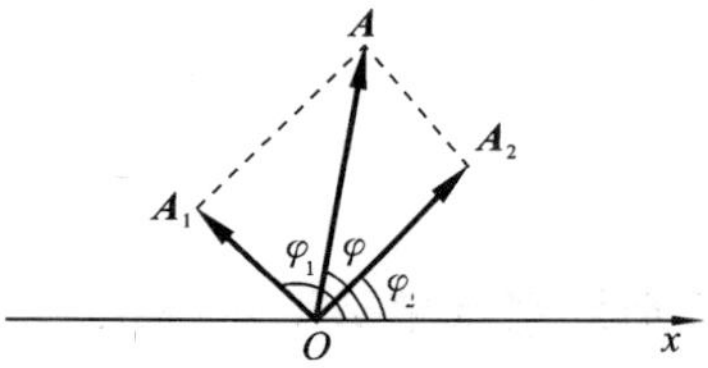

图 9-10　例 9-4 图

合振动初相位为

$$\varphi=\arctan[(A_1\sin\varphi_1+A_2\sin\varphi_2)/(A_1\cos\varphi_1+A_2\cos\varphi_2)]$$
$$=\arctan 11\ \mathrm{rad}=1.48\ \mathrm{rad}$$

(2) 要使 x_1+x_3 振幅最大,即两振动同相,则由 $\Delta\varphi=2k\pi$ 得

$$\varphi_3=\varphi_1+2k\pi=2k\pi+0.75\pi\quad(k=0,\pm1,\pm2,\cdots)$$

要使 x_1+x_3 振幅最小,即两振动反相,则由 $\Delta\varphi=(2k+1)\pi$ 得

$$\varphi_3=\varphi_1+(2k+1)\pi=2k\pi+1.25\pi\quad(k=0,\pm1,\pm2,\cdots)$$

二、两个同方向不同频率的简谐运动的合成　拍

由于同方向的两个振动的频率不同,它们的相位差将随时间改变;在矢量图中则表现为振幅矢量之间的夹角随时间发生变化,代表合振动矢量的大小和转动角速度也要不断变化,所以合振动一般不是简谐运动,情况比较复杂。下面仅讨论两简谐运动的频率 ν_1、ν_2 较大,而频率之差很小(即 $|\nu_2-\nu_1|\ll\nu_2+\nu_1$)的情况。

设两个简谐运动的振幅相同,初相都为 0,它们的振动方程分别为

$$x_1=A_1\cos\omega_1 t=A_1\cos2\pi\nu_1 t$$
$$x_2=A_2\cos\omega_2 t=A_2\cos2\pi\nu_2 t$$

合振动的位移为

$$x=x_1+x_2=A_1\cos2\pi\nu_1 t+A_2\cos2\pi\nu_2 t$$

由于 $A_1=A_2=A$,由上式可得合振动的振动方程为

$$x=2A\cdot\cos2\pi\frac{\nu_2-\nu_1}{2}t\cdot\cos2\pi\frac{\nu_2+\nu_1}{2}t\tag{9-15}$$

这一方程可以分成两部分,前一部分为合振动的振幅,即 $2A\cdot\cos2\pi\frac{\nu_2-\nu_1}{2}t$;后一部分为频率是$\frac{\nu_2+\nu_1}{2}$的简谐运动部分。因为$|\nu_2-\nu_1|\ll\nu_2+\nu_1$,前者随时间的变化比后者随时间的变化慢得多,所以合振动的振幅随时间做缓慢的周期变化,表现出振幅时大时小的现象。因为余弦函数的最小值为零,最大绝对值为 1,所以合振动的振幅在 0 和 $2A_1$ 之间做周期性变化。这种由两个频率都较大,而频率差很小的同方向的简谐运动合成所产生的合振动,其振幅做周期性加强和减弱的现象称为拍。

我们将合振幅变化的频率叫作拍频。由于余弦函数的绝对值是以 π 为周期的,因此有

$$\left|2A\cos2\pi\frac{\nu_2-\nu_1}{2}t\right|=\left|2A\cos\left(2\pi\frac{\nu_2-\nu_1}{2}t+\pi\right)\right|=\left|2A\cos2\pi\frac{\nu_2-\nu_1}{2}\left(t+\frac{1}{\nu_2-\nu_1}\right)\right|$$

由此可见,合振动变化的周期 $T=\frac{1}{\nu_2-\nu_1}$,因此,合振幅变化的频率,即拍频为

$$\nu=\frac{1}{T}=\nu_2-\nu_1\tag{9-16}$$

故拍频等于两个分振动的频率之差。

从位移时间曲线可以看到拍的现象。图 9-11 表示两个振幅相同而频率稍有差别的同方向简谐运动的合成。图 9-11(a)和图 9-11(b)分别表示两个分振动的位移时间曲线，图 9-11(c)表示合振动的位移时间曲线，图 9-11(c)中的虚线显示合振动的振幅随时间做周期性的缓慢变化。

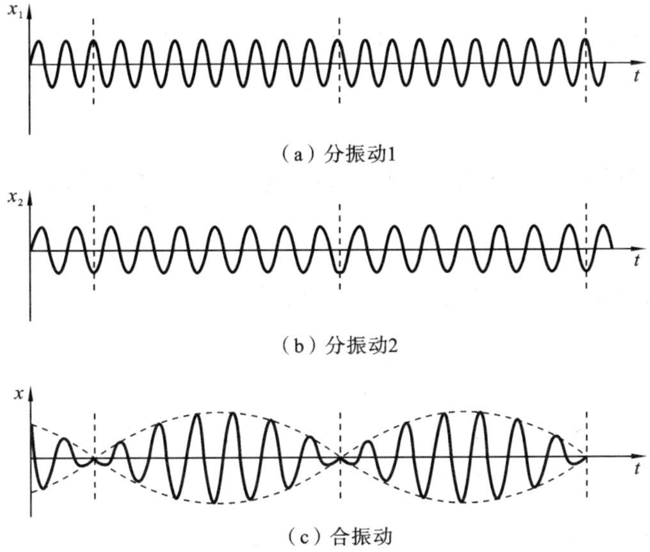

图 9-11　不同频率的同方向简谐运动的合成

拍的现象在声振动、电磁振荡和无线电技术中经常遇到。例如，利用音叉的振动来校正乐器，利用拍的规律测量超声波的频率。外差式收音机中就利用了拍的现象。

三、两个相互垂直的同频率的简谐运动的合成

一个质点同时参与两个简谐运动，这两个简谐运动频率相同，振动方向相互垂直，此时，质点不在一直线上运动，而在一平面内运动。

假设两个简谐运动分别在 Ox、Oy 轴上进行，振动方程分别为

$$x=A_1\cos(\omega t+\varphi_1)$$

$$y=A_2\cos(\omega t+\varphi_2)$$

消去时间参数 t，得到质点的轨迹方程：

$$\frac{x}{A_1}=\cos\omega t\cos\varphi_1-\sin\omega t\sin\varphi_1$$

$$\frac{y}{A_2}=\cos\omega t\cos\varphi_2-\sin\omega t\sin\varphi_2$$

第一式乘以 $\cos\varphi_2$，第二式乘以 $\cos\varphi_1$，然后相减得

$$\frac{x}{A_1}\cos\varphi_2-\frac{y}{A_2}\cos\varphi_1=\sin\omega t\sin(\varphi_2-\varphi_1)$$

第一式乘以 $\sin\varphi_2$，第二式乘以 $\sin\varphi_1$，然后相减得

$$\frac{x}{A_1}\sin\varphi_2-\frac{y}{A_2}\sin\varphi_1=\cos\omega t\sin(\varphi_2-\varphi_1)$$

将得到的两式平方后相加得

$$\frac{x^2}{A_1^2}+\frac{y^2}{A_2^2}-\frac{2xy}{A_1A_2}\cos(\varphi_2-\varphi_1)=\sin^2(\varphi_2-\varphi_1) \tag{9-17}$$

上式表明,合振动的运动轨迹为一个椭圆,椭圆的形状由两分振动的振幅、相位差决定。下面讨论几种特殊情形。

讨论:(1) 当相位差 $\Delta\varphi=\varphi_2-\varphi_1=0$ 时,式(9-17)化简为

$$y=\frac{A_2}{A_1}x$$

这说明合振动的运动轨迹是一条过原点的直线,斜率为$\frac{A_2}{A_1}$。合振动为直线振动,如图 9-12(a)和图 9-12(b)所示。

(2) 当相位差 $\Delta\varphi=\varphi_2-\varphi_1=\frac{\pi}{2}$时,式(9-17)化简为

$$\frac{x^2}{A_1^2}+\frac{y^2}{A_2^2}=1$$

合振动的运动轨迹是一个正椭圆,合振动为椭圆振动,如图 9-12(d)所示;当 $A_1=A_2$ 时,上式变成圆的方程,合振动为圆振动,如图 9-12(c)所示。

两分振动的相位差 $\Delta\varphi=\varphi_2-\varphi_1=\frac{\pi}{4}$时,合振动的轨迹如图 9-12(e)和图 9-12(f)所示。

当相位差等于其他任意值时,质点的运动轨迹不是以 Ox 轴和 Oy 轴为长短轴的椭圆,而是改变为其他方向的椭圆。由此可见,两个频率相同的相互垂直的简谐运动合成后,合振动在一直线上或一椭圆上进行。

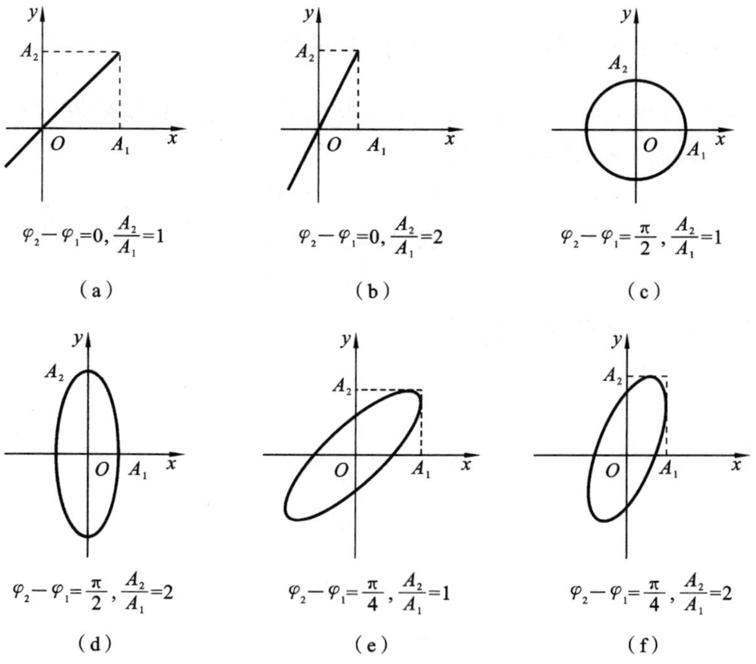

图 9-12　两个垂直的同频率简谐运动的合成

四、两个相互垂直的不同频率的简谐运动的合成

两个相互垂直的简谐运动的频率不同，它们合成后的运动比较复杂，一般地说，合成运动不是周期性的。图 9-13 给出了几种特殊情况的合成运动的轨迹，这些图形叫作李萨如图形。图中相互垂直的两简谐运动的角频率之比分别为 2∶1、3∶1 和 3∶2。

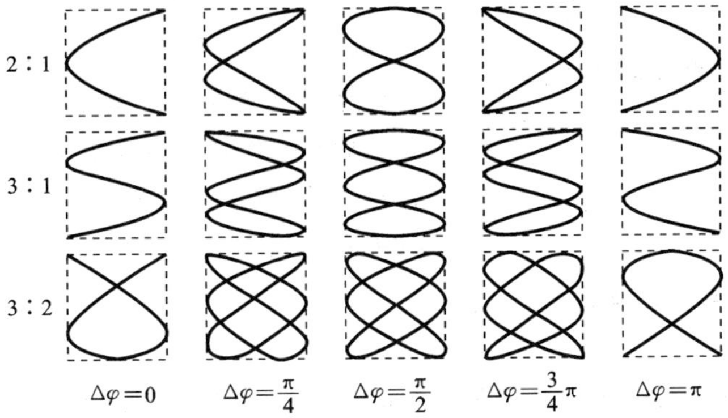

图 9-13　李萨如图形

在无线电技术中，经常用李萨如图形由一个已知的简谐运动的频率求解另一个未知的简谐运动的频率，这是一种简便的测量频率的方法。

*9-6　阻尼振动　受迫振动　共振

一、阻尼振动

前面讨论的简谐运动，是一种没有阻力作用的理想情况。现实的振动，总要受到阻力的影响。振动系统的能量，一方面用于克服阻力做功，另一方面，系统通过与介质的作用，将振动以波的形式向外传播，系统的能量也随着波向外传播。因此，系统的能量不断减少，振幅也逐渐减小。这种振幅随时间而减小的振动叫作**阻尼振动**。

实验指出，介质对运动物体的阻力，与物体的运动速度有关。当物体以不太大的速度运动时，它所受的阻力 f 与它的速度大小 v 成正比，阻力的方向与速度的方向相反，即

$$f=-\gamma v$$

式中，γ 称为阻力系数，它与物体的形状、大小及介质的性质有关。

设振动物体的质量为 m，在弹性力 $-kx$ 和阻力 $-\gamma v$ 作用下运动，则物体运动方程为

$$m\frac{\mathrm{d}^2x}{\mathrm{d}t^2}=-kx-\gamma\frac{\mathrm{d}x}{\mathrm{d}t}$$

令 $\frac{k}{m}=\omega_0^2$，$\frac{\gamma}{m}=2\beta$，则上式可以写成

$$\frac{\mathrm{d}^2x}{\mathrm{d}t^2}+2\beta\frac{\mathrm{d}x}{\mathrm{d}t}+\omega_0^2x=0 \tag{9-18}$$

式中,ω_0 为无阻尼时振动系统的固有角频率,$\beta=\dfrac{\gamma}{2m}$叫**阻尼系数**。这是一个二阶齐次线性微分方程,根据方程中系数的相对大小关系,可以有三种不同形式的解。

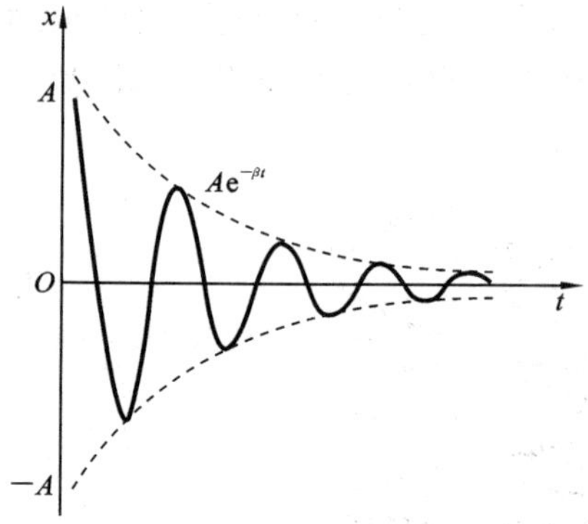

图 9-14　阻尼振动的 x-t 曲线

(1) 当阻尼较小,即 $\beta^2<\omega_0^2$ 时,方程(9-18)的解为

$$x=Ae^{-\beta t}\cos(\omega t+\varphi) \tag{9-19}$$

式中,角频率 $\omega=\sqrt{\omega_0^2-\beta^2}$,$A$、$\varphi$ 是积分常数,由初始条件决定。上式可以看作是振幅为 $Ae^{-\beta t}$、角频率为 ω 的振动。由于振幅是按指数规律衰减的,即使 β 很小,振幅也衰减得很快,如图9-14所示,因此,阻尼振动不是简谐运动。阻尼振动的周期为

$$T=\frac{2\pi}{\omega}=\frac{2\pi}{\sqrt{\omega_0^2-\beta^2}}$$

上式表明,对于一定的振动系统,有阻尼时的自由振动周期大于无阻尼时的自由振动周期$\dfrac{2\pi}{\omega_0}$。这种情况称为**欠阻尼**。阻尼振动的位移随时间变化的曲线如图 9-14 所示。

(2) 当阻尼较大,即 $\beta^2>\omega_0^2$ 时,方程(9-18)的解为

$$x=C_1e^{-(\beta-\sqrt{\beta^2-\omega_0^2})t}+C_2e^{-(\beta+\sqrt{\beta^2-\omega_0^2})t}$$

式中,C_1、C_2 为积分常数,由初始条件决定。这种情况称为**过阻尼**,振动从开始的最大位移处缓慢地回到平衡位置,不做往复运动,如图 9-15 曲线 b 所示。

(3) 当 $\beta^2=\omega_0^2$ 时,方程(9-18)的解为

$$x=(C_1+C_2t)e^{-\beta t}$$

式中,C_1、C_2 为积分常数,由初始条件决定。这种情况称为**临界阻尼**,振动系统恰好不能做往复运动,而是迅速回到平衡位置(比过阻尼的情况快得多),如图 9-15 曲线 c 所示。

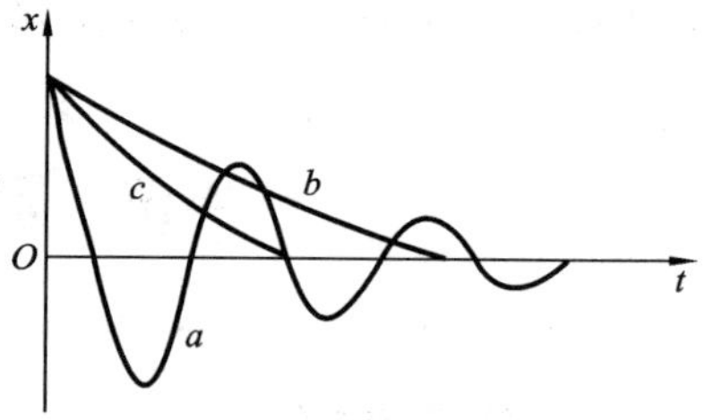

图 9-15　三种阻尼振动比较

a—欠阻尼;b—过阻尼;c—临界阻尼

在阻尼天平、灵敏电流计等许多精密仪器中,我们为了尽快地测量,常常使仪器处于临界阻尼状态下工作。

二、受迫振动

阻尼总是客观存在的,在实际的振动系统中,为了获得稳定的振动,通常是对系统施加一周期性的外力。一个系统在周期性的外力持续作用下发生的振动,叫作**受迫振动**,而将周期性外力叫作**强迫力**。

设系统受到弹性力 $-kx$、阻力 $-\gamma v$ 和周期性外力 $H\cos pt$ 的作用而做受迫振动。H 为强迫力的力幅,p 为强迫力的角频率。由动力学基本原理得

$$m\frac{d^2x}{dt^2}=-kx-\gamma\frac{dx}{dt}+H\cos pt$$

令$\dfrac{k}{m}=\omega_0^2$,$\dfrac{\gamma}{m}=2\beta$,$\dfrac{H}{m}=h$,则上式可以写成

$$\frac{d^2x}{dt^2}+2\beta\frac{dx}{dt}+\omega_0^2x=h\cos pt \tag{9-20}$$

这是受迫振动的运动微分方程。根据微分方程理论，上列方程的解为

$$x=A_0e^{-\beta t}\cos(\omega t+\varphi')+A\cos(pt+\varphi) \tag{9-21}$$

即受迫振动是由阻尼振动 $A_0e^{-\beta t}\cos(\omega t+\varphi')$ 和简谐运动 $A\cos(pt+\varphi)$ 合成的。

实际上，在经过不太久的时间后，阻尼振动部分就衰减到可以忽略不计，即上式的第一项趋近于零，只存在第二项，即

$$x=A\cos(pt+\varphi) \tag{9-22}$$

这时，振动达到稳定的状态，受迫振动变成简谐运动，振动的角频率和强迫振动的角频率相同，振动的振幅 A 不随时间改变。

下面来讨论受迫振动在稳定状态时的振幅 A 和相位差 φ（φ 为强迫力和受迫振动的相位差）。

将 $x=A\cos(pt+\varphi)$ 对时间 t 求一阶和二阶导数，得

$$\frac{dx}{dt}=-Ap\sin(pt+\varphi)$$

$$\frac{d^2x}{dt^2}=-Ap^2\cos(pt+\varphi)$$

将上述两式和式(9-22)一起代入式(9-20)中，得

$$(\omega_0^2-p^2)A\cos(pt+\varphi)-2\beta pA\sin(pt+\varphi)=h\cos pt$$

用三角函数展开得

$$(\omega_0^2-p^2)(\cos pt\cos\varphi-\sin pt\sin\varphi)-2\beta p(\sin pt\cos\varphi+\cos pt\sin\varphi)=\frac{h}{A}\cos pt$$

或者

$$\left[(\omega_0^2-p^2)\cos\varphi-2\beta p\sin\varphi-\frac{h}{A}\right]\cos pt-[(\omega_0^2-p^2)\sin\varphi+2\beta p\cos\varphi]\sin pt=0$$

要使上式成立，$\sin pt$ 和 $\cos pt$ 的系数必须为 0，因而有

$$(\omega_0^2-p^2)\cos\varphi-2\beta p\sin\varphi=\frac{h}{A}$$

$$(\omega_0^2-p^2)\sin\varphi+2\beta p\cos\varphi=0$$

由以上两式可以求得

$$A=\frac{h}{\sqrt{(\omega_0^2-p^2)^2+4\beta^2p^2}} \tag{9-23}$$

$$\varphi=\arctan\left(\frac{-2\beta p}{\omega_0^2-p^2}\right) \tag{9-24}$$

从能量的角度看，当受迫振动达到稳定后，周期性外力在一个周期内对振动系统做功而提供的能量，恰好用来补偿系统在一个周期内克服阻力做功所消耗的热能，因而受迫振动的振幅保持稳定不变。

三、共振

由式(9-23)可见，在稳定状态下受迫振动的振幅 A 与强迫力的角频率 p 密切相关。阻尼不同(即 β 不同)时振幅 A 随角频率 p 的变化示意图如图 9-16 所示。由图可见，当强迫力的角

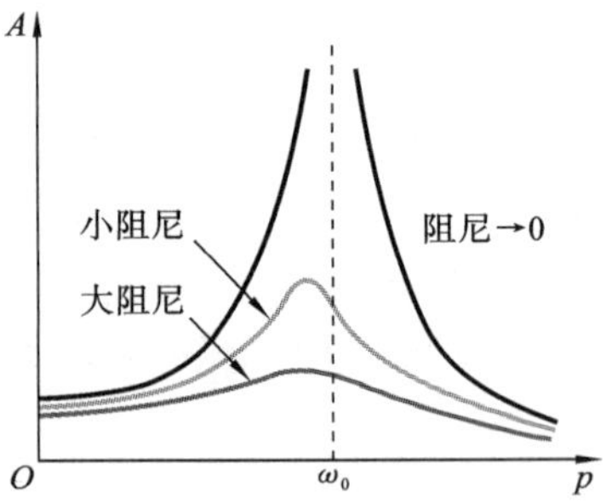

图 9-16 共振

频率 p 与振动系统的固有频率 ω_0 相差较大时,振幅 A 较小;当 p 接近于 ω_0 时,振幅 A 逐渐增大,对于某一个确定的 p,A 可能达到最大值。我们将受迫振动的振幅出现最大值的现象叫作**共振**。系统发生共振时强迫力的角频率叫作**共振角频率**,用 p_r 表示。将式(9-23)对 p 求导数,并且令其为 0,得

$$\frac{\mathrm{d}A}{\mathrm{d}p}=\frac{\mathrm{d}}{\mathrm{d}p}\left[\frac{h}{\sqrt{(\omega_0^2-p^2)^2+4\beta^2p^2}}\right]$$
$$=\frac{2ph}{[(\omega_0^2-p^2)^2+4\beta^2p^2]^{\frac{3}{2}}}(\omega_0^2-2\beta^2-p^2)=0$$

即

$$\omega_0^2-2\beta^2-p^2=0$$

这时振幅 A 具有极大值,对应的共振角频率为

$$p_r=\sqrt{\omega_0^2-2\beta^2} \tag{9-25}$$

将上式代入式(9-23)可以得到共振时受迫振动的振幅

$$A_r=\frac{h}{2\beta\sqrt{\omega_0^2-\beta^2}} \tag{9-26}$$

由上式可见,β 越小,p_r 越接近 ω_0,A_r 越大。当阻尼系数 β 趋近于 0 时,p_r 趋近于 ω_0,这时共振振幅趋近于无穷大,这种情形叫作**尖锐共振**。

共振现象有广泛的应用,但共振有时也会造成危害。例如,桥梁、建筑物等在共振时会产生严重的破坏,应设法避免。

9-7 电磁振荡

电磁振荡的物理原理是谐振器、电磁波以及许多电子技术的基础,对今后学习相关课程会有帮助。同时它也是理解物理学中振荡偶极子这一理想模型的基础。

一、振荡电路 无阻尼自由电磁振荡

在电路中,电流和电荷以及与之相伴的电场和磁场的振动,就是电磁振荡。本节介绍最简单最基本的无阻尼自由电磁振荡,它由 LC 电路(即自感 L 和电容 C 组成的电路)产生。如图 9-17 所示,先由电源对电容器充电,使两极板间的电势差 U_0 等于电源的电动势 ξ,这时电容器两极板 A、B 上分别带有等量异号的电荷 $+Q_0$ 和 $-Q_0$,然后用转换开关 S 使电容器和自感线圈连接。在电容器放电之前瞬间,电路中没有电流,电场的能量全部集中在电容器的两极板间,如图 9-18(a)所示。

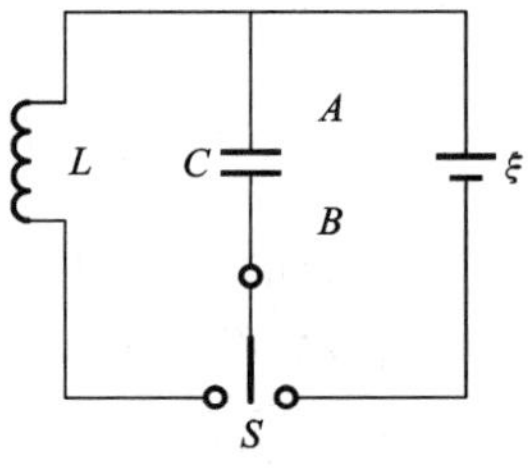

图 9-17 电容 C

当电容器放电时,电流就在自感线圈中激起磁场,由电磁感应定律可知,在自感线圈中将激起感应电动势,以反抗电流的增大。因此在放电过程中,电路中的电流将逐渐增大到最大值,两极板上的电荷也相应地逐渐减少到零。在放电终了时,电容器两极板间的电场能量全部转化成了线圈中的磁场能量[见图 9-18(b)]。

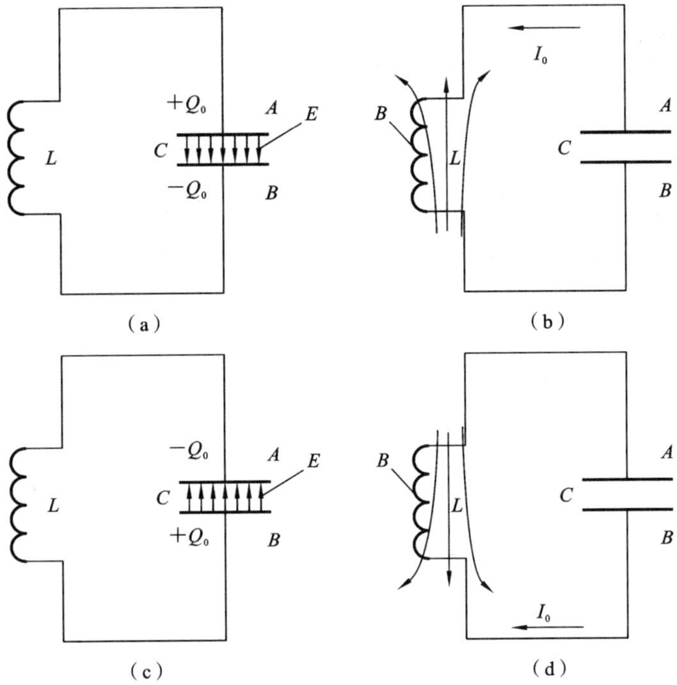

图 9-18　无阻尼自由电磁振荡

在电容器放电完毕时，电路中的电流达到最大值。这时，由于线圈的自感作用，电容器被反方向充电。结果，B 板带正电，A 板带负电。随着电流逐渐减弱到零，电容器两极板上的电荷也相应地逐渐增加到最大值。这时，磁场能量又全部转化成电场能量了[见图 9-18(c)]。

然后，电容器又通过线圈放电，电路中的电流逐渐增大，不过这时电流的方向与图 9-18(b)中的电流方向相反，电场能量又转换成了磁场能量[见图 9-18(d)]。

此后，电容器又被充电，恢复到原状态，完成了一个完全的振荡过程。

由上述可知，在只有电容 C 和自感 L 组成的 LC 电路中，电荷和电流随时间做周期性变化，相应地电场能量和磁场能量也都随时间做周期性变化，而且不断地相互转换着。这种电荷和电流、电场和磁场随时间做周期性变化的现象，叫作**电磁振荡**。如果电路中没有任何能量耗散(转化为焦耳热、电磁辐射等)，那么这种变化过程将在电路中一直继续下去，这种电磁振荡叫作**无阻尼自由电磁振荡**，亦称为 LC 电磁振荡。

二、无阻尼电磁振荡的振荡方程

下面来定量讨论 LC 电路中，电荷和电流随时间变化的规律。在图 9-17 中，设某一时刻电路中的电流为 i，根据欧姆定律，在无阻尼的情形下，任一瞬间的自感电动势为

$$-L\frac{\mathrm{d}i}{\mathrm{d}t}=V_A-V_B=\frac{q}{C}$$

由于 $i=\frac{\mathrm{d}q}{\mathrm{d}t}$，上式可写成

$$\frac{\mathrm{d}^2q}{\mathrm{d}t^2}=-\frac{1}{LC}q \tag{9-27}$$

令 $\omega^2=\frac{1}{LC}$,有

$$\frac{d^2q}{dt^2}=-\omega^2 q$$

这正是我们在 9-1 节中所熟知的简谐运动的标准微分方程,其解为

$$q=Q_0\cos(\omega t+\varphi) \tag{9-28}$$

式中,q 为任一时刻电容器极板上的电荷;Q_0 是其最大值,叫作电荷振幅;φ 是初相;ω 是振荡的角频率。Q_0 和 φ 的数值是由初始条件决定的,而频率和周期分别为

$$\nu=\frac{\omega}{2\pi}=\frac{1}{2\pi\sqrt{LC}},\quad T=2\pi\sqrt{LC} \tag{9-29}$$

又对 q 求时间的导数,可得电路中任意时刻的电流为

$$i=\frac{dq}{dt}=-\omega Q_0\sin(\omega t+\varphi)$$

令 I_0 为电流最大值,叫作电流幅值,则 $\omega Q_0=I_0$,上式为

$$i=-I_0\sin(\omega t+\varphi)=I_0\cos\left(\omega t+\varphi+\frac{\pi}{2}\right) \tag{9-30}$$

由式(9-28)和式(9-30)可以看出,在 LC 电磁振荡电路中,电荷和电流都随时间做周期性变化,电流的相位比电荷的相位超前$\frac{\pi}{2}$。当电容器的两极板上所带的电荷最大时,电路中的电流为零,反之,电流最大时,电荷为零。图 9-19 表示了电荷和电流随时间变化的情况。

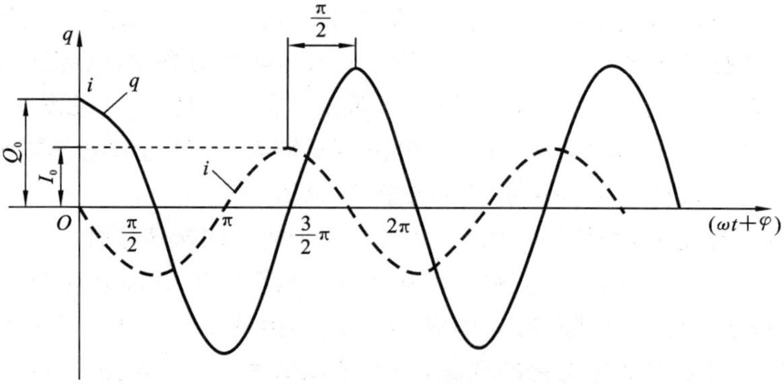

图 9-19 无阻尼自由振荡中的电荷和电流随时间的变化

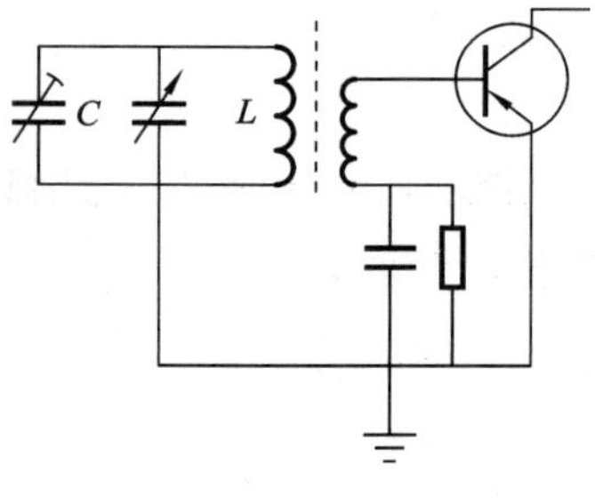

图 9-20 调谐电路

由式(9-29)可以看出,LC 电路电磁振荡的频率 ν 是由振荡电路本身的性质,即由线圈的自感 L 和电容器的电容 C 决定的。图 9-20 为一简单的半导体收音机调谐电路,改变电路中的电容 C 或自感 L,就可以得到所需的频率或周期。

三、无阻尼自由电磁振荡的能量

我们进而可定量讨论 LC 振荡电路中的电场能量、磁场能量和总能量。

设电容器的极板上带有电荷 q,则电容器中的电场能量为

$$E_e=\frac{q^2}{2C}=\frac{Q_0^2}{2C}\cos^2(\omega t+\varphi) \tag{9-31}$$

上式表明 LC 振荡电路中电场能量是随时间做周期性变化的。当自感线圈中通过电流 i 时，线圈中的磁场能量为

$$E_m=\frac{1}{2}Li^2=\frac{1}{2}LI_0^2\sin^2(\omega t+\varphi)=\frac{Q_0^2}{2C}\sin^2(\omega t+\varphi) \tag{9-32}$$

这表明，LC 振荡电路中的磁场能量也是随时间做周期性变化的。于是 LC 振荡电路中的总能量为

$$E=E_e+E_m=\frac{1}{2}LI_0^2=\frac{Q_0^2}{2C} \tag{9-33}$$

可见，在无阻尼自由电磁振荡过程中，电场能量和磁场能量不断地相互转化，但在任何时刻，其总和保持不变。在电场能量最大时，磁场能量为零；而磁场能量最大时，电场能量为零。

应当指出，LC 振荡电路中的电场能量守恒是有条件的。首先，电路中的电阻必须为零，这样在电路中才能避免因电阻产生焦耳热而损耗电磁能；其次，电路中不存在任何电动势，即没有其他形式的能量与电路交换；最后，电磁能不能以电磁波的形式辐射出去。但实际上任何振荡电路都有电阻，电磁能量不断地转化为焦耳热，而且在振荡过程中，电磁能不可避免地会以电磁波的形式辐射出去。因此 LC 电磁振荡电路是一个理想化的振荡电路模型。

例 9-5 在 LC 电路中，已知 $L=260\ \mu\text{H}$，$C=120\ \text{pF}$，初始时刻电容器两极板间的电势差 $U_0=1\ \text{V}$，且电流为零。

(1) 求振荡频率；

(2) 求最大电流；

(3) 求电容器两极板间的电场能量随时间变化的关系；

(4) 求自感线圈中的磁场能量随时间变化的关系；

(5) 试证明在任意时刻电场能量与磁场能量之和总是等于初始时的电场能量。

解 (1) 由式(9-29)得振荡频率为 $\nu=\frac{\omega}{2\pi}=\frac{1}{2\pi\sqrt{LC}}$，将已知数据代入，得 $\nu=9.01\times10^5\ \text{Hz}$；

(2) 已知 $t=0$ 时，$i_0=0$，$q_0=CU_0$，代入式(9-28)和式(9-30)，得

$$CU_0=Q_0\cos\varphi,\quad 0=-\omega Q_0\sin\varphi$$

解得

$$\varphi=0,\quad Q_0=CU_0$$

而电流的最大值 $I_0=\omega Q_0=\omega CU_0=\sqrt{\frac{C}{L}}U_0$，代入数据，有 $I_0=0.679\ \text{mA}$。

(3) 由式(9-31)可知，电容器两极板间的电场能量为

$$E_e=\frac{1}{2}CU_0^2\cos^2\omega t=(0.60\times10^{-10})\cos^2\omega t\ (\text{J})$$

(4) 由式(9-32)可知，线圈中的磁场能量为

$$E_m=\frac{1}{2}LI_0^2\sin^2\omega t=(0.60\times10^{-10})\sin^2\omega t\ (\text{J})$$

(5) 由以上计算可知：

$$E_e+E_m=0.60\times10^{-10}\ \text{J}$$

而初始电场能量 $E_{e0}=\frac{1}{2}CU_0^2=0.60\times10^{-10}$ J,所以在任意时刻电场能量与磁场能量之和等于初始电场能量。

习　题

9-1 两个同周期简谐运动曲线如图 9-21 所示,x_1 的相位比 x_2 的相位(　　)。

A. 落后 π/2　　B. 超前 π/2　　C. 落后 π　　D. 超前 π

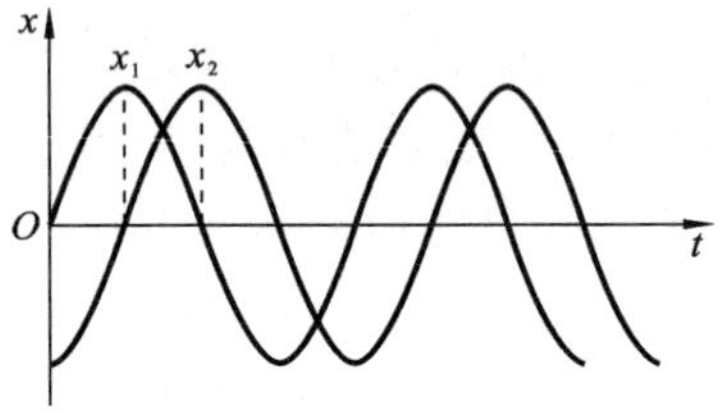

图 9-21　题 9-1 图

9-2 当质点以频率 ν 做简谐运动时,它的动能变化频率为(　　)。

A. $\frac{\nu}{2}$　　B. ν　　C. 2ν　　D. 4ν

9-3 弹簧振子在光滑水平面上做简谐运动时,弹性力在半个周期内所做的功为(　　)。

A. kA^2　　B. $\frac{1}{2}kA^2$　　C. $\frac{1}{4}kA^2$　　D. 0

9-4 关于简谐运动能量下列表述错误的是(　　)。

A. 简谐运动过程机械能不守恒

B. 简谐运动过程弹性势能和动能都随时间做周期性变化

C. 当弹簧振子处在平衡位置时,动能最大,弹簧弹性势能最小

D. 简谐运动总能量表达式为 $E=\frac{1}{2}kA^2$

9-5 两个相同的轻质弹簧下各悬一物体,两物体的质量比为 1∶4,则两者做简谐运动的周期之比为(　　)。

A. 1∶1　　B. 1∶2　　C. 1∶3　　D. 1∶4

9-6 一弹簧振子,振幅 $A=2.0\times10^{-2}$ m,周期 $T=1.0$ s,初相 $\varphi=\frac{3\pi}{4}$。试写出它的运动方程,并作出 x-t 图、v-t 图及 a-t 图。

9-7 一质点按如下规律沿 x 轴做简谐运动:$x=0.1\cos\left(8\pi t+\frac{2}{3}\pi\right)$ (SI),求此振动的周期、振幅、初相、速度最大值和加速度最大值。

9-8 一质量 $m=0.25$ kg 的物体,在弹簧的力作用下沿 Ox 轴运动,平衡位置在原点,弹簧的刚度系数 $k=25$ N/m。

(1) 求振动的周期 T 和角频率 ω;

(2) 如果振幅 $A=15$ cm,$t=0$ 时物体位于 $x=7.5$ cm 处,且物体沿 Ox 轴负方向运动,求初

速度 v_0 及初相 φ；

(3) 写出振动的数值表达式。

9-9　一物体沿 Ox 轴做简谐运动，振幅为 0.06 m，周期为 2.0 s，当 $t=0$ 时位移为 0.03 m，且向 Ox 轴正方向运动。求：

(1) $t=0.5$ s 时，物体的位移、速度和加速度；

(2) 物体从 $x=-0.03$ m 处向 Ox 轴负方向开始运动，到平衡位置，至少需要多少时间？

9-10　如图 9-22 所示，轻弹簧的刚度系数分别为 k_1、k_2，设物体在光滑斜面上运动。

(1) 证明其运动仍是简谐运动；

(2) 求系统的振动频率。

9-11　有一密度均匀的金属 T 形细尺，如图 9-23 所示。它由两根金属米尺($l=1$ m)组成。每根米尺质量均为 m，若它可绕通过点 O 的垂直于纸面的水平轴转动，求其做微小振动的周期。

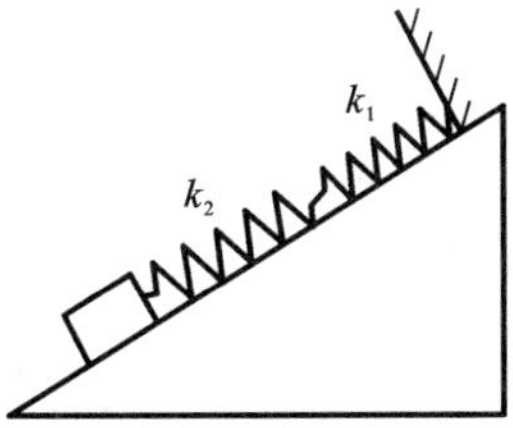

图 9-22　**题** 9-10 **图**

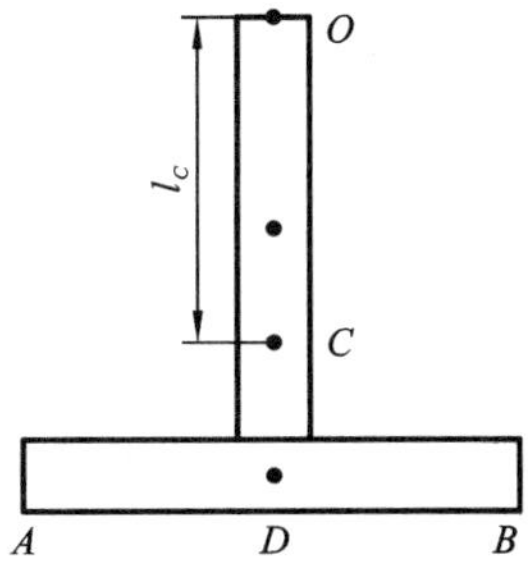

图 9-23　**题** 9-11 **图**

9-12　有一弹簧，当其下端挂一质量为 m 的物体时，伸长量为 9.8×10^{-2} m，若使物体上下振动，且规定向下为正方向。

(1) $t=0$ 时，物体在平衡位置上方 8.0×10^{-2} m 处，由静止开始向下运动，求其运动方程；

(2) $t=0$ 时，物体在平衡位置并以 0.60 m/s 的速度向上运动，求其运动方程。

9-13　如图 9-24 所示，试管与管内重物质量为 m，试管横截面积为 S，浸在密度为 ρ 的液体里。将试管从平衡位置向下压距离 l_0，由静止释放，求试管上下振动的振动表示式。

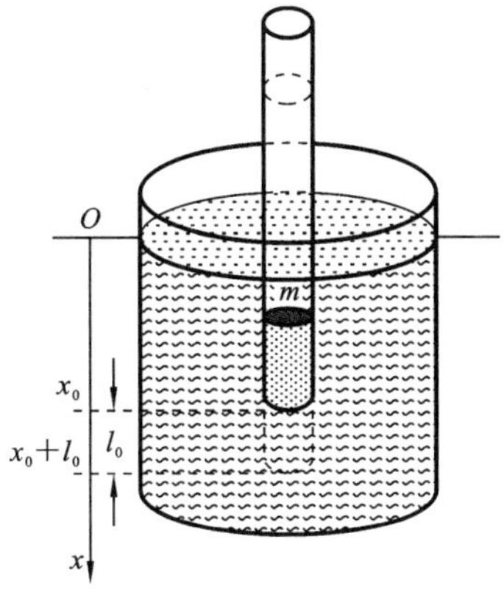

图 9-24　**题** 9-13 **图**

9-14　两个物体做同方向、同频率、同振幅的简谐运动。在振动过程中，每当第一个物体经过位移为 $A/\sqrt{2}$ 的位置向平衡位置运动时，第二个物体也经过此位置，但向远离平衡位置的方向运动。利用旋转矢量法求它们的相位差。

9-15　有一单摆，摆长为 $l=100$ cm，开始观察($t=0$)时，摆球正好过 $x_0=-6$ cm 处，并以 $v_0=20$ cm/s 的速度沿 Ox 轴正方向运动，单摆运动可近似看成简谐运动。求：

(1) 振动频率；

(2) 振幅和初相。

9-16　一台摆钟每天快 1 分 27 秒，其等效摆长 $x=0.4\cos\left(2\pi t+\frac{1}{3}\pi\right)$，摆锤可上下移动以

调节其周期。假如将此摆当作质量集中在摆锤中心的一个单摆来考虑,则应将摆锤向下移动多少距离,才能使钟走得准确?

9-17 在一竖直轻弹簧下端悬挂质量 $m=5.0$ g 的小球,弹簧伸长 $\Delta l=1.0$ cm 而平衡。经推动后,该小球在竖直方向做振幅 $A=1.0$ cm 的振动,求:

(1) 小球的振动周期;

(2) 振动能量。

9-18 一物体质量为 0.25 kg,在弹性力作用下做简谐运动,弹簧的刚度系数 $k=25$ N/m,如果起始振动时具有势能 0.06 J 和动能 0.02 J,求:

(1) 振幅;

(2) 动能恰好等于势能时的位移;

(3) 经过平衡位置时物体的速度。

9-19 两个同方向简谐运动的振动方程分别为:$x_1=5\times10^{-2}\cos\left(10t+\frac{3}{4}\pi\right)$ (SI),$x_2=6\times10^{-2}\cos\left(10t+\frac{1}{4}\pi\right)$ (SI),求合振动方程。

9-20 一质点同时参与两个同方向的简谐运动,其振动方程分别为:$x_1=5\times10^{-2}\cos(4t+\pi/3)$ (SI),$x_2=3\times10^{-2}\sin(4t-\pi/6)$ (SI),画出两振动的旋转矢量图,并求合振动的振动方程。

9-21 示波管的电子束受到两个互相垂直的电场的作用。电子在两个方向上的位移分别为 $x=A\cos\omega t$ 和 $x=A\cos(\omega t+\varphi)$。求在 $\varphi=0°$、$\varphi=30°$ 和 $\varphi=90°$ 各种情况下,电子在荧光屏上的轨迹方程。

9-22 一弹簧振子系统,物体的质量 $m=1.0$ kg,弹簧的刚度系数 $k=900$ N/m。系统振动时受到阻尼作用,其阻尼系数 $\beta=10.0\ \text{s}^{-1}$。为了使振动持续,现另外加一周期性驱动外力 $F=100\cos30t$(N)。求:

(1) 振子达到稳定时的振动角频率;

(2) 若外力的角频率可以改变,当其值为多少时系统出现共振现象?其共振的振幅为多大?

9-23 一质量为 2.5 kg 的物体与一刚度系数为 1250 N/m 的弹簧连接做阻尼振动,阻力系数 $\gamma=50.0$ kg/s,求阻尼振动的角频率。

9-24 在一个 LC 振荡电路中,若电容器极板上的交变电压 $U=50\cos(10^4\pi t)$ (V),电容 $C=1.0\times10^{-7}$ F,电路中的电阻可以忽略不计。求:

(1) 振荡的周期;

(2) 电路中的自感;

(3) 电路中电流随时间变化的规律。

9-25 用一个电容可在 10.0 pF 到 360.0 pF 范围内变化的电容器和一个自感线圈并联组成无线电收音机的调谐电路。

(1) 该调谐电路可以接收的最大和最小频率之比是多少?

(2) 为了使调谐频率能在 5.0×10^5 Hz 到 1.5×10^6 Hz 的频率范围内,需要在原电容器上并联多大的电容?此电路选用的自感为多大?

第 10 章　波　动

振动的传播叫作波动，简称波。波动是一种常见的物质运动形式，通常将波动分为两类：其一是机械振动在介质中的传播，叫作机械波，例如空气中的声波、绳上的波等。其二是交变电磁场在空间的传播，叫作电磁波，例如无线电波、光波等。这两类波动虽然本质不同，但都具有波动的共同特征和规律。本章讨论机械波的特征和规律。

10-1　机械波的几个概念

一、机械波的形成

当我们把一块石头投在静止的水面上时，可见到石头落水处的水发生振动，此处振动引起附近水的振动，附近水的振动又引起更远处水的振动，这样水的振动就从石头落点处向外传播开了，形成了水面波。所以，机械振动在弹性介质（固体、液体和气体）内的传播形成机械波，当介质中某一质点离开平衡位置时，机械波就发生了形变。这样，一方面邻近质点将对这一质点施加弹性力，迫使邻近质点对它施加弹性回复力，使它回到平衡位置，质点便在平衡位置附近振动起来；另一方面根据牛顿第三定律，这个质点也将对邻近质点施加弹性力，迫使邻近质点也在自己的平衡位置附近振动起来。此时，当弹性介质中的一部分发生振动时，由于各部分之间的弹性力相互作用，振动就由近及远地传播开去，形成了波动。

所以，**形成机械波需要两个条件：波源与传播介质**。例如，上述水面波的波源是石头落水处的水，水面波的传播介质是水。

二、横波与纵波

根据质点振动方向和波的传播方向的关系，机械波可以分为横波与纵波，这是波动的两种最基本的形式。**横波**的振动方向与波动传播方向垂直，而**纵波**的振动方向与波动传播方向平行。但一般的波都是横波和纵波同时存在的，如地震波既有横波又有纵波；水面波也是一种复杂的波，使振动质点回到平衡位置的力不是一般的弹性力，而是重力和表面张力。

下面介绍描述波传播时常用的几个概念。

如图 10-1、图 10-2 所示，波从波源产生并在介质中向各个方向传播，我们沿波的传播方向作一些带有箭头的线，叫作**波线**。在波的传播过程中，介质中的各质点都在平衡位置附近振动，由振动相位相同的各点连成的曲面，叫作**波面**（或**同相面**）。在每一时刻，波面都有任意多个，一般只画几个作代表。在某一时刻，由波源的最初振动状态所传达到的各点连成的曲面，叫作**波前**（或**波阵面**）。显然，波前就是最前面的那个波面。波前为球面的波叫作**球面波**；波前是平面的波叫作**平面波**。在各向同性的介质中，波线始终与波面垂直。

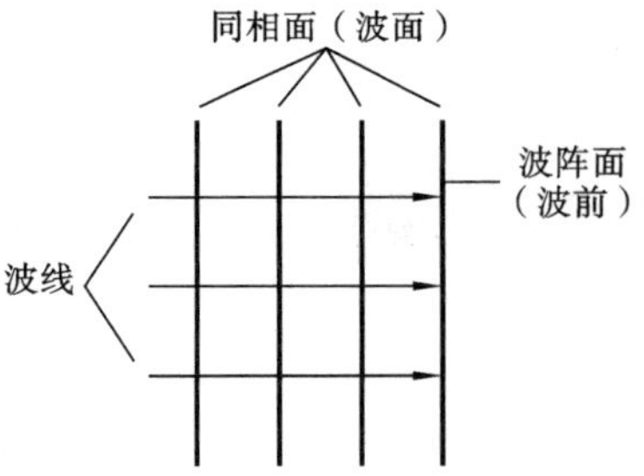

图 10-1　平面波

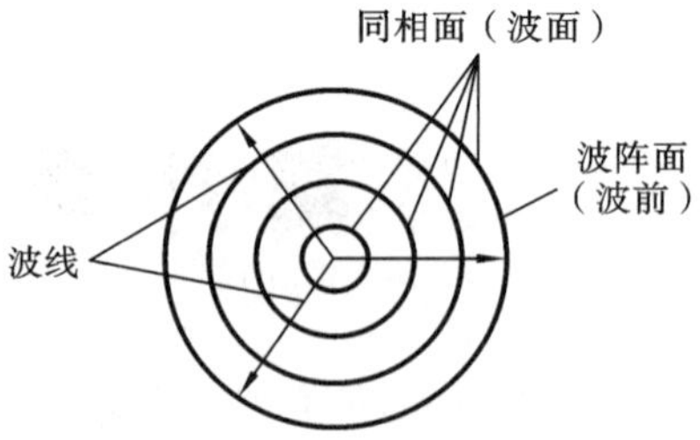

图 10-2　球面波

三、波长　波的周期和频率　波速

在波的传播过程中,同一波线上两个相邻的、相位差为 2π 的振动质点间的距离,叫作**波长**,用 λ 表示。横波的波长等于两相邻波峰之间或两相邻波谷之间的距离;纵波的波长等于两相邻密部中心之间或相邻疏部中心之间的距离。

波前进一个波长的距离所需要的时间,叫作波的**周期**,用 T 表示。周期的倒数叫作波的**频率**,用 ν 表示,即 $\nu=\frac{1}{T}$。

显然,频率就是波在单位时间内前进的距离中所具有的完整波的数目。在波的行进过程中,经过一个周期,振动质点做一次完全振动,而波则沿波线传出一个完整的波形。因此,波的频率(或周期)和介质中质点的振动频率(或周期)相同,也与波源的振动频率(或周期)相同。

在波动过程中,某种一定的振动状态在单位时间内传播的距离叫作**波速**,用 v 表示。波速的大小完全取决于介质的性质,在不同的介质中,波的速度不同。

理论证明:固体内的纵波和横波的传播速度 v 分别为

$$v=\sqrt{\frac{E}{\rho}}\text{(纵波)},\quad v=\sqrt{\frac{G}{\rho}}\text{(横波)}$$

式中,E 为固体的杨氏模量,G 为固体的切变弹性模量,ρ 为固体的密度。

在液体和空气中,纵波的传播速度为

$$v=\sqrt{\frac{B}{\rho}}\text{(纵波)}$$

式中,B 为容变弹性模量,ρ 为密度。

由此可见,机械波的波速只与介质的弹性模量和密度有关,而与波源无关。

由于前进一个波长的距离所需要的时间为一个周期,因此波长 λ、周期 T(频率 ν)和波速 v 之间应有如下关系:

$$v=\frac{\lambda}{T}\quad\text{或}\ v=\lambda\nu \tag{10-1}$$

上式是波速、波长和周期(频率)之间的基本关系,它适用于各种类型的波。由于波速与介质有关,而波的频率就是波源振动的频率,它与介质无关,因此,同一频率的波在不同介质中传播时,其波长不同。

首先,我们介绍气体中的声速。由热力学理论可以导出这时的容变弹性模量 $B=\gamma p$,于是有

$$v=\sqrt{\frac{\gamma p}{\rho}}=\sqrt{\frac{\gamma RT}{\mu}}\quad\left(\rho=\frac{\mu p}{RT}\right)$$

式中，γ 是摩尔定压热容 C_p 与摩尔定容热容 C_V 之比，p 为气体的压强，T 是热力学温度，μ 是摩尔质量，R 是气体常数。在 0 ℃时，由上式可以算出，空气中的声速等于 332 m/s，氢气中的声速等于 1.26×10^3 m/s。

例 10-1　某广播电台以 780 kHz 的频率播送节目，求这个频率的无线电波的波长（设无线电波的传播速度为 3×10^8 m/s）。

解　已知 $\nu=780$ kHz，$v=3\times10^8$ m/s，由式(10-1)得

$$\lambda=\frac{v}{\nu}=\frac{3\times10^8}{7.8\times10^5}\ \text{m}=385\ \text{m}$$

这一电台发射的无线电波的波长是 385 m。

通常规定波长在 200～3000 m 之间的无线电波为中波，波长在 200 m 以下的无线电波为短波，波长在 3000 m 以上的无线电波为长波。广播中常用的中波波段的波长在 545～189 m 之间，与之对应的频率范围在 550～1640 kHz 之间。

10-2　平面简谐波的波函数

一、简谐波的波动方程

当波源做简谐运动时，介质中各点也都做简谐运动，此时形成的波称为简谐波，又叫余弦波（或正弦波）。一般地说，介质中各质点的振动是很复杂的，所以由此产生的波动也是很复杂的。但是可以证明，任何复杂的波都可以看作是由若干个简谐波叠加而成的。因此，讨论简谐波有着特别重要的意义。

如图 10-3 所示，简谐振动沿 Ox 正方向传播，因为与 Ox 轴垂直的平面均为同相面，故任一个同相面上质点的振动状态可用该平面与 Ox 轴交点处的质点振动状态来描述，因此整个介质中质点的振动可简化成只研究 Ox 轴上质点的振动。设有一质点在原点 O 处做简谐运动，它在时刻 t 相对于平衡位置的位移为

$$y_0=A\cos(\omega t+\varphi)$$

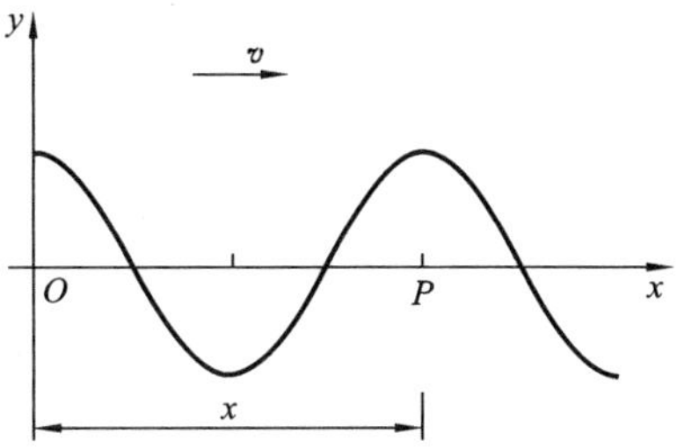

图 10-3　推导简谐波的波函数用图

设振动传播过程中振幅不变（即介质是均匀无限大，无吸收的）。在 Ox 轴上任取一点 P，坐标为 x，显然，当振动从 O 处传播到 P 处时，P 处质点将重复 O 处质点的振动。振动从 O 点传播到 P 点所用时间为 $\frac{x}{v}$，所以，P 点在 t 时刻的位移与 O 点在 $\left(t-\frac{x}{v}\right)$ 时刻的位移相等，由此 t 时刻 P 处质点位移为

$$y_P=A\cos\left[\omega\left(t-\frac{x}{v}\right)+\varphi\right]\tag{10-2}$$

由于 P 点是任意选取的，因而 Ox 轴上任意点在任意时刻的振动状态都可以由式(10-2)确

定。所以式(10-2)就是沿 Ox 轴正方向传播的简谐波的波动方程。

同理,当波沿 Ox 轴负方向传播时,t 时刻 P 处质点位移为

$$y_P=A\cos\left[\omega\left(t+\frac{x}{v}\right)+\varphi\right] \tag{10-3}$$

式(10-3)为沿 Ox 轴负方向传播的简谐波的波动方程。

由 $\omega=2\pi\nu, v=\lambda\nu$,可将式(10-2)和式(10-3)改写为

$$y=A\cos\left[2\pi\left(\nu t\mp\frac{x}{\lambda}\right)+\varphi\right] \tag{10-4}$$

$$y=A\cos\left[2\pi\left(\frac{t}{T}\mp\frac{x}{\lambda}\right)+\varphi\right] \tag{10-5}$$

式中,"$-$"表示波沿 Ox 轴正方向传播,"$+$"表示波沿 Ox 轴负方向传播。

波动方程中含有 x 和 t 两个自变量。需要注意,因为坐标是任意选取的,所以波源不一定在原点处。

二、波函数的物理意义

为了深刻理解波函数的物理含义,下面列举一个例子。

设波函数为

$$y=A\cos\left[\omega\left(t-\frac{x}{v}\right)+\varphi\right]$$

(1) 当 x 一定时,则 y 仅为时间 t 的函数。此时波函数表示的是距离原点 O 为 x 处质点在不同时刻的位移,即该质点做简谐运动的情况。以 y 为纵坐标,t 为横坐标,可以得出波线上不同质点的位移-时间曲线,如图 10-4 所示。从这些曲线可以看出,他们的初相依次为 0、$-\frac{\pi}{2}$、$-\pi$。这就是说 $x=\frac{\lambda}{4}$ 处质点的相位比 $x=0$ 处质点的相位落后 $\frac{\pi}{2}$,其他质点则依次落后 $\frac{\pi}{2}$。

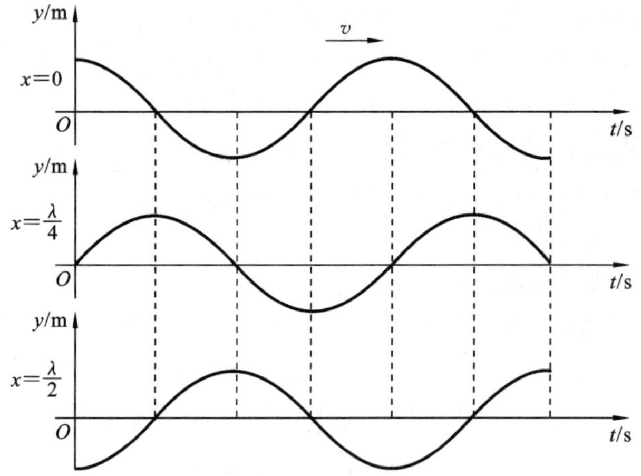

图 10-4 波线上各质点简谐运动的位移-时间曲线

(2) 当 t 一定时,Ox 轴上所有质点的位移 y 仅为 x 的函数。此时波函数 $y=A\cos\left[\omega\left(t-\frac{x}{v}\right)+\right.$

$\varphi\Big]$表示给定时刻各质点的位移分布情况。以 y 为纵坐标，x 为横坐标，可得图 10-5 所示的不同时刻的波函数（y-x 曲线），该曲线也叫波形图。从波形图可以看出，经过一个周期的时间，波向前传播了一个波长的距离。

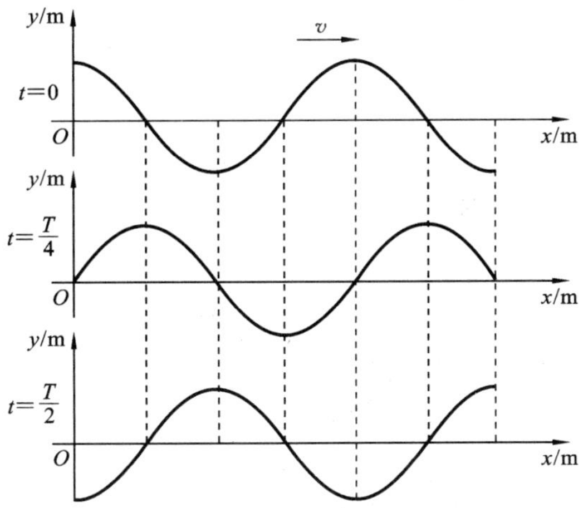

图 10-5　不同时刻各质点的位移分布波形图

例 10-2　横波在弦上传播，波动方程为 $y=0.02\cos\pi(200t-5x)$（SI），求

（1）A、λ、ν、T、v 分别为多少？

（2）画出 $t=0.0025$ s、0.005 s 时的波形图。

解　（1）$y=A\cos\omega\left(t-\dfrac{x}{v}\right)=A\cos 2\pi\left(\nu t-\dfrac{x}{\lambda}\right)=A\cos 2\pi\left(\dfrac{t}{T}-\dfrac{x}{\lambda}\right)$

此题波动方程可化为

$$y=0.02\cos 200\pi\left(t-\frac{x}{40}\right)=0.02\cos 2\pi\left(100t-\frac{x}{0.4}\right)=0.02\cos 2\pi\left(\frac{t}{0.01}-\frac{x}{0.4}\right)$$

得

$$A=0.02\ \text{m},\quad v=40\ \text{m/s},\quad \nu=100\ \text{Hz},\quad \lambda=0.4\ \text{m},\quad T=0.01\ \text{s}$$

（a）由于 λ 为同一波线上相位差为 2π 的两质点间的距离，设两质点坐标为 x_1、x_2（$x_2>x_1$），有

$$\pi(200t-5x_1)-\pi(200t-5x_2)=2\pi$$

得

$$\lambda=x_2-x_1=\frac{2}{5}\ \text{m}=0.4\ \text{m}$$

（b）由于 v 为某一振动状态在单位时间内传播的距离，设 t_1 时刻某振动状态在 x_1 处，t_2 时刻该振动状态传到 x_2 处，有

$$\pi(200t_1-5x_1)=\pi(200t_2-5x_2)$$

则 $5(x_2-x_1)=200(t_2-t_1)$，得

$$v=\frac{x_2-x_1}{t_2-t_1}=\frac{200}{5}\ \text{m/s}=40\ \text{m/s}$$

（2）一种方法由波形方程来作图，运用描点法，但这样做麻烦。此题可这样做：画出 $t=0$ 时

的波形图,根据波传播的距离得出相应时刻的波形图(波形平移)。如图 10-6 所示,平移距离分别为

$$\Delta x_1 = v\Delta t_1 = 40\ \text{m/s} \times 0.0025\ \text{s} = 0.1\ \text{m} = \frac{1}{4}\lambda$$

$$\Delta x_2 = v\Delta t_2 = 40\ \text{m/s} \times 0.005\ \text{s} = 0.2\ \text{m} = \frac{1}{2}\lambda$$

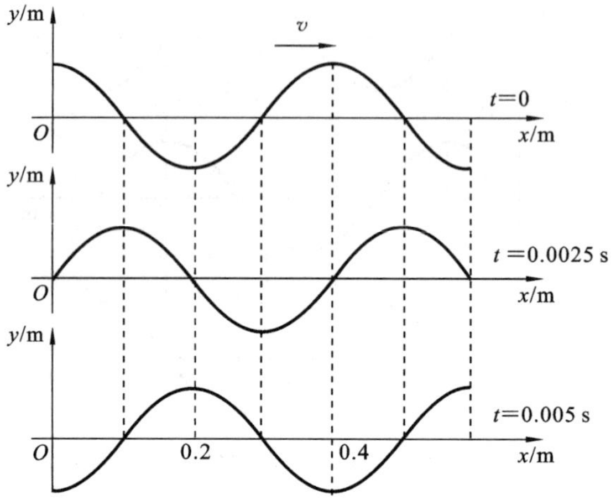

图 10-6　例 10-2 图

10-3　波的能量　能量密度

一、波的能量

波的传播过程就是振动的传播过程,波到哪里,哪里的介质就要发生振动,因而具有动能;同时由于介质元的变形,因而波具有势能,因此波传到哪里,哪里就有机械能。这些机械能来自波源。可见,波的传播过程既是振动的传播过程,又是能量传递过程。在不传递介质的情况下,传递能量是波动的基本性质。

下面以简谐纵波在一棒中沿棒长方向传播为例,分析波的能量传播。如图 10-7 所示,取 Ox 轴沿棒长方向,设波动方程为 $y = A\cos\left[\omega\left(t - \frac{x}{v}\right)\right]$。在波动过程中,棒中每一小段将不断地压缩和拉伸。

在棒上任取一体积元 BC,体积为 $\text{d}V$,棒在平衡位置时,B、C 坐标分别为 x、$x+\text{d}x$,即 BC 长为 $\text{d}x$。设棒的横截面积为 S,质量密度为 ρ,体积元具有的动能为

$$\text{d}W_k = \frac{1}{2}\text{d}mv^2 = \frac{1}{2}\rho\text{d}V \cdot \left(\frac{\partial y}{\partial t}\right)^2 = \frac{1}{2}\rho\text{d}V \cdot \omega^2 A^2 \sin^2\omega\left(t - \frac{x}{v}\right) \tag{10-6}$$

式中,v 为该体积元的振动速度。

体积元同时发生弹性形变,因此具有一定的势能。如图 10-7 所示,体积元 B 端因振动而

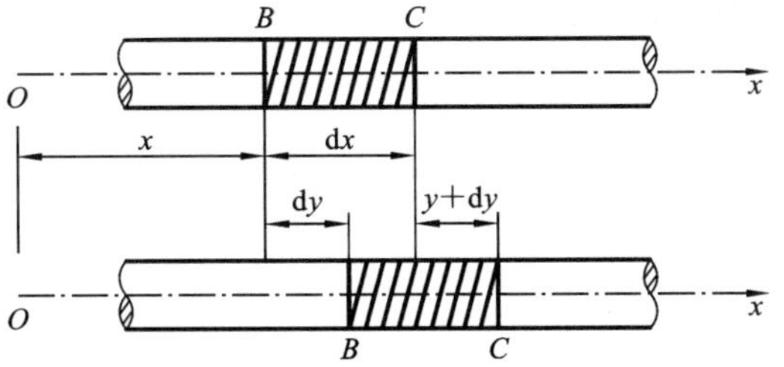

图 10-7　简谐波在长棒中传播

产生的位移为 dy，C 端的位移为 $y+dy$，因此体积元的长度变化为 dy，而体积元的原长为 dx。

由杨氏模量定义可知，这一体积元所受的弹性力为

$$dF=EdS\cdot\frac{dy}{dx}\text{（}E\text{ 为杨氏模量）}$$

由胡克定律，体积元受到的弹性力为

$$dF=kdy$$

联立上面两式，体积元具有的弹性势能为

$$dW_p=\frac{1}{2}k\,(dy)^2=\frac{1}{2}EdS\cdot dx\cdot\left(\frac{dy}{dx}\right)^2$$

或

$$dW_p=\frac{1}{2}EdV\left(\frac{dy}{dx}\right)^2$$

将 $v=\sqrt{\dfrac{E}{\rho}}$ 代入上式得

$$dW_p=\frac{1}{2}\rho v^2 dV\left(\frac{dy}{dx}\right)^2 \tag{10-7}$$

因为 y 是关于 x 和 t 的函数，所以式(10-7)中的 $\frac{dy}{dx}$ 应写成 $\frac{\partial y}{\partial x}$，则

$$\frac{\partial y}{\partial x}=\frac{\omega}{v}A\sin\omega\left(t-\frac{x}{v}\right)$$

于是有

$$dW_p=\frac{1}{2}\rho dV\cdot\omega^2A^2\sin^2\omega\left(t-\frac{x}{v}\right) \tag{10-8}$$

则体积元的总能量为

$$dW=dW_k+dW_p=\rho dV\cdot\omega^2A^2\sin^2\omega\left(t-\frac{x}{v}\right) \tag{10-9}$$

由式(10-6)和式(10-8)可以看出，体积元的动能和势能都随时间做周期性变化，且在任意时刻动能和势能相等。对于单一的简谐运动，势能最大时动能最小，动能最大时势能最小，但系统的总能量守恒。因此，简谐波的能量与单一的简谐运动有明显差别。而在波动的情况下，简谐波体积元的总能量也随时间在零和最大值之间做周期性的变化。因此，对任意的体积元来说，它都在不断地吸收和传递能量，能量随着波的传播，从介质中的一部分传到另一部分。所以波动是能量传播的方式之一。

我们将介质中单位体积的波动能量叫作波的能量密度,用 w 表示,即

$$w=\frac{dW}{dV}=\rho\omega^2A^2\sin^2\omega\left(t-\frac{x}{v}\right) \tag{10-10}$$

上式表明,w 是 t 的函数,通常取其在一个周期内的平均值叫作平均能量密度 $\overline{w}$。

$$\begin{aligned}\overline{w}&=\frac{1}{T}\int_0^T w\,dt=\frac{1}{T}\int_0^T\rho\omega^2A^2\sin^2\omega\left(t-\frac{x}{v}\right)dt\\&=\rho\omega^2A^2\frac{1}{T}\int_0^T\frac{1}{2}\left[1-\cos2\omega\left(t-\frac{x}{v}\right)\right]dt\\&=\rho\omega^2A^2\frac{1}{T}\left[\frac{1}{2}T-\frac{1}{2}\int_0^T\cos2\omega\left(t-\frac{x}{v}\right)dt\right]\\&=\frac{1}{2}\rho\omega^2A^2\end{aligned}$$

即

$$\overline{w}=\frac{1}{2}\rho\omega^2A^2 \tag{10-11}$$

以上各式虽然是由简谐弹性纵波的特殊情况导出的,但对所有的弹性波都适用。

二、能流和能流密度

综上所述,波的传播过程就是能量传播过程,因此可引进能流和能流密度概念。

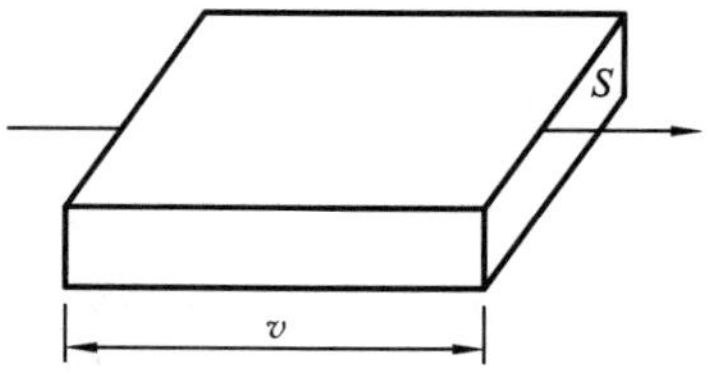

图 10-8 能流和能流密度

将单位时间内通过某一面积的能量称为**能流**,用 P 表示。如图 10-8 所示,设 S 为介质中垂直于波传播方向的一面积,则在单位时间内通过 S 面的能量等于体积 vS 中的能量。这一能量是周期性变化的,通常取其平均值为

$$\overline{P}=\overline{w}vS$$

将通过垂直于波的传播方向的单位面积的平均能流,称为**能流密度** I,即

$$I=\frac{\overline{P}}{S}=\overline{w}v=\frac{1}{2}\rho A^2\omega^2v \tag{10-12}$$

10-4 惠更斯原理 波的衍射和干涉

一、惠更斯原理

前面讲过,波动是振动的传播。由于介质中各点间有相互作用,波源振动引起附近各点振动,这些附近点又引起更远点的振动,由此可见,波动传到的各点在波的产生和传播方面所起的作用和波源没有什么区别,都会引起它附近介质的振动,因此波动传到的各点都可以看作是新的波源。

例如,一水面波向前传播,遇到一障碍物 AB(见图 10-9),当障碍物上的小孔的孔径与波长相比甚小,这样就可以看见,穿过小孔的波是圆形波,圆心在小孔处,这说明波传播到小孔后,小

孔成为波源，它所发射出去的波称为**子波**。惠更斯分析和总结了类似的现象，于 1690 年提出了**惠更斯原理**：介质中波传播到的各点，都可以看作是发射子波的波源，而其后任意时刻，这些子波的包络就是新的波前（波阵面）。

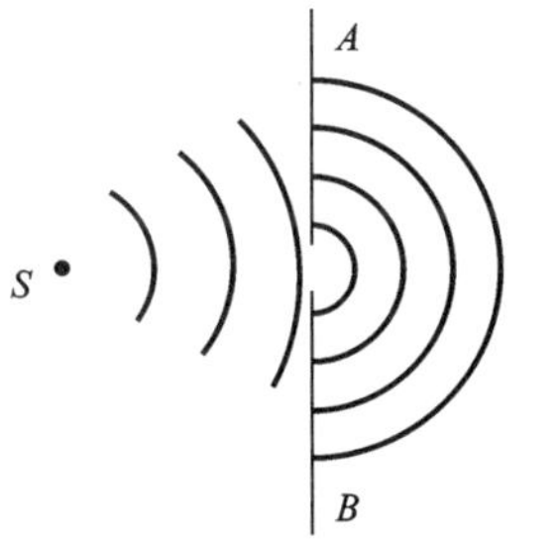

图 10-9　子波的概念

惠更斯原理适用于任何波动过程，无论介质是均匀的还是非均匀的，是各向同性的还是各向异性的，是机械波还是电磁波，这一原理都成立。同时惠更斯还指出了从某一时刻出发去寻找下一时刻波阵面的方法。下面举例来说明惠更斯原理的应用。

如图 10-10 所示，设中心在 O 点的一球面波以速度 v 在均匀各向同性介质中传播，在 t 时刻波阵面是半径为 R 的球面 S_1。根据惠更斯原理，可以将 S_1 面上各点都可看成是发射子波的新波源。即以 S_1 面上各点为中心，以 $r=v\Delta t$ 为半径，画出许多半球形子波，这些子波的包络即为公切于各子波的包络面，就是 $t+\Delta t$ 时刻新的波阵面。显然 S_2 是以 O 为中心，以 $R+r$ 为半径的球面。

当球面波的半径很大时，其波前的一部分实际上可以看作是平面波的波前，即看作是平面波（见图 10-11）。若已知平面波在 t 时刻的波前 S_1，根据惠更斯原理，以 S_1 面上各点为中心，以 $r=v\Delta t$ 为半径，画出许多半球形子波，这些子波的包络即为公切于各子波的包络面，就是 $t+\Delta t$ 时刻新的波阵面。显然新波阵面是平行于 t 时刻波阵面 S_1 的平面 S_2。

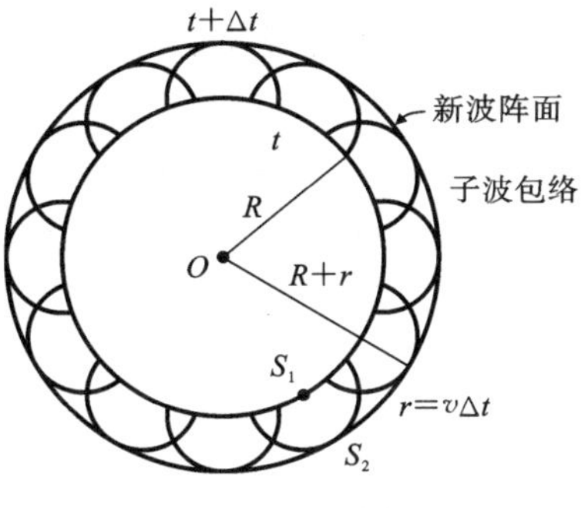

图 10-10　球面波的作法

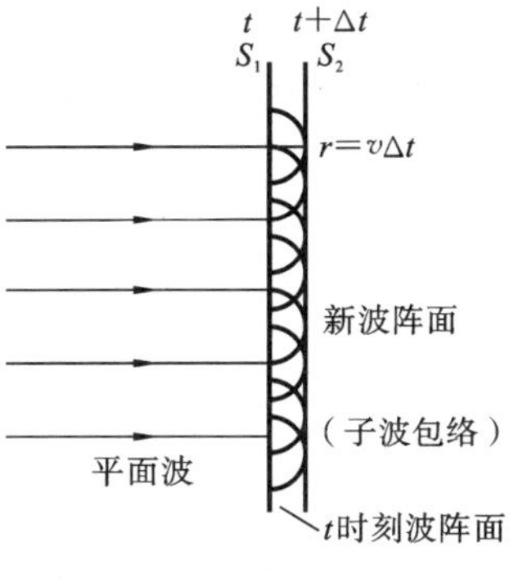

图 10-11　平面波的作法

二、波的衍射

从日常生活中观察到，水波在水面上传播时可以绕过水面上的障碍物而在障碍物的后面传播，在高墙一侧的人可以听到另一侧人的声音，即声波可以绕过高墙从一侧传到另一侧。这些现象说明，水波与声波在传播过程中遇到障碍物时，波就不是沿直线传播的，它可以达到沿直线传播所达不到的区域，这种现象称为波的衍射（或绕射）。简单地说，波遇到障碍物后偏离直线传播的现象即为波的衍射。

下面用惠更斯原理说明水波的衍射。如图 10-12 所示，水面上障碍物为一宽缝，缝的宽度大于水波波长，用平行于波阵面的棒振动来产生平行子水波。当水波到达障碍物时，波阵面在宽缝上的所有点都可以看作发射子波的波源，这些子波在宽缝的前方的包络就是通过宽缝后的新的波阵面。从图 10-12 上看，新波阵面（或波前）不是直线（波阵面与底面交线），只是中间一部分与原来的波阵面平行，在缝的边缘地方波阵面发生了弯曲，波线如图 10-12 所示，这说明水

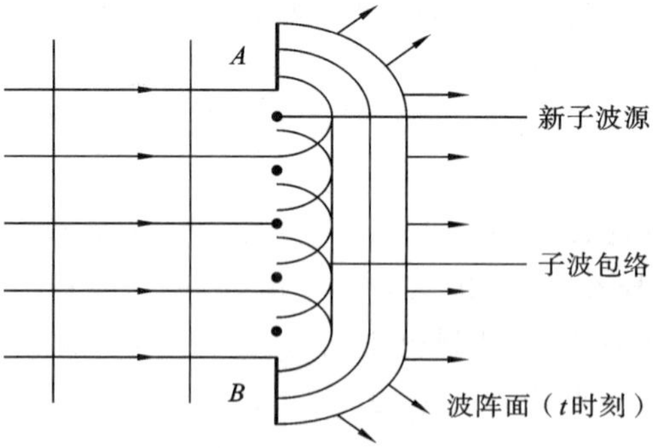

图 10-12　波的衍射

波绕过缝的边缘前进。

三、波的干涉

1. 波的叠加原理

现在我们来讨论两个或两个以上的波源发出的波在同一介质中传播的情况。把两个小石块投在很大的静止水面上邻近两点，可见从石头落点处发出的两个圆形波互相穿过，它们分开之后仍然是以石块落点为中心的两个圆形波，说明它们各自独立传播；当乐队演奏或几个人同时讲话时，能够分辨出每种乐器或每个人的声音，这表明了某种乐器和某人发出的声波，并不因为其他乐器或其他人同时发声而受到影响。通过对这些现象的观察和研究，可总结出如下规律：

几列波在传播空间中相遇时，每列波保持自己的特性(即频率、波长、振动方向、振幅不变)，各自按其原来的传播方向继续传播，互不干扰；在相遇区域内，任一点的振动位移为各列波单独存在时在该点所引起的振动位移的矢量和。这两个规律分别称为**波的独立传播原理**和**波的叠加原理**。

2. 波的干涉

一般来说，频率、振动方向都不同的几列波在某一点叠加时，情形是很复杂的，叠加图样不稳定。现在，我们来讨论最简单而又最重要的情况，即**频率相同、振动方向相同、相位差恒定**这样两列波的叠加问题。将满足上述三个条件的波称为**相干波**，它们的波源叫作**相干波源**。两相干波在空间相遇时，将使某些地方振动始终加强，而使另一些地方振动始终减弱，这种现象叫作**波的干涉**。

下面我们来分析干涉现象的产生并确定干涉加强和干涉减弱的条件。

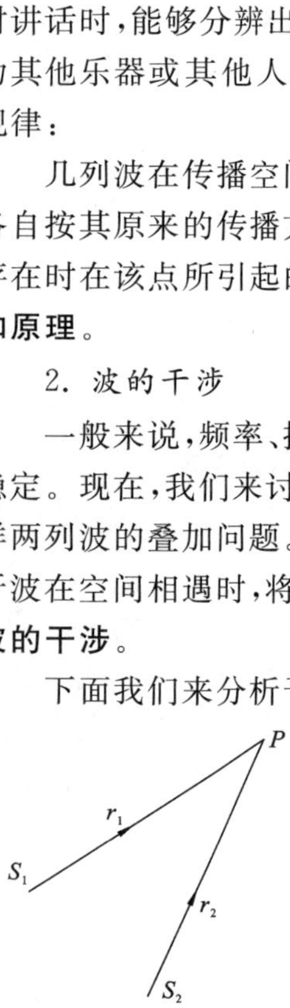

图 10-13　波的干涉

如图 10-13 所示，有两个做简谐运动的相干波源 S_1 和 S_2，它们的振动方程分别为

$$y_1=A_1\cos(\omega t+\varphi_1)$$
$$y_2=A_2\cos(\omega t+\varphi_2)$$

式中，ω 为两波源的角频率，A_1 和 A_2 分别是两波源的振幅，φ_1 和 φ_2 分别为两波源的初相。设两波源发出的波在同一介质中传播，各自经过 r_1 和 r_2 的距离后在空间某一点 P 处相遇，两波源的波长为 λ，则这两列

波在 P 点产生的分振动分别为

$$y_1=A_1\cos\left(\omega t+\varphi_1-\frac{2\pi r_1}{\lambda}\right)$$

$$y_2=A_2\cos\left(\omega t+\varphi_2-\frac{2\pi r_2}{\lambda}\right)$$

P 点合成振动为

$$y=y_1+y_2=A_1\cos\left(\omega t+\varphi_1-\frac{2\pi r_1}{\lambda}\right)+A_2\cos\left(\omega t+\varphi_2-\frac{2\pi r_2}{\lambda}\right) \tag{10-13}$$

对同方向、同频率振动合成，结果为

$$y=A\cos(\omega t+\varphi) \tag{10-14}$$

其中

$$A=\sqrt{A_1^2+A_2^2+2A_1A_2\cos\Delta\varphi} \tag{10-15}$$

$$\Delta\varphi=\left(\varphi_2-\frac{2\pi r_2}{\lambda}\right)-\left(\varphi_1-\frac{2\pi r_1}{\lambda}\right)=(\varphi_2-\varphi_1)-2\pi\frac{r_2-r_1}{\lambda} \tag{10-16}$$

$$\varphi=\arctan\frac{A_1\sin\left(\varphi_1-2\pi\frac{r_1}{\lambda}\right)+A_2\sin\left(\varphi_2-2\pi\frac{r_2}{\lambda}\right)}{A_1\cos\left(\varphi_1-2\pi\frac{r_1}{\lambda}\right)+A_2\cos\left(\varphi_2-2\pi\frac{r_2}{\lambda}\right)} \tag{10-17}$$

式中，$\varphi_2-\varphi_1$ 是两波源的相位差，$2\pi\frac{r_2-r_1}{\lambda}$是由传播产生的相位差，$A$ 为合振动的振幅，φ 为合振动的初相。对于给定的点 P，$\Delta\varphi$ 为一恒量，故合振幅 A 也是一个恒量。

讨论：(1) 当 $\Delta\varphi=(\varphi_2-\varphi_1)-2\pi\frac{r_2-r_1}{\lambda}=\pm 2k\pi\ (k=0,1,2,\cdots)$时，$A=A_1+A_2$，合振幅最大，即振动加强；

当 $\Delta\varphi=(\varphi_2-\varphi_1)-2\pi\frac{r_2-r_1}{\lambda}=\pm(2k+1)\pi\ (k=0,1,2,\cdots)$时，$A=|A_1-A_2|$，合振幅最小，即振动减弱。

(2) 如果两列相干波的初相位相同，即 $\varphi_2=\varphi_1$，并取 δ 为两相干波源各自到点 P 的波程差，即 $\delta=r_2-r_1$，当

$$\delta=r_2-r_1=\pm k\lambda\ (k=0,1,2,\cdots) \tag{10-18}$$

时，即波程差等于零或为波长整数倍的空间各点，合振幅最大；当

$$\delta=r_2-r_1=\pm(2k+1)\frac{\lambda}{2}\ (k=0,1,2,\cdots) \tag{10-19}$$

时，即波程差等于半波长的奇数倍的空间各点，合振幅最小。

在其他情况下，合振幅的数值则在最大值(A_1+A_2)和最小值$|A_1-A_2|$之间。

由以上讨论可知，两相干波在空间任一点相遇时，其干涉加强和减弱的条件，不仅与两波源的初相差 $\varphi_2-\varphi_1$ 有关，而且与波程差 $\delta=r_2-r_1$引起的相位差 $2\pi\frac{\delta}{\lambda}$有关。

必须注意：如果两波源不是相干波源，则不会出现干涉现象。

例 10-3 如图 10-14 所示，A、B 为同一介质中两相干波源，其振幅均为 5 cm，频率为 100 Hz。A 处为波峰时，B 处恰为波谷。设波速为 10 m/s。试求 P 点干涉结果。

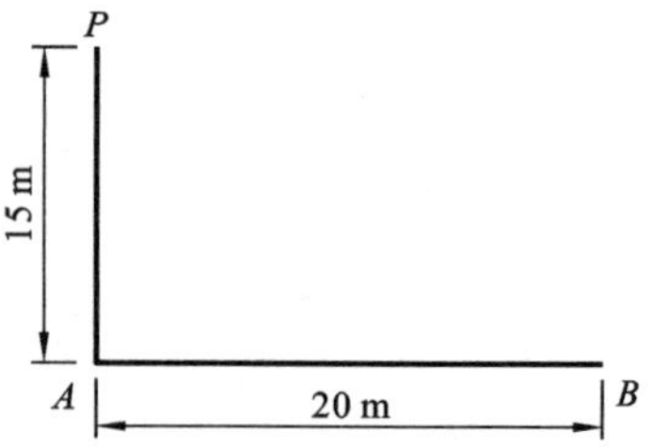

图 10-14　例 10-3 图

解　P 点干涉振幅为

$$A=\sqrt{A_1^2+A_2^2+2A_1A_2\cos\Delta\varphi}$$

$$\Delta\varphi=(\varphi_B-\varphi_A)-2\pi\frac{r_{BP}-r_{AP}}{\lambda}$$

由题意知：

$$\varphi_B-\varphi_A=-\pi(B\text{ 的相位比 }A\text{ 落后})$$

$$r_{BP}=\sqrt{AP^2+AB^2}=25\ \text{m}$$

$$r_{AP}=15\ \text{m}$$

$$\lambda=\frac{v}{\nu}=0.1\ \text{m}$$

$$\Delta\varphi=-\pi-2\pi\frac{25-15}{0.1}=-201\ \pi$$

得到

$$A=0\quad(A_1=A_2)$$

即干涉静止不动。

10-5　驻　　波

一、驻波的形成

驻波是两列振幅相同的相干波相向传播时叠加而成的波，是干涉的一种特殊情况。如图10-15所示，弦线的一端固定在音叉上，另一端通过一滑轮系一砝码，使弦线拉紧，现让音叉振动起来，并调节劈尖 B 至适当位置，使 AB 具有某一长度 l，可以看到 AB 上形成稳定的振动状态。如图 10-15 所示，a、b、c、d 为波节，a'、b'、c'、d'为波腹。

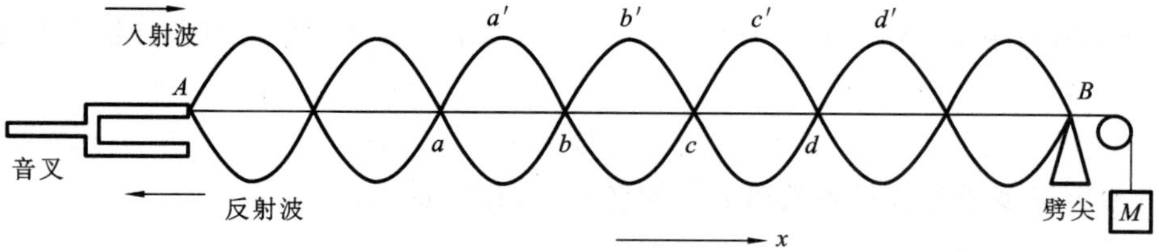

图 10-15　驻波的形成

当音叉振动时，带动弦线 A 端振动，由 A 端振动引起的波沿弦线向右传播，在到达 B 点遇到障碍物(劈尖)后产生反射，反射波沿弦线向左传播。这样，在弦线上向右传播的入射波和向左传播的反射波满足相干条件，所以二者产生干涉，这样就出现了驻波。

二、驻波的波函数

对于两端固定的弦线，不是任何频率(或波长)的波都能在弦上形成驻波，只有当弦长 l 等于半波长的整数倍时才能形成驻波，即当

$$l=n\frac{\lambda_n}{2}\quad(n=1,2,3,\cdots)\quad 或\quad \lambda_n=\frac{2l}{n}\quad(n=1,2,3,\cdots)$$

时，弦线上可以形成驻波。

下面来推导驻波方程，设有两列振幅相同、频率相同、初相位为零的简谐波，分别沿 Ox 轴正方向和反方向传播。波动方程分别为

$$y_1=A\cos2\pi\left(\frac{t}{T}-\frac{x}{\lambda}\right)$$

$$y_2=A\cos2\pi\left(\frac{t}{T}+\frac{x}{\lambda}\right)$$

两列波相遇处各点的合位移为

$$\begin{aligned}y&=y_1+y_2=A\cos2\pi\left(\frac{t}{T}-\frac{x}{\lambda}\right)+A\cos2\pi\left(\frac{t}{T}+\frac{x}{\lambda}\right)\\&=A\cdot2\cos\frac{2\pi\left(\frac{t}{T}-\frac{x}{\lambda}\right)+2\pi\left(\frac{t}{T}+\frac{x}{\lambda}\right)}{2}\cdot\cos\frac{2\pi\left(\frac{t}{T}-\frac{x}{\lambda}\right)-2\pi\left(\frac{t}{T}+\frac{x}{\lambda}\right)}{2}\\&=2A\cos2\pi\frac{t}{T}\cdot\cos\frac{-2\pi x}{\lambda}\\&=2A\cos\frac{2\pi x}{\lambda}\cos2\pi\nu t\end{aligned}$$

即

$$y=2A\cos\frac{2\pi x}{\lambda}\cos2\pi\nu t\tag{10-20}$$

下面对图 10-15 所示弦线上的驻波做进一步讨论。

1. 波节和波腹

由驻波方程知，方程中 $y=2A\cos\frac{2\pi x}{\lambda}$ 只与 x 有关，与时间 t 无关。这表明：弦线上各点做振幅为 $2A\left|\cos\frac{2\pi x}{\lambda}\right|$、频率为 ν 的简谐运动，各点的振幅与 x 有关。

当 $\left|\cos\frac{2\pi x}{\lambda}\right|=0$ 时，即 $x_k=\pm(2k+1)\frac{\lambda}{4}(k=0,1,2,\cdots)$，$x$ 对应的质点振动的振幅为零，这些点始终静止不动，称之为**波节**。

相邻波节距离为

$$x_{k+1}-x_k=[2(k+1)+1]\frac{\lambda}{4}-(2k+1)\frac{\lambda}{4}=\frac{\lambda}{2}\tag{10-21}$$

当 $\left|\cos\frac{2\pi x}{\lambda}\right|=1$ 时，即 $x_k=\pm k\frac{\lambda}{2}(k=0,1,2,\cdots)$，$x$ 对应的质点振动的振幅最大，等于 $2A$，将这些点称为**波腹**。

相邻波腹距离为

$$x_{k+1}-x_k=(k+1)\frac{\lambda}{2}-k\frac{\lambda}{2}=\frac{\lambda}{2}\tag{10-22}$$

可见：相邻两个波节（或波腹）的距离为相干波长的二分之一。

2. 驻波的相位

由式(10-20)可知，$\cos2\pi\nu t$ 的相位 $2\pi\nu t$ 与点的位置无关，弦线上各点的振动在某一时刻的

相位与因子 $\cos\frac{2\pi x}{\lambda}$ 的正负有关。当 $\cos\frac{2\pi x}{\lambda}>0$ 时，x 对应的各点振动相位均为 $2\pi\nu t$；当 $\cos\frac{2\pi x}{\lambda}<0$ 时，x 对应的各点振动相位均为$(2\pi\nu t+\pi)$。在两波节之间的各点，$\cos\frac{2\pi x}{\lambda}$ 具有相同的符号，它们的振动相位相同；而在波节两边的各点，$\cos\frac{2\pi x}{\lambda}$ 有着相反的符号，故它们的振动相位也相反。可知，相邻波节间质点同步一齐振动，波节两边质点反方向振动。驻波中，弦线分段振动，每段间为一整体做同步振动。在每一时刻，驻波都有一定的波形，图 10-16 所示为 $t=0$ 时驻波的波形图。

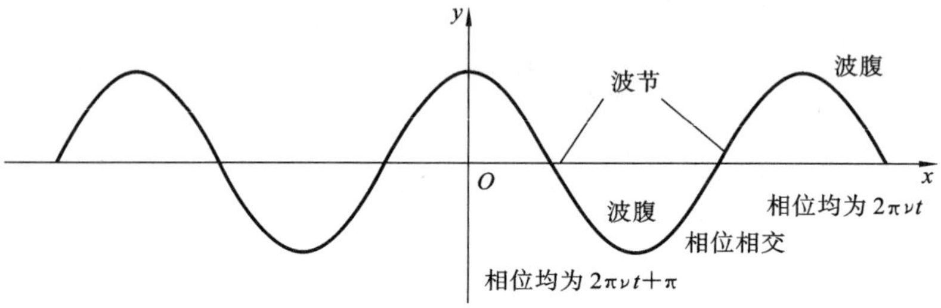

图 10-16　驻波的波形图

可以证明，驻波是不传播能量的，所以说，驻波只是一种特殊形式的振动。

三、半波损失

在音叉实验中，波是在固定点处反射的，在反射处形成波节。如果波是在自由端反射，则反射处为波腹。一般情况下，两种介质分界面处形成的是波节还是波腹，取决于波的种类、两种介质的性质及入射角。当波从一种弹性介质垂直入射到另一种弹性介质时，如果第二种介质的质量密度与波速之乘积比第一种大，即 $\rho_2 v_2>\rho_1 v_1$，则分界面出现波节。此时，第一种介质称为波疏介质，第二种介质称为波密介质。因此，当波从波疏介质垂直入射到波密介质时，反射波在介质分界面处形成波节；当波从波疏介质反射回到波密介质时，反射波在反射面处形成波腹。

在反射面处形成波节，说明入射波与反射波相位相反，即反射波在该处相位突变了 π。因为在波线上相差半个波长的两点，其相位差为 π，所以，波从波密介质反射回到波疏介质时，相当于附加(或损失)了半个波长的波程，这种相位突变 π 的现象叫作**半波损失**。

*10-6　多普勒效应

在前面的讨论中，观察者相对于波源和介质都是静止的，观察者接收到的波的频率与波源的频率相同。但是，在日常的生活中，观察者相对于波源或介质是运动的，例如：火车高速通过车站，鸣笛而来时，汽笛的音调变高；鸣笛而去时，汽笛的音调变低。这种因波源或观察者或两者同时相对于介质运动，而使观察者接收到的波的频率不同于波源频率的现象叫作**多普勒效应**。下面我们来探讨一下声波的多普勒效应及其频率变化的规律。

为简单起见，讨论观察者与波源共线运动的情况。如 10-1 节所述，波源做一次完全振动，就沿波线传出一个完整的波形。因此声波的频率也就等于单位时间内通过波线上某一点的完整波的数目。设波源的频率为 ν，声速为 v，则波长为 $\lambda=\frac{v}{\nu}$[见图 10-17(a)]。下面分三种情况讨论。

一、波源不动，观察者相对于介质以速度 v_0 运动

当处于 O 点的观察者以速度 v_0 向波源 S 运动时，观察者在单位时间内所接收的完整波(声波)数目比他静止时的多，这是因为，位于观察者处的波面在单位时间内向右传播了 v 的距离，同时观察者又向左运动了 v_0 的距离，这就相当于波通过观察者的速度为 $v+v_0$[见图 10-17(b)]。因此，观察者在单位时间内所接收的声波数目(即所接收到的声波频率)为

$$\nu'=\frac{v+v_0}{\lambda}=\frac{v+v_0}{vT}=\left(\frac{v+v_0}{v}\right)\nu \tag{10-23}$$

当观察者以速度 v_0 离开波源时，他所接收到的声波数目比他静止时的少。类似于以上分析，可以得到观察者所接收的声波的频率为

$$\nu'=\frac{v-v_0}{\lambda}=\frac{v-v_0}{vT}=\left(\frac{v-v_0}{v}\right)\nu \tag{10-24}$$

因此，当波源静止，观察者相对于介质运动时所接收到的声波的频率为

$$\nu'=\left(\frac{v\pm v_0}{v}\right)\nu \tag{10-25}$$

式中，正、负号分别对应观察者向着波源运动或者离开波源。

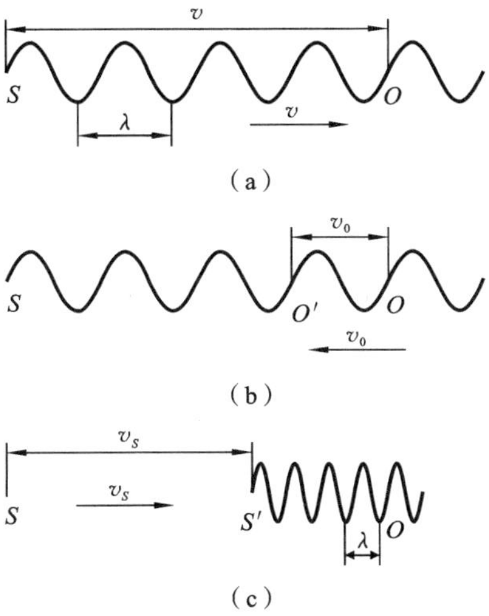

图 10-17　观察者与波源共线时的多普勒效应

二、观察者不动，波源相对于介质以速度 v_S 运动

如图 10-17(c)所示，若波源 S 不动，则在单位时间内波源发出的 ν 个波，分布在距离 $\overline{SO}=v$ 之内；但是，实际上波源以速度 v_S 向右运动，经过单位时间后到达 S' 点，使得 ν 个波分布在距离

$\overline{S'O}=v-v_S$ 之间,这相当于波长缩短了 $\lambda'=\dfrac{v-v_S}{\nu}$。由于波速只依赖于介质的性质,而与波源的运动无关,声波离开运动的波源后,仍将以速度 v 通过观察者,故观察者接收到的声波的数目(即接收到的声波频率)为

$$\nu'=\frac{v}{\lambda'}=\frac{v}{v-v_S}\nu \tag{10-26}$$

即此时观察者接收到的频率高于波源的频率。

若波源以速度 v_S 离开观察者,则观察者所接收到的声波数目比静止时少。类似上述分析,可得到观察者所接收到的志波声波频率为

$$\nu'=\frac{v}{v+v_S}\nu \tag{10-27}$$

因此,当观察者静止,波源相对于介质运动时,观察者所接收到的声波频率为

$$\nu'=\frac{v}{v\mp v_S}\nu \tag{10-28}$$

式中,正、负号分别对应波源离开观察者或向着观察者运动。

运用式(10-28),很容易说明站台上的旅客所感觉到的火车进站时汽笛音调变高而离站时汽笛音调变低的现象。

三、观察者和波源相对于介质运动

根据上述分析可知,当观察者以速度 v_0 相对于介质运动时,声波相对观察者的速度变为 $v\pm v_0$;当波源以速度 v_S 相对于介质运动时,波源产生的波长变为 $\lambda'=\dfrac{v\mp v_S}{\nu}$。综合考虑这两种情况,则当波源和观察者同时相对于介质运动时,观察者所接收到的声波频率为

$$\nu'=\frac{v\pm v_0}{\lambda'}=\frac{v\pm v_0}{v\mp v_S}\nu \tag{10-29}$$

式中,观察者向着波源运动时,v_0 前取正号,离去时取负号;波源向着观察者运动时,v_S 前取负号,离去时取正号。

综上所述可知,只要观察者和波源相互接近,接收到的声波的频率就高于波源的频率;当两者相互离开时,接收到的声波的频率就低于原来波源的频率。

如果观察者与波源不在同一直线上运动,将各自的速度在两者连线上的分量值代入式(10-29)就可以了。

多普勒效应有很多实际应用,如用于测量空间飞行器的速度和测量人体血液的流速等。

多普勒效应是波动的普遍现象,电磁波也存在多普勒效应。但研究电磁波的多普勒效应必须以狭义相对论为依据,根据相对性原理和光速不变原理,电磁波的多普勒效应中的波源相对于介质运动与观察者相对于介质运动是等效的。狭义相对论指出,如果电磁波源与观察者以速度 v 沿两者连线相互靠近,则接收到的频率 ν' 与原来的频率 ν 的关系为

$$\nu'=\sqrt{\frac{c+v}{c-v}}\nu \tag{10-30}$$

式中,c 是光在真空中的传播速度。

10-7　平面电磁波

在 9-7 节中看到，磁场能量和电场能量在封闭的 LC 电路中可以相互转换，形成电磁振荡。那么，电路敞开后情况会怎样呢？研究表明，在敞开的 LC 电路中，电场和磁场的变化将向空间传播开去，形成电磁波。本节将讨论电磁波在自由空间中传播时的各种特性。

一、电磁波的产生和传播

欲产生电磁波，敞开的 LC 振荡电路是适当的波源之一。理论上已经证明，电磁波在单位时间内辐射的能量与频率的四次方成正比，即振荡电路的固有频率越高，越能有效地把能量辐射出去。但在 9-7 节的闭合 LC 振荡电路中，因 L 和 C 都比较大，即其固有频率 $\nu=\dfrac{1}{2\pi\sqrt{LC}}$ 很低，故不适合作为辐射电磁波的波源。为了提高电路的固有频率，必须减小 L 和 C 的数值。此外，在 LC 电路中，电场能量和磁场能量还局限在电容器 C 和自感线圈 L 内，不利于把电磁能量辐射出去。为了把电磁能量辐射出去，就必须改变振荡电路的形状，以提高电路的固有频率，并将电磁能更好地分散到空间。

我们可以把电容器极板面积缩小，并把两极板间的距离拉大，同时减少线圈的匝数并逐渐地将其拉直，最后简化成一根直导线，如图 10-18 所示。这样敞开的 LC 振荡电路可以使电场能量和磁场能量分散到周围的空间。同时，L 和 C 的减小，也提高了电路的振荡频率。因此，只要在直线形电路上引起电磁振荡，直线形电路的两端就会出现交替的等量异号电荷，这种改造后的 LC 振荡电路叫作振荡电偶极子。振荡电偶极子可以作为发射电磁波的天线，其发射电路如图 10-19 所示。

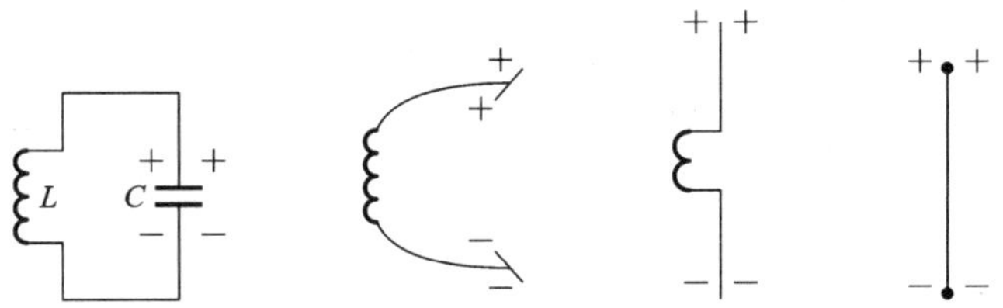

图 10-18　提高振荡电路的固有频率并开放电磁场的方法

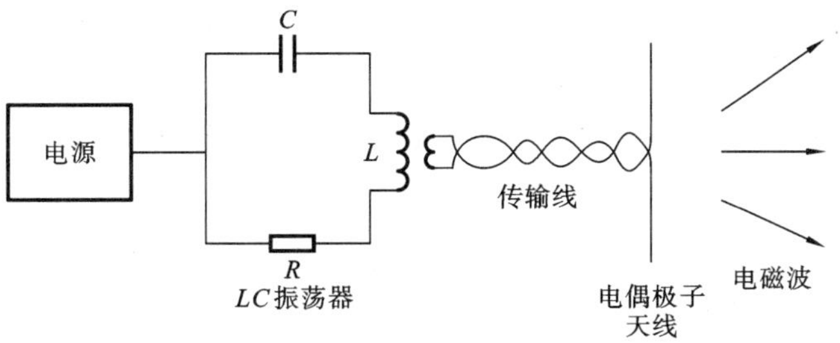

图 10-19　发射电磁波的电路示意图

下面以振荡电偶极子为例，说明电磁波的产生和传播。设振荡电偶极子的极矩 p 用下式表

示:

$$p=p_0\cos\omega t$$

式中,p_0 是电矩的振幅,ω 是角频率。

振荡电偶极子的正负电荷不断地交替变化,所以电场和磁场也随时间 t 不断变化。

假如我们把振荡电偶极子简化为正负电荷相对于共同中心做简谐振动的模型,则其电力线的变化如图 10-20 所示。

设 $t=0$ 时,正、负电荷都处在图 10-20(a)中的原点处,然后正、负电荷做相位相反的简谐运动,当它们分别向上、下移动到某一距离时,两电荷间的某一条电力线形状如图 10-20(b)所示。接着,两电荷逐渐向中心靠近,电力线的形状也逐渐改变成图 10-20(c)所示形状。然后它们又回到中心处重合,其电力线的形状便成闭合状了,如图 10-20(d)所示。在后半个周期的过程中,正、负电荷的位置相互对调,电力线的方向如图 10-20(e)所示。当后半个周期终了时,又形成了一条环绕方向和上述相反的闭合电力线。由此也可以说明,闭合电力线的形成表明已产生了涡旋电场。

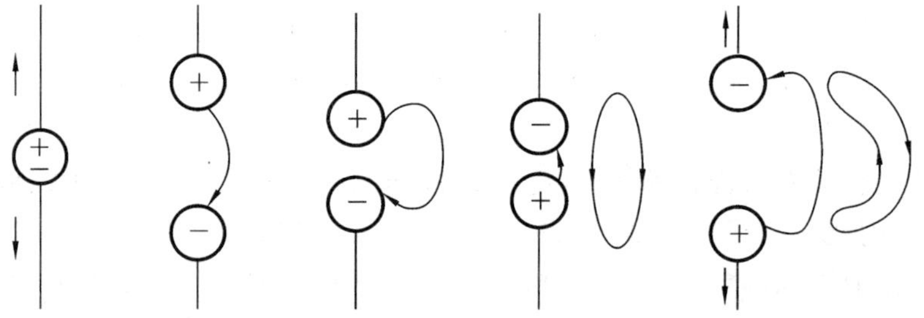

图 10-20　不同时刻振荡电偶极子附近的电力线

以上只分析了不同时刻振荡电偶极子附近一条电力线的形成。

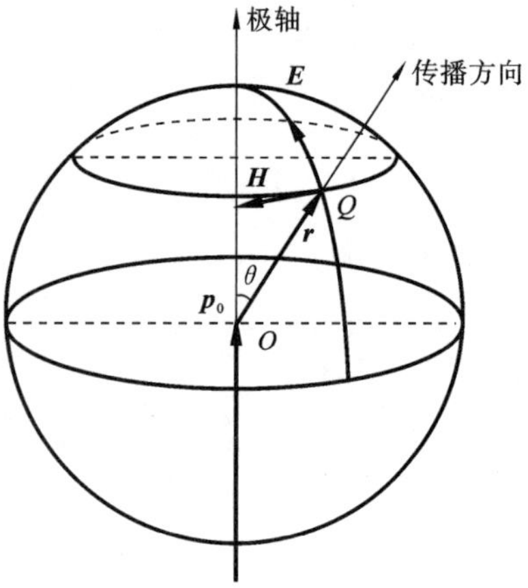

图 10-21　远离振荡电偶极子处的 E 和 H 的方向

实际上,在离振荡电偶极子较远的区域,电力线都是闭合的,而且,随着距离 r 的增大,波面逐渐趋于球形,电场强度也逐渐趋于切线方向,即在这个区域内电场强度 $\boldsymbol{E}$ 跟矢径 $\boldsymbol{r}$ 相垂直,如图 10-21 所示。

此外,振荡电偶极子不仅产生电场而且产生磁场,磁力线也是以电偶极子为轴的一系列同心圆(处于与极轴相垂直的平面内),所以在距振荡电偶极子足够远处,任意一点的 $\boldsymbol{H}$、$\boldsymbol{E}$ 和 $\boldsymbol{r}$ 三者是相互垂直的。

利用麦克斯韦方程可以计算出任意点 Q 的 E、H 的大小为

$$E(r,t)=\frac{\mu p_0\omega^2\sin\theta}{4\pi r}\cos\omega\left(t-\frac{r}{v}\right) \qquad (10\text{-}31)$$

$$H(r,t)=\frac{\sqrt{\varepsilon\mu}p_0\omega^2\sin\theta}{4\pi r}\cos\omega\left(t-\frac{r}{v}\right) \qquad (10\text{-}32)$$

式中，

$$v=\frac{1}{\sqrt{\varepsilon\mu}} \tag{10-33}$$

为电磁波的传播速度，ε 为介质的电容率，μ 为介质的磁导率。

在真空中，$v=c_0=\dfrac{1}{\sqrt{8.85\times10^{-12}\times4\pi\times10^{-7}}}\ \mathrm{m/s}=2.998\times10^8\ \mathrm{m/s}$。

辐射强度 $\overline{S}$ 与方向的关系如图 10-22 所示。数学表达式为

$$\overline{S}=\frac{\mu_0 p_0^2\omega^4\sin^2\theta}{32\pi^2 r^2 c} \tag{10-34}$$

辐射强度 $\overline{S}$ 又叫平均能量密度，$\theta=90^\circ$ 时辐射最强，$\theta=0^\circ$ 和 $\theta=180^\circ$ 时辐射最弱。

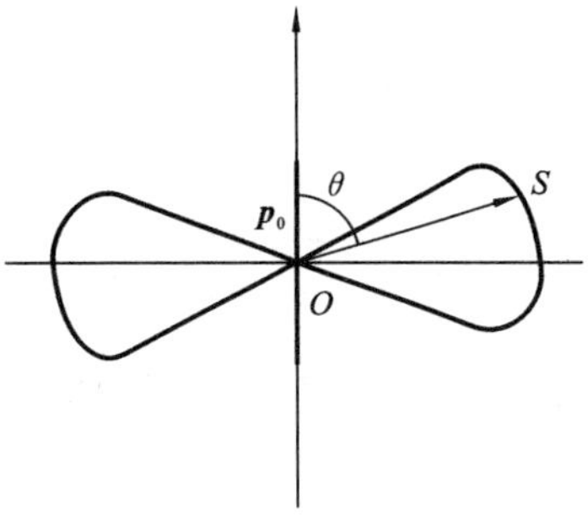

图 10-22　辐射强度与方向的关系

振荡电偶极子所辐射的电磁波是球面波，但在离电偶极子很远的地方，可以看作是平面电磁波，这时波动方程为

$$E=E_0\cos\omega\left(t-\frac{x}{v}\right)=E_0\cos2\pi\left(\frac{t}{T}-\frac{x}{\lambda}\right)$$

$$H=H_0\cos\omega\left(t-\frac{x}{v}\right)=H_0\cos2\pi\left(\frac{t}{T}-\frac{x}{\lambda}\right)$$

式中，x 为离波源的距离，λ 和 T 分别为电磁波的波长和周期，并且 $\lambda=vT$。平面电磁波如图 10-23 所示。

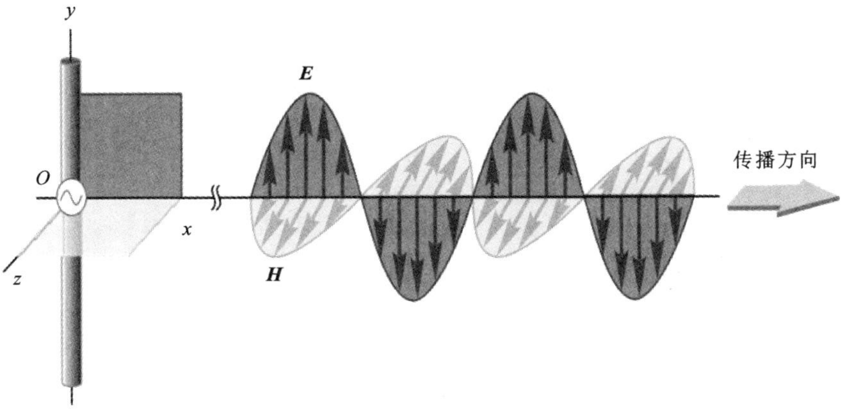

图 10-23　平面电磁波

下面我们来总结电磁波的一些基本特性：

(1) 若电磁波的电场强度 $\boldsymbol{E}/\!/Oy$ 轴，磁场强度 $\boldsymbol{H}/\!/Oz$ 轴，传播速度 $\boldsymbol{v}/\!/Ox$ 轴，三者相互垂直，这说明电磁波为横波。

(2) $\boldsymbol{E}$ 和 $\boldsymbol{H}$ 做相位相同的变化，且 $\sqrt{\varepsilon}E=\sqrt{\mu}H$，$E$ 和 H 同时达到最大或最小。

(3) $\boldsymbol{E}$ 和 $\boldsymbol{H}$ 以相同的波速 $v=\dfrac{1}{\sqrt{\varepsilon\mu}}$ 传播，其值都等于光速。在真空中电磁波的波速等于真空中的光速。在空气中，由于 ε_r 和 μ_r 都近似等于 1，因此电磁波在空气中的传播速度近似等于真空中的光速。

二、电磁波的能量

交变电磁场是以电磁波的形式传播的。电磁场具有能量,只要有电磁波的传播,就有能量的传播,这种以电磁波形式传播出去的能量叫**辐射能**。

很明显,辐射能的传播速度即为电磁波的传播速度v,辐射能传播的方向就是电磁波的传播方向。

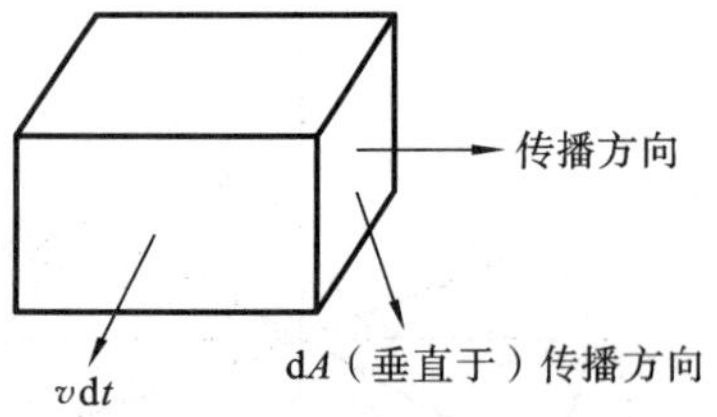

图 10-24　计算电磁波的能量示意图

设 dA 为垂直于电磁波传播方向的截面积,如图 10-24 所示。如果电磁场的能量密度为 w,则在介质不吸收电磁能量的条件下,在 dt 时间内通过面积 dA 的辐射能量应为 $wv\mathrm{d}A\mathrm{d}t$,则单位时间内通过单位面积的能量,即电磁波的能流密度为

$$S=\frac{wv\mathrm{d}A\mathrm{d}t}{\mathrm{d}A\mathrm{d}t}=wv \tag{10-35}$$

已知电场和磁场的能量密度分别为

$$w_{\mathrm{e}}=\frac{1}{2}\varepsilon E^2,\quad w_{\mathrm{m}}=\frac{1}{2}\mu H^2$$

故电磁场的能量密度为

$$w=w_{\mathrm{e}}+w_{\mathrm{m}}=\frac{1}{2}(\varepsilon E^2+\mu H^2)$$

于是式(10-35)为

$$S=\frac{v}{2}(\varepsilon E^2+\mu H^2)$$

将$\sqrt{\varepsilon}E=\sqrt{\mu}H$ 及 $v=\frac{1}{\sqrt{\varepsilon\mu}}$代入 $S=\frac{v}{2}(\varepsilon E^2+\mu H^2)$中,化简得

$$S=EH \tag{10-36}$$

由于 $\boldsymbol{E}$、$\boldsymbol{H}$ 和电磁波的传播方向三者互相垂直,并满足右手螺旋定则,则辐射能的传播方向即 $\boldsymbol{S}$ 的方向就是电磁波的传播方向,故式(10-36)可用矢量表示为

$$\boldsymbol{S}=\boldsymbol{E}\times\boldsymbol{H}$$

式中,$\boldsymbol{S}$ 为电磁波的能流密度矢量,也叫作**坡印廷矢量**。

不难证明,对于平面电磁波,能流密度的平均值为

$$S=\frac{1}{2}E_0H_0 \tag{10-37}$$

式中,E_0 和 H_0 分别是电场强度和磁场强度的振幅。

把式(10-31)和式(10-32)代入式(10-36),得振荡电偶极子辐射的电磁波的能流密度为

$$S=EH=\frac{\sqrt{\varepsilon}\sqrt{\mu^3}p_0^2\omega^4\sin^2\theta}{16\pi^2r^2}\cos^2\omega\left(t-\frac{r}{v}\right)$$

振荡电偶极子在单位时间内辐射出去的能量,叫作辐射功率,用 P 表示。如果把上式在以振荡电偶极子为中心、半径为 r 的球面上积分,并把所得结果取时间平均值,则得振荡电偶极子的平均辐射功率为

$$\overline{P}=\frac{\mu p_0^2\omega^4}{12\pi v} \tag{10-38}$$

式中，p_0 为振荡电偶极子电矩的振幅。上式说明平均辐射功率与振荡电偶极子频率的四次方成正比。因此，振荡电偶极子的辐射功率随着频率的增高而迅速增大。

三、电磁波谱

电磁波包括的范围很广，从无线电到光波，从 X 射线到 γ 射线，都属于电磁波的范畴，它们只是由于波长不同而具有不同的特性。它们在真空中传播的速度和光速 c_0 相同。由于 $c_0=\lambda\nu$，因此频率不同的电磁波在真空中具有不同的波长，频率越高，对应的波长就越短。我们可以按照频率或波长的顺序把这些电磁波排列成图表，称为电磁波谱（见图 10-25）。表 10-1 列出了无线电波的波段划分和主要用途。

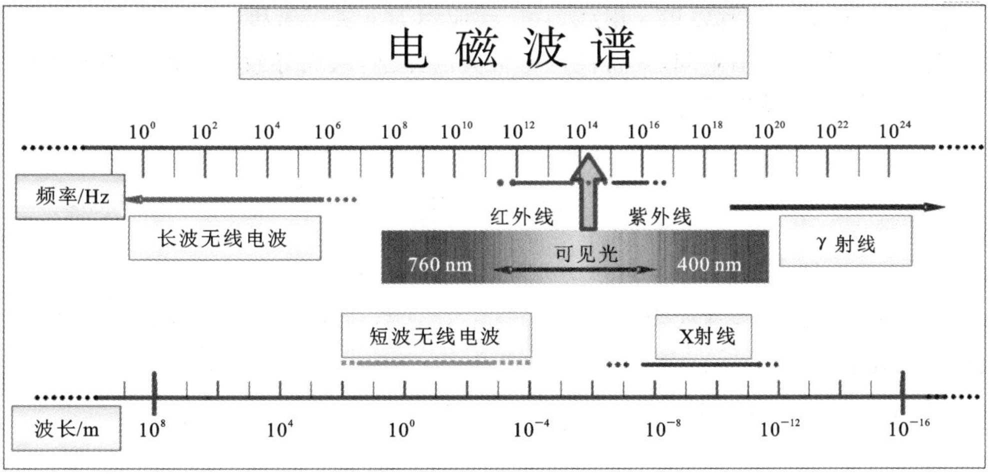

图 10-25　电磁波谱

表 10-1　无线电波的波段划分和主要用途

波段	波长/m	主要用途
长波	3000～30 000	电报通信
中波	200～3000	无线电广播
中短波	50～200	电报通信、无线电广播
短波	10～50	电报通信、无线电广播
超短波	1～10	无线电广播、电视、导航
微波	0.001～1	雷达、导航、其他专门用途

广播电台使用的中波频率规定为 535～1605 kHz，短波频率通常为 2～24 MHz，电视台使用的频率在超短波段。能引起视觉的电磁波的波长在 0.4～0.76 μm 之间，称为可见光。波长在 0.76～600 μm 之间的称为红外线，它不能引起视觉；波长在 5～400 nm 之间的称为紫外线，它也不能引起视觉。

红外线主要由炽热物体所辐射,普通白炽灯除辐射可见光外,也辐射大量红外线,它最显著的性质是热作用,在生产中常用红外线的热效应烘烤物体和食品等。在国防上,可利用红外线通过特制的透镜或棱镜成像或色散、使特制的底片感光等特性,制造夜视器材和进行红外照相,用作夜间侦察。红外雷达、红外通信都是利用定向发射的红外线而完成任务的,在军事上有重要用途。

紫外线波长短,比紫光的波长更短,人眼看不见,但有明显的生理作用,可用来杀菌、诱杀昆虫,在医疗上应用也很广。炽热物体在温度很高时也会辐射紫外线,太阳光和汞灯中有大量的紫外线。

X 射线又叫伦琴射线,波长范围为 0.04～50 Å(1 Å$=1\times10^{-10}$ m),具有很强的穿透能力,广泛应用于人体透视和晶体结构分析。

γ 射线的波长比 X 射线的波长更短,其波长在 4×10^{-2} Å 以下,它具有比 X 射线更强的穿透本领,许多放射性同位素都发射 γ 射线,它广泛应用于金属探伤和原子核结构研究。

各种电磁波的频率范围不同,其特性也有很大的差别,从而导致各种电磁波在性质上的差异以及各自具有不同的特殊功能。

习　　题

10-1　一平面简谐波表达式为 $y=-0.05\sin\pi(t-2x)$(SI),则该波的频率、波速及波线上各点振动的振幅依次为(　　)。

A. $\frac{1}{2}$, $\frac{1}{2}$, 0.05　　B. $\frac{1}{2}$, 1, -0.05　　C. $\frac{1}{2}$, $\frac{1}{2}$, -0.05　　D. 2, 2, 0.05

10-2　机械波的表达式为 $y=0.05\cos(6\pi t+0.06\pi x)$,式中 y 和 x 的单位为 m,t 的单位为 s,则(　　)。

A. 波长为 5 m　　B. 波速为 10 m/s　　C. 周期为 $\frac{1}{3}$ s　　D. 波沿 Ox 轴正方向传播

10-3　一列声波由空气传到水中时,波速、波长、波的频率三者中(　　)。

A. 波速变、波长变、频率变　　B. 波速变、波长变、频率不变

C. 波速变、波长不变、频率变　　D. 波速不变、波长不变、频率不变

10-4　一平面简谐波在弹性介质中传播时,某一时刻在传播方向上,介质中某质元在最大负位移处,则它的能量是(　　)。

A. 动能为零,势能最大　　B. 动能最大,势能最大

C. 动能为零,势能为零　　D. 动能最大,势能为零

10-5　当一平面简谐机械波在弹性介质中传播时,下述各结论哪个是正确的?(　　)

A. 质元的振动动能增大时,其弹性势能减小,总机械能守恒

B. 质元的振动动能和弹性势能都做周期性变化,但二者的相位不相同

C. 质元的振动动能和弹性势能的相位在任一时刻都相同,但二者的数值不相等

D. 质元在其平衡位置处弹性势能最大

10-6　如图 10-26 所示，两列波长为 λ 的相干波在点 P 相遇。波在点 S_1 振动的初相是 φ_1，点 S_1 到点 P 的距离是 r_1。波在点 S_2 振动的初相是 φ_2，点 S_2 到点 P 的距离是 r_2，以 k 代表零或者正整数，则点 P 是干涉极大的条件为(　　)。

A. $r_2-r_1=k\pi$　　B. $\varphi_2-\varphi_1=2k\pi$

C. $\varphi_2-\varphi_1+2\pi(r_2-r_1)/\lambda=2k\pi$　　D. $\varphi_2-\varphi_1+2\pi(r_1-r_2)/\lambda=2k\pi$

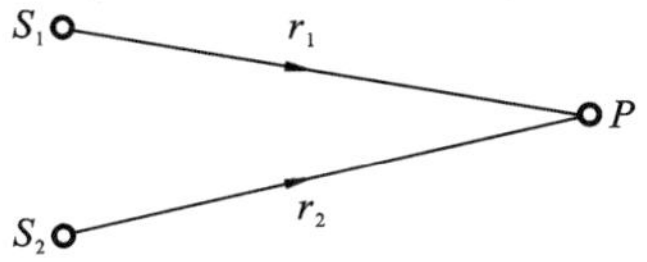

图 10-26　**题** 10-6 **图**

10-7　在同一介质中两列相干的平面简谐波的平均能流密度(波的强度)之比是 $I_1/I_2=4$，则两列波的振幅之比是(　　)。

A. $A_1/A_2=2$　　B. $A_1/A_2=4$　　C. $A_1/A_2=16$　　D. $A_1/A_2=1/4$

10-8　在驻波中，两个相邻波节间各质点的振动(　　)。

A. 振幅相同，相位相同　　B. 振幅不同，相位相同

C. 振幅相同，相位不同　　D. 振幅不同，相位不同

10-9　一简谐波沿 Ox 轴正方向传播，波长 $\lambda=4$ m，周期 $T=4$ s，已知 $x=0$ 处质点的振动曲线如图 10-27 所示。

(1) 写出 $x=0$ 处质点的振动方程；

(2) 写出波的表达式。

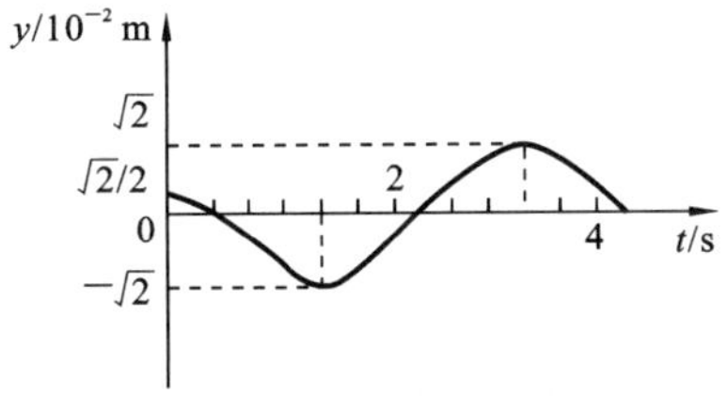

图 10-27　**题** 10-9 **图**

10-10　一波源在做简谐运动，周期为 $\dfrac{1}{100}$ s，振幅 $A=1$ m，以它经平衡位置向正方向运动时为初始条件，若此振动以 $v=400$ m/s 的速度沿直线传播。求距波源为 800 cm 处的振动方程和初相，以及距离波源为 900 cm 处两点的相位差。

10-11　一横波方程为 $y=A\cos\dfrac{2\pi}{\lambda}(vt-x)$，式中 $A=0.01$ m，$\lambda=0.2$ m，$v=25$ m/s。求 $t=0.1$ s 时，在 $x=2$ m 处质点振动的位移、速度、加速度。

10-12　一横波沿绳子传播，其波的表达式为 $y=0.05\cos(100\pi t-2\pi x)$(SI)，求：

(1) 此波的振幅、波速、频率和波长；

(2) 绳子上各质点的最大振动速度和最大振动加速度；

(3) $x_1=0.2$ m 处和 $x_2=0.7$ m 处两质点振动的相位差。

10-13　已知波长为 λ 的平面简谐波沿 Ox 轴负方向传播，$x=\lambda/4$ 处质点的振动方程为 y

$=A\cos\dfrac{2\pi}{\lambda}\cdot vt$(SI)。

(1) 写出该平面简谐波的表达式;

(2) 画出 $t=T$ 时刻的波形图。

10-14 一连续纵波沿 Ox 轴正方向传播,频率为 25 Hz,波线上相邻密集部分中心的距离为 24 cm,某质点的最大位移为 3 cm。原点取在波源处,且 $t=0$ 时,波源位移为 0,并向 Oy 轴正方向运动。求:

(1) 波源振动方程;

(2) 波动方程;

(3) $t=1$ s 时的波形方程;

(4) $x=0.24$ m 处质点的振动方程;

(5) $x_1=0.12$ m 与 $x_2=0.36$ m 处质点振动的相位差。

10-15 平面简谐波沿 Ox 轴正方向传播,振幅为 2 cm,频率为 50 Hz,波速为 200 m/s。在 $t=0$ 时,$x=0$ 处的质点正在平衡位置向 Oy 轴正方向运动,求 $x=4$ m 处介质质点振动的表达式及该点在 $t=2$ s 时的振动速度。

10-16 一平面余弦波在 $t=\dfrac{3}{4}T$ 时的波形图如图 10-28 所示。求:

(1) 画出 $t=0$ 时的波形图;

(2) 求 0 点的振动方程;

(3) 求波动方程。

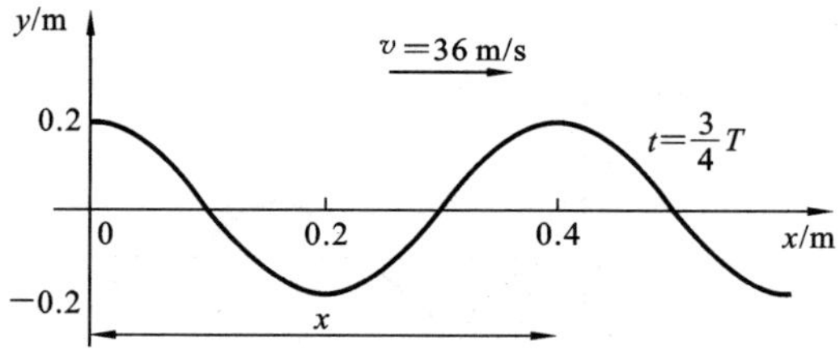

图 10-28 题 10-16 图

10-17 有一波在介质中传播,其波速 $v=1.0\times10^3$ m/s,振幅 $A=1.0\times10^{-4}$ m,频率 $\nu=1.0\times10^3$ Hz,若介质的密度 $\rho=8.0\times10^2$ kg·m^{-3},求:

(1) 该波的能流密度;

(2) 1 min 内垂直通过面积 4.0×10^{-4} m^2 的总能量。

10-18 频率为 $\nu=1.25\times10^4$ Hz 的平面简谐纵波沿细长的金属棒传播,棒的弹性模量为 $E=1.90\times10^{11}$ N·m^{-2},棒的密度 $\rho=7.6\times10^3$ kg·m^{-3},求该纵波的波长。

10-19 两列相干平面简谐波沿 Ox 轴传播,波源 S_1 与 S_2 相距 $d=30$ m,S_1 为坐标原点,已知 $x_1=9$ m 和 $x_2=12$ m 处的两点是相邻的两个因干涉而静止的点,求两波的波长和两波源的最小相位差。

10-20 如图 10-29 所示,一平面简谐波沿 Ox 轴正方向传播,波速为 20 m/s,在传播路径的 A 点处,质点振动方程为 $y=0.03\cos4\pi t$(SI),试以 A、B、C 为原点,求波动方程。

10-21 如图 10-30 所示,A、B 为同一介质中两相干波源,振幅相等,频率为 100 Hz,B 为波峰时，A 恰为波谷。若 A、B 相距 30 m，波速为 400 m/s。求：A、B 连线上因干涉而静止的各点的位置。

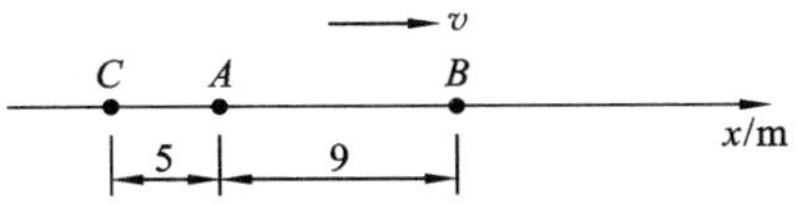

图 10-29　题 10-20 图

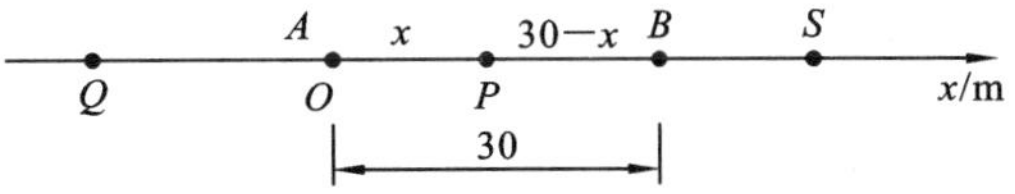

图 10-30　题 10-21 图

10-22　在均匀介质中，有两列余弦波沿 Ox 轴传播，波动表达式分别为 $y_1=A\cos\left[2\pi\cdot\left(\nu t-\dfrac{x}{\lambda}\right)\right]$ 与 $y_2=2A\cos\left[2\pi\left(\nu t+\dfrac{x}{\lambda}\right)\right]$，求 Ox 轴上合振幅最大与合振幅最小的那些点的位置。

10-23　强度为 1 mW 的 He-Ne 激光器发出一连续光束，其横截面积为 $0.2\times10^{-4}\ \mathrm{m}^2$，并假定光束没有发散，求该光束的平均能流密度。

10-24　一弦上的驻波方程式为 $y=3.0\times10^{-2}\cos 1.6\pi x\cdot\cos 550\pi t$(SI)，若将此驻波看成是由传播方向相反、振幅及波速均相同的两列相干波叠加而成的，求：

(1) 它们的振幅及波速；

(2) 求相邻波节之间的距离；

(3) 求 $t=3.0\times10^{-3}$ s 时位于 $x=0.625$ m 处质点的振动速度。

10-25　飞机在天空中以速度 $v=200$ m/s 水平飞行，发出频率为 $\nu_0=2000$ Hz 的声波。静止在地面上的观察者测得飞机发出的声波的频率，当飞机越过观察者上空时，观察者在 4 s 内测出的频率由 $\nu_1=2400$ Hz 降为 $\nu_2=1600$ Hz。已知声波在空气中的传播速度为 $v=330$ m/s。求飞机的飞行高度 h。

第 4 篇　光　　学

第 11 章　几 何 光 学

光学是物理学中发展较早的一个分支，是物理学的一个重要组成部分。最初，人们物体成像的研究中形成了光线的概念，并以光的直线传播为基础，总结了光在透明介质中反射和折射的规律，由此逐步形成了几何光学。到 17 世纪，人们提出了两种关于光的本性的学说：一种观点是以牛顿为代表的微粒说，认为光是按照惯性定律沿直线运动的微粒流；另一种观点是惠更斯所提出的波动说，认为光是机械振动在“以太”这种特殊介质中的传播。由于牛顿的权威性，光的微粒说差不多统治了 17 和 18 两个世纪。

19 世纪以来，随着实验技术水平的提高，光的干涉、衍射和偏振等实验结果表明，光具有波动性，并且光是横波，使光的波动说获得了普遍的认同。19 世纪后半叶，麦克斯韦提出了电磁波理论，并被赫兹的实验证实，人们从而认识到光不是机械波，而是一定波段的电磁波，从而形成了以电磁波理论为基础的波动光学。

到 19 世纪末 20 世纪初，人们通过对黑体辐射、光电效应和康普顿效应的研究，又无可置疑地证实了光的量子性，形成了一种具有崭新内涵的微粒说。面对这两种各有坚实实验基础的波动说和微粒说，人们对光的本性的认识又向前迈进了一大步，即承认光具有波粒二象性。由于光具有波粒二象性，因此对光的全面描述需运用量子力学的理论。根据光的量子性从微观角度研究光与物质相互作用的学科叫作量子光学。在宏观理论中，将光看成是电磁波而忽略其粒子性，就足够准确了。

本章我们主要通过光的干涉、衍射和偏振现象讨论光的波动性。

11-1　相　干　光

一、光的电磁理论

1864 年，英国物理学家麦克斯韦在总结前人研究电磁现象的基础上，建立了完整的电磁波理论。他认为电磁波是存在的，推导出电磁波与光在真空中的传播速度相同，即为 $c=2.99792458\times10^{8}\ \mathrm{m\cdot s^{-1}}$。1887 年德国物理学家赫兹用实验证实了电磁波的存在。之后人们又进行了许多实验，不仅证明光是某一波段的电磁波，而且发现了更多形式的电磁波，它们的本质完全相同，只是波长和频率有很大的差别。按照波长或频率的顺序把这些电磁波排列成图表，就是电磁波谱。表 11-1 列出了各种电磁波的波长范围及其主要产生方式。人眼能感受到的电磁波波长范围大约在 400～760 nm 的狭窄范围之内，这个波段内的电磁波叫作可见光。在可见光的范围内，不同波长的光引起不同颜色视觉。图 11-1 给出了正常人眼视觉的相对灵敏度曲线。由图 11-1 可见，人眼对波长约为 550 nm 的黄绿光最敏感。

表 11-1　各种电磁波的波长范围及其主要产生方式

电磁波谱		真空中的波长	主要产生方式
无线电波	长波	$3\times10^3\sim3\times10^4$ m	由电子线路中电磁振荡激发的电磁辐射
	中波	200～3000 m	
	短波	10～200 m	
	超短波	1～10 m	
	微波	0.1 cm～1 m	
红外线		0.76～600 μm	由炽热物体、气体放电或其他光源激发分子或原子等微观客体产生的电磁辐射
可见光	红	620～760 nm	
	橙	592～620 nm	
	黄	578～592 nm	
	绿	500～578 nm	
	青	464～500 nm	
	蓝	446～464 nm	
	紫	400～446 nm	
紫外线		5～400 nm	
X 射线		0.004～5 nm	用高速电子流轰击原子中的内层电子而产生的电磁辐射
γ 射线		0.004 nm 以下	由放射性原子衰变而发出的电磁辐射，或高能粒子与原子核碰撞所产生的电磁辐射

在真空中，电磁波的电场强度 $\boldsymbol{E}$ 和磁场强度 $\boldsymbol{H}$ 互相垂直，并且都垂直于电磁波的传播方向。光是一种电磁波，因此光是电磁场中的电场强度 $\boldsymbol{E}$ 和磁场强度 $\boldsymbol{H}$ 周期性变化在空间的传播，如图 11-2 所示。实验证明，对人的眼睛或感光仪器起作用的是电场强度 $\boldsymbol{E}$。$\boldsymbol{E}$ 的振动称为光振动，$\boldsymbol{E}$ 称为光矢量。光强，即光的平均能流密度，表示单位时间内通过与传播方向垂直的单位面积的光能量在一个周期内的平均值（单位面积上的平均光功率）。光强与光振动振幅的平方成正比，即

$$I\propto E_0^2 \tag{11-1}$$

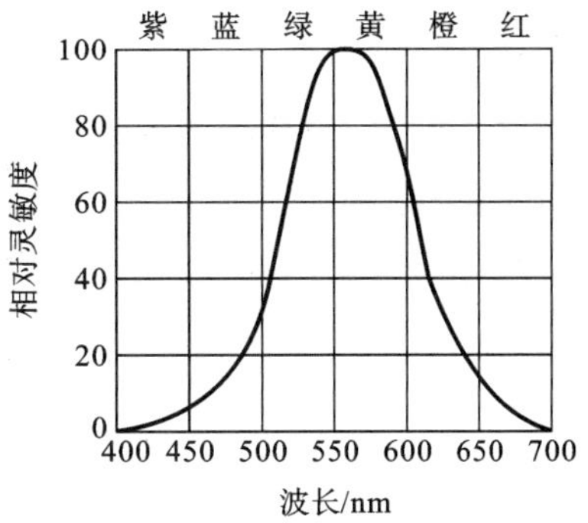

图 11-1　人眼视觉的相对灵敏度曲线

在波动光学中，主要讨论波所到之处的相对光强，这时上述比例关系中的系数可以认为等于 1，因此在同一种介质中往往把光强定义为

$$I=E_0^2 \tag{11-2}$$

二、光波的叠加及相干条件

光波与机械波一样，在空间传播时都遵从波的独立传播原理和波的叠加原理。现根据这两

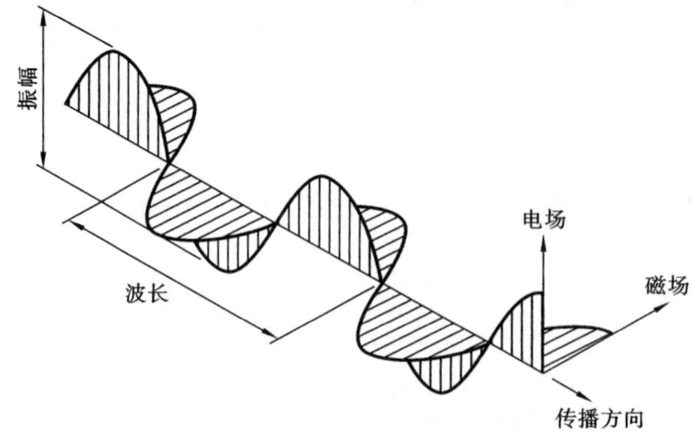

图 11-2 电磁波的传播

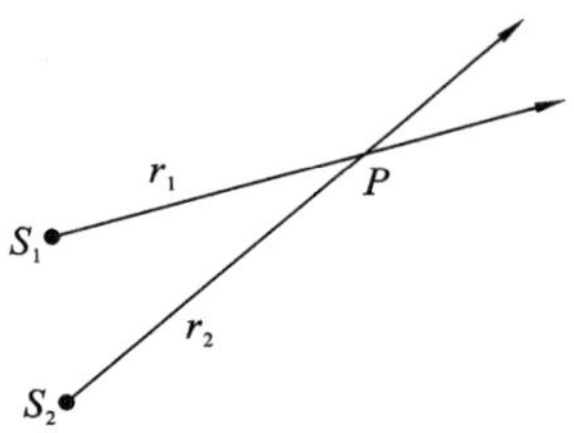

图 11-3 同频率同振动方向的两列光波叠加

个原理，讨论同频率同振动方向的两列光波 S_1 和 S_2 在真空中相遇区间的振动情况。如图11-3所示，两单色光源 S_1 和 S_2 的振动方程分别为

$$E_1=E_{10}\cos(\omega t+\alpha_1) \tag{11-3}$$

$$E_2=E_{20}\cos(\omega t+\alpha_2) \tag{11-4}$$

S_1 和 S_2 在 P 点引起的光振动分别为

$$E_{P1}=E_{10}\cos\left[\omega\left(t-\frac{r_1}{v}\right)+\alpha_1\right]=E_{10}\cos(\omega t+\varphi_1) \tag{11-5}$$

其中，$\varphi_1=-\dfrac{2\pi}{\lambda}r_1+\alpha_1$。

$$E_{P2}=E_{20}\cos\left[\omega\left(t-\frac{r_2}{v}\right)+\alpha_2\right]=E_{20}\cos(\omega t+\varphi_2) \tag{11-6}$$

其中，$\varphi_2=-\dfrac{2\pi}{\lambda}r_2+\alpha_2$。

式中，E_{10} 和 E_{20} 为分振动振幅；α_1 和 α_2 为光源的初相位；φ_1 和 φ_2 为两光波在 P 点所产生振动的初相位；r_1 和 r_2 为光波从波源传播到 P 点的路径长度；v 为两光波在真空中的传播速度。

两光波沿同一方向振动，则 P 点处的光振动是两列光波单独在该点产生的光振动的线性合成，即

$$E_P=E_{P1}+E_{P2} \tag{11-7}$$

合振动的振幅的平方 E_0^2 为

$$E_0^2=E_{10}^2+E_{20}^2+2E_{10}E_{20}\cos(\varphi_1-\varphi_2) \tag{11-8}$$

但实际观察到的光强是在较长时间内的平均强度。在某一时间间隔 τ(其值远大于光振动的周期)内，合振动的平均相对强度 I 为

$$I=\overline{E_0^2}=\frac{1}{\tau}\int_0^\tau[E_{10}^2+E_{20}^2+2E_{10}E_{20}\cos(\varphi_1-\varphi_2)]\mathrm{d}t$$

$$I=I_1+I_2+2\sqrt{I_1I_2}\,\frac{1}{\tau}\int_0^\tau\cos(\varphi_1-\varphi_2)\mathrm{d}t \tag{11-9}$$

式中，分光强 I_1、I_2 是不随时间变化的定值，第三项 $2\sqrt{I_1I_2}\,\dfrac{1}{\tau}\displaystyle\int_0^\tau\cos(\varphi_1-\varphi_2)\mathrm{d}t$ 称为干涉项，它

是由 P 处两分振动的初相差 $\Delta\varphi=\varphi_1-\varphi_2$ 决定的。现介绍相干叠加和非相干叠加。

1）相干叠加

如果两振动的相位差始终保持不变，式(11-9)中被积的余弦函数可以从积分号中提出，则有

$$I=I_1+I_2+2\sqrt{I_1I_2}\cos\Delta\varphi$$

在某些地方，当 $\Delta\varphi=\pm2k\pi$ 时，这些点的光强始终最大；在某些地方，当 $\Delta\varphi=\pm(2k+1)\pi$ 时，这些点的光强始终最小，其中 k 取 0，1，2…。其他地方的光强介于最强和最弱之间。我们把干涉项对时间平均值不为零的叠加，称为相干叠加；把所形成的光强随空间不均匀分布的现象，称为干涉现象。参与相干叠加的光波称为相干光波，其光源称为相干光源。以上讨论说明，要产生相干叠加形成稳定的干涉图样，相叠加的两光波必须满足的条件是同频率、同振动方向、相位差恒定。

2）非相干叠加

如果在观察时间内，它们的初相位 φ_1 和 φ_2 各自独立地做不规则的改变，概率均等地在观察时间内多次重复取 $0\sim2\pi$ 范围内的一切可能值，则

$$\frac{1}{\tau}\int_0^\tau\cos(\varphi_1-\varphi_2)\mathrm{d}t=0$$

因而两光波叠加后有

$$I=I_1+I_2 \tag{11-10}$$

这表明两光波叠加所产生的总强度等于各分强度之和。光强并没有发生重新分布，这样的叠加是非相干叠加。参与非相干叠加的光波称为非相干光波，其光源称为非相干光源。

三、相干光的获得

干涉现象是波动过程的基本特征之一，要产生干涉现象，必须满足相干条件。机械波或无线电波的干涉条件容易满足，因为它们的波源可以连续地振动，发出连续不断的正弦波，只要两波源的频率相同、振动方向相同，则相干波源的第三个条件——相位差恒定就一定能成立。

而光波不那么容易满足相干条件。例如，把两盏灯所发出的光同时照射到黑板上，观察不到光波相互加强或减弱的现象，看到的是非相干叠加，即光强分布等于各单独光强之和。这是由光源的发光本质的复杂性决定的。光是由光源中原子或分子的运动状态发生变化时辐射产生的，也就是说原子或分子所发的光是一列列短光波，持续时间为 $10^{-10}\sim10^{-8}$ s，人眼感觉到的光波是大量原子或分子发光的总效果。每个原子或分子的辐射参差不齐，而且彼此之间没有联系，也就是说发出的每一列光波具有随机偶然性。在同一时刻，各个原子或分子所发出的光波的频率、振动方向和相位各不相同，如图 11-4 所示。另外，原子或分子的发光是间歇性的，一个原子或分子在发出一列光波后，总要间歇一段时间才发出另一列光波。所以同一原子或分子发出的前一波列和后一波列的频率即使相同，其振动方向和相位却不一定相同，如图 11-5 所示。因此，两个独立的普通光源发出的光很难满足相干光的条件，故不能产生干涉现象。我们观察到的只是均匀的光强分布，在整个叠加区内只看到光强的简单相加。

如何才能获得两束相干光呢？由于激光光源中所有发光原子或分子的动作步调都是一致的，因此激光光源所发出的光具有高度的相干性。如果要从同一普通光源获得相干光，一般是

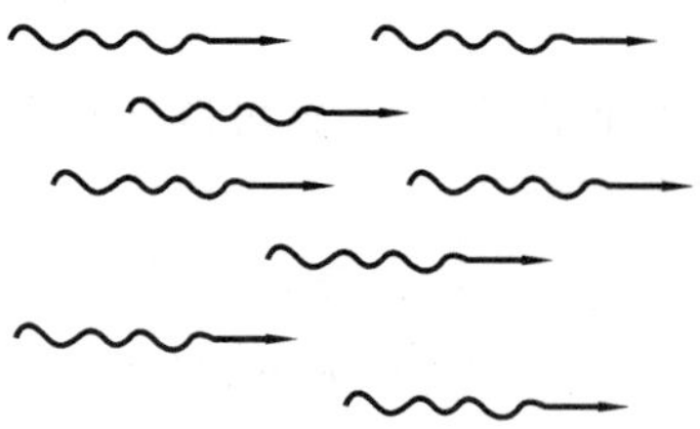

图 11-4　不同原子或分子发出的光波

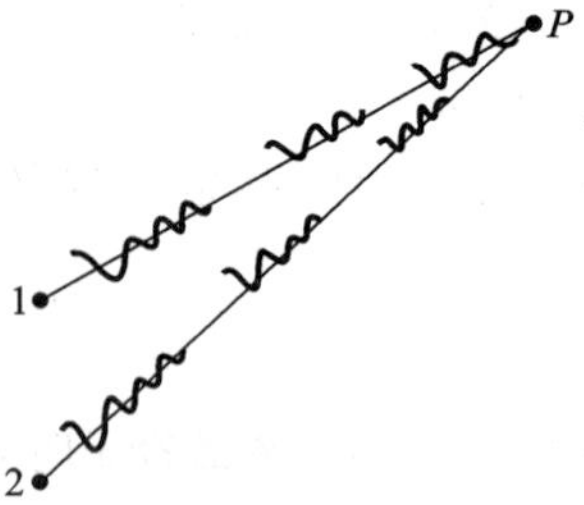

图 11-5　同一原子或分子发出的光波

将一普通光源所发出的每一列光，采用分波前、分振幅的办法，使其通过不同的光路变成两束光，沿两条不同的路径传播，然后使它们相遇。因为是同一光源同一波列，所以光的频率和振动方向相同；分成两束光后，经过的路径差恒定，则在相遇点的相位差也是恒定的，因而是相干光。具体来说，分波前法即分割波阵面法(见图 11-6)，是取同一波面上的两部分作为相干光源，再使它们相遇产生干涉，如著名的杨氏双缝干涉实验。分振幅法如图 11-7 所示，它是让一列波入射到两种介质的界面，使入射光波分成反射光波和折射光波，它们分别继续传播，再相遇产生干涉，如薄膜干涉实验。

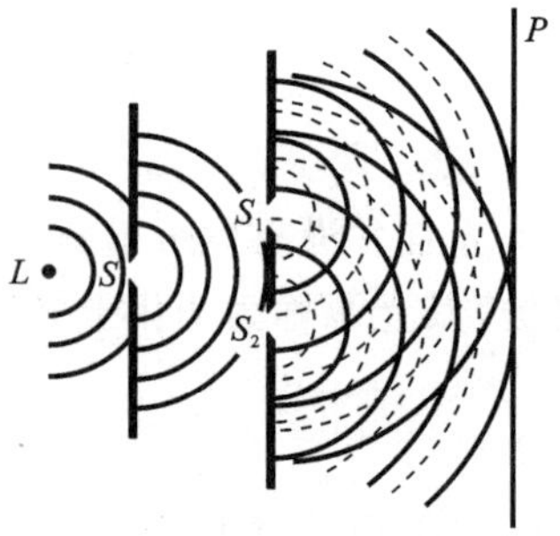

图 11-6　分割波阵面法

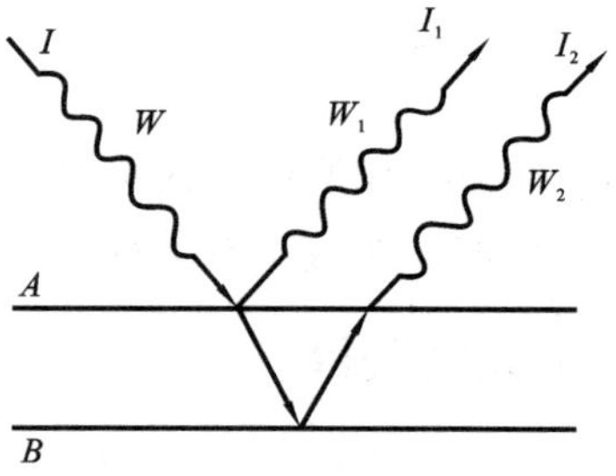

图 11-7　分振幅法

11-2　杨氏双缝干涉　劳埃德镜

一、杨氏双缝干涉

1801 年英国物理学家托马斯·杨(Thomas Young)首先用实验方法研究了光的干涉现象。这是最早利用单一光源形成两束相干光，从而获得干涉现象的典型实验。

如图 11-6 所示，整套装置放置在空气中，由光源 L 发出的单色光照射在单狭缝 S 上(S 相当于缝光源)，在 S 前面放置两个相距很近的狭缝 S_1 和 S_2，S_1、S_2 与 S 平行，且到 S 的距离相等。根据惠更斯原理，S_1、S_2 是同一光源 S 形成的同一波面上的两点，自然满足同振动方向、同频率、相位差恒定(在图 11-6 中相位差为 0)的相干条件，因此 S_1 和 S_2 为相干光源。这样，由 S_1 和 S_2 发出的光在空间相遇将产生干涉现象。如果在 S_1 和 S_2 的前面放置一屏幕，则屏幕上将出现等间距的明暗相间的干涉条纹，如图 11-8 所示。

现分析屏幕上干涉条纹的分布情况及出现明暗条纹的条件。如图 11-9 所示，设 S_1 和 S_2 间

的距离为 d，双缝所在平面与屏幕平行，两者之间的垂直距离为 D。为了获得明显的干涉条纹，双缝到屏幕的垂直距离要远大于双缝间的距离，即 $D \gg d$。O 为 S_1 和 S_2 的中点，O 与屏上 O_1 正对，现在屏上任取一点 P，P 点与 S_1 和 S_2 的距离分别为 r_1 和 r_2。于是由发出的光到达屏上点 P 的波程差 δ 为

$$\delta = r_2 - r_1 \approx d\sin\theta \tag{11-11}$$

此处 θ 近似为 OO_1 和 OP 所成的角，如图 11-9 所示。

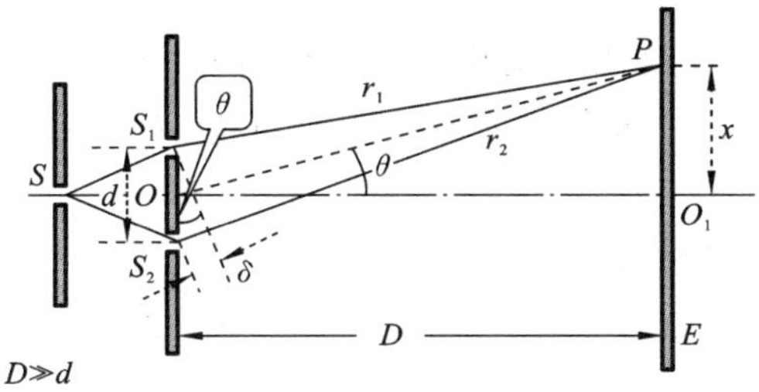

图 11-8　杨氏双缝干涉实验

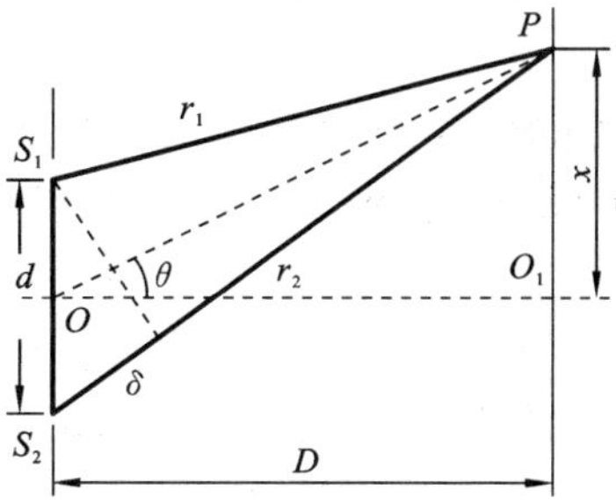

图 11-9　分析干涉条纹的分布情况

若 δ 满足条件

$$\delta = d\sin\theta = \pm 2k\frac{\lambda}{2} \quad (k=0,1,2,\cdots) \tag{11-12}$$

则点 P 为一条明纹的中心，式中正负号表明干涉明条纹在点 O_1 两侧是对称分布的。当 $k=0$ 时对应着点 O_1，此处为一明条纹中心，称为中央明纹。当 k 取 1，2，3…时，波程差分别为 $\pm\lambda$，$\pm 2\lambda$，$\pm 3\lambda$…，在屏上分别对应着中央明纹两侧的第一级、第二级、第三级……明纹。

若 δ 满足条件

$$\delta = d\sin\theta = \pm(2k-1)\frac{\lambda}{2} \quad (k=1,2,\cdots) \tag{11-13}$$

则点 P 为一条暗纹的中心，式中正负号表明干涉暗条纹在点 O_1 两侧是对称分布的。当 k 取 1，2，3…时，波程差分别为 $\pm\frac{\lambda}{2}$，$\pm\frac{3}{2}\lambda$，$\pm\frac{5}{2}\lambda$…，在屏上分别对应着中央明纹两侧的第一级、第二级、第三级……暗纹。

下面定量讨论明(暗)纹距中心点 O_1 的距离 x。因为 $D \gg d$，所以 $\sin\theta \approx \tan\theta = \frac{x}{D}$，于是根据式(11-12)和式(11-13)的干涉条件可知

当
$$x = \pm 2k\frac{D\lambda}{2d} \quad (k=0,1,2,\cdots) \tag{11-14}$$
的各点为明纹的中心。

当
$$x = \pm(2k-1)\frac{D\lambda}{2d} \quad (k=1,2,\cdots) \tag{11-15}$$
的各点为暗纹的中心。

若 S_1 和 S_2 到点 P 的波程差既不满足式(11-12)，也不满足式(11-13)，则点 P 处的条纹既不是最明也不是最暗。两个相邻明(暗)纹中心的距离为一条暗(明)纹的宽度。于是根据式(11-14)或式(11-15)算出相邻明纹或暗纹(即明纹或暗纹中心)间的距离为

$$\Delta x = x_{k+1} - x_k = \frac{D}{d}\lambda \tag{11-16}$$

可见条纹间距与入射光波长 λ 及缝到屏的垂直距离 D 成正比，与两缝间距 d 成反比。用同一杨氏双缝干涉装置做实验，单色光波长越短，条纹间距越窄，比如紫光的条纹间距就小于红光的条纹间距。因此，若用白光照射双缝，在屏幕上的干涉条纹就是彩色的，中央为可见光的非相干叠加，呈现出白色条纹，两侧对称地分布着由紫到红的各级次干涉图谱。如果把整套装置放在水中做实验，用某一单色光照射双缝，由于光在水中的波长比在空气中的短，因此，条纹间距变窄。

综上所述，在干涉区域内，中央明纹两侧对称地分布着等间距的明暗相间的干涉条纹。

例 11-1 在杨氏双缝干涉实验中，波长为 632.8 nm 的单色光照射在间距为 0.22 mm 的双缝上。

(1) 求距缝 1.8 m 处屏幕上所形成的干涉条纹的间距；

(2) 若缝的间距为 0.45 mm，求距缝 1.2 m 处屏幕上所形成的干涉条纹的间距。

解 根据干涉条纹间距的公式(11-16)有

(1) 干涉条纹的间距为

$$\Delta x = \frac{D}{d}\lambda = \frac{1.8\times 632.8\times 10^{-9}}{0.22\times 10^{-3}}\ \text{m} = 5.18\ \text{mm}$$

(2) 干涉条纹的间距为

$$\Delta x = \frac{D}{d}\lambda = \frac{1.2\times 632.8\times 10^{-9}}{0.45\times 10^{-3}}\ \text{m} = 1.69\ \text{mm}$$

例 11-2 在杨氏双缝干涉实验中，若双狭缝的距离为 0.3 mm，以单色平行光垂直照射狭缝时，在离双缝 1.2 m 远的屏上，若第五级暗纹处离中央明纹的间隔为 11.39 mm。

(1) 求此单色光的波长；

(2) 求两相邻明纹间的距离；

(3) 如改用波长为 550 nm 的单色光做实验，求两相邻明纹间的距离。

解 (1) 根据杨氏双缝干涉实验中暗纹的位置公式(11-15)，代入 $k=5$，$D=1.2$ m，$d=0.3$ mm，$x=11.39$ mm，有

$$\lambda = \frac{2dx}{9D} = \frac{2\times 0.3\times 10^{-3}\times 11.39\times 10^{-3}}{9\times 1.2}\ \text{m} = 632.78\ \text{nm}$$

(2) 根据相邻明纹间距式(11-16)有

$$\Delta x = \frac{D}{d}\lambda = \frac{1.2\times 632.78\times 10^{-9}}{0.3\times 10^{-3}}\ \text{m} = 2.53\ \text{mm}$$

(3) 当 $\lambda=550$ nm 时，两相邻明纹间的距离为

$$\Delta x = \frac{D}{d}\lambda = \frac{1.2\times 550\times 10^{-9}}{0.3\times 10^{-3}}\ \text{m} = 2.2\ \text{mm}$$

二、劳埃德镜实验

另一种割波阵面法的干涉装置是劳埃德镜，如图 11-10 所示，劳埃德镜就是一块平面反射镜 M。这个实验除了显示光的干涉，还说明光从折射率较小的介质射向折射率较大的介质的表面发生反射时，反射光会产生 π 的相位突变，因而是很重要的实验。

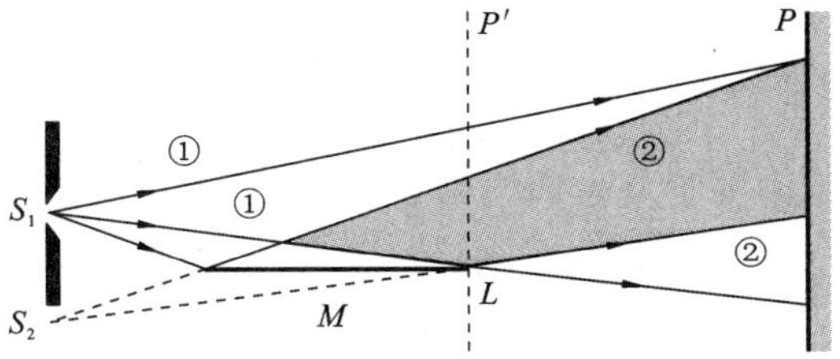

图 11-10　劳埃德镜实验

从图上可以看到，由光源 S_1 发出的光，一部分直接射到屏幕上，另一部分掠射到平面镜上，然后反射到屏幕上，由平面镜反射的光可看成是由 S_1 的虚像 S_2 发出的，S_1 和 S_2 构成相干点光源，它们发射的相干光束在相遇区域内产生干涉，如阴影区域所示。若将屏幕平移到劳埃德镜的一端紧挨着，如虚线 P' 所示，此时两束光到达接触点的波程差为零，点 L 处应出现明纹，但实验结果却是暗纹。这表明两束光在点 L 处的振动正好反相，由于直接射到屏幕上的光不可能产生相位的改变，因此这一实验说明这样一个事实：光波从折射率较小的光疏介质射向折射率较大的光密介质时，反射光的相位跃变了 π。根据 $\Delta\varphi=\frac{2\pi}{\lambda}\delta$ 可知，由于这一相位跃变，相当于反射光与入射光之间附加了半个波长的波程差，故常称为半波损失。

11-3　光程　薄膜干涉

一、光程

以上讨论的都是两束相干光在同一种介质(如空气)中传播的情形，所以只要计算出两相干光到达相遇点的几何路程差，即波程差 $\delta=r_2-r_1$，就可根据 $\Delta\varphi=\frac{2\pi}{\lambda}\delta$ 确定两相干光的相位差 $\Delta\varphi$。当两束相干光通过不同的介质时，相位差不再仅由波程差决定，还与所通过的介质的性质有关，因为同一频率的光在不同介质中的传播速度不同，波长也不同。为此，我们引入光程这一概念。光程就是把光在不同介质中的几何路程折算成光在真空中的几何路程。这样便于比较光在不同介质中所走过的路程的长短，同时正确地表达出光传播时所产生的相位变化。

设有一频率为 ν 的单色光，它在真空中的波长为 λ，传播速度为 c。当它在折射率为 n 的介质中传播时，传播速度变为 $v=\frac{c}{n}$，所以波长 $\lambda_n=\frac{v}{\nu}=\frac{c}{n\nu}=\frac{\lambda}{n}$，可见同一频率的光在介质中传播时波长变短了，只有真空中波长的 $\frac{1}{n}$。若光在该介质中传播的几何路程为 L，则相位为

$$\varphi=\frac{2\pi}{\lambda_n}L=\frac{2\pi}{\lambda}nL \tag{11-17}$$

上式表明光在折射率为 n 的介质中通过几何路程 L 所发生的相位，相当于光在真空中通过路程 nL 所发生的相位。所以，人们把折射率 n 和几何路程 L 的乘积 nL 定义为光程。这样，经过不同介质的两束相干光之间的相位差 $\Delta\varphi$ 完全由它们的光程差 δ 决定：

$$\Delta\varphi=\frac{2\pi}{\lambda}\delta$$

式中，$\delta=n_2r_2-n_1r_1$。所以当 $\delta=\pm k\lambda$ 时干涉加强；当 $\delta=\pm(2k+1)\frac{\lambda}{2}$时干涉减弱，其中 $k=0$，1，2…

例 11-3 如图 11-11 所示，用很薄的云母片(折射率 $n=1.58$)覆盖在杨氏双缝干涉实验中的一条缝上，这时屏幕上的零级条纹移到原来的第七级明纹的位置上，如果 $\lambda=550$ nm，求云母片的厚度？

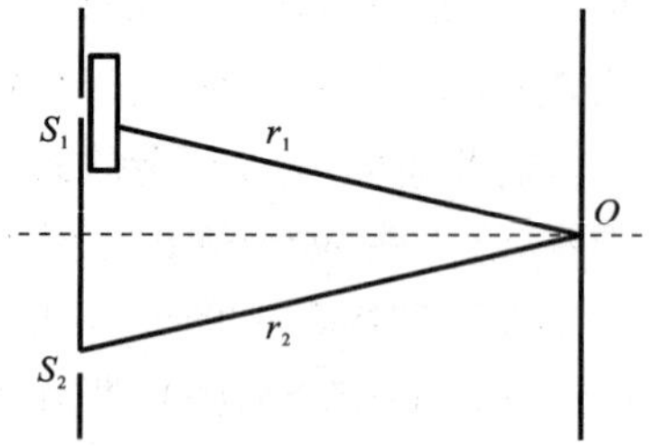

图 11-11 例 11-3 图

解 如图 11-11 所示，设云母片的厚度为 d。点 O 为中央明纹中心。未加云母片时，两光束到达点 O 处的几何路程分别为 r_1，r_2，则两光束的光程差 δ_1 为

$$\delta_1=r_2-r_1=0$$

上缝被云母片覆盖后，屏幕上的零级条纹移动原来的第七级明纹的位置上，说明此时点 O 对应着干涉条纹的负第七级明纹，则两光束的光程差 δ_2 为

$$\delta_2=r_2-(nd+r_1-d)=r_2-r_1-(n-1)d=-7\lambda$$

于是云母片的厚度 d 为

$$d=\frac{7\lambda}{n-1}=\frac{7\times550\times10^{-9}}{1.58-1}\ \text{m}=6.64\ \mu\text{m}$$

可见，光程差的改变量 $\delta_{改}$ 导致了干涉条纹的移动，$\delta_{改}$ 小于零，条纹上移；$\delta_{改}$ 大于零，条纹下移。光程差的改变量，条纹移动数目以及单色光的波长之间满足关系式：

$$\delta_{改}=n\lambda$$

二、薄透镜不引起附加的光程差

由透镜成像的实验知道，平行光束通过透镜后将会聚于焦平面上成一亮点，如图 11-12 所示，这是由于平行光束波阵面上各点(图中 A，B，C，D，E 各点)的相位相同，经过透镜到达焦平面后相位仍然相同，因而干涉加强。虽然各平行光束经过的几何路程和在透镜中经过的路程各不相同，但是折算成光程后，各平行光束所经过的光程是相同的。因此，在观察干涉现象时，使用透镜并不引起附加的光程差。

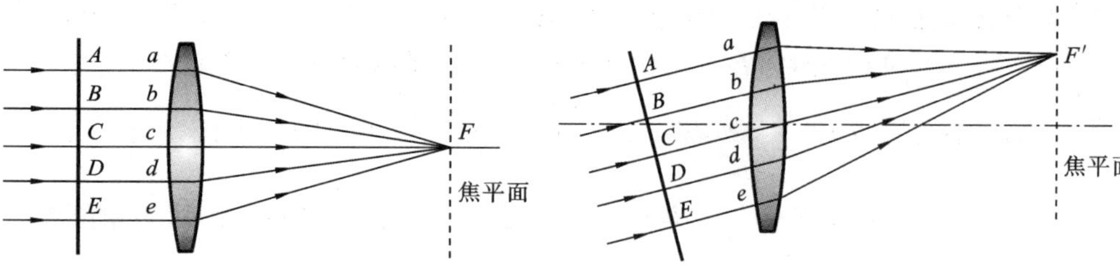

图 11-12 薄透镜不引起附加的光程差

三、薄膜干涉

在日常生活中我们经常可以看到光的干涉现象，如肥皂泡沫或水面上的油膜在日光照射下

形成的彩色条纹，这就是薄膜干涉现象。当一列光波射向薄膜时，一部分光通过上表面反射，另一部分光则通过下表面反射，从而形成两相干光，即通过分割振幅法产生两相干光，这种光在薄膜两个表面上反射后相互叠加产生的干涉现象，称为薄膜干涉。

薄膜的特点是折射率均匀，厚度很薄且上下表面平行或厚度呈有规则变化，如平行平面介质膜、非平行平面介质膜（劈尖）以及平凹状介质膜（牛顿环）。

下面用光程差的概念来讨论平行平面薄膜的干涉现象。

如图 11-13 所示，把折射率为 n_2、厚度为 d 的薄膜放在折射率为 n_1 的均匀介质中，且 $n_2>n_1$。M_1 和 M_2 分别为薄膜的上、下两界面，互相平行。设由单色光源上一点发出的光线 1，以入射角 i 投射到界面 M_1 上的点 A，一部分由点 A 反射（图 11-13 中的光线 2），另一部分透射进薄膜并在界面 M_2 上反射，再经过界面 M_1 折射而出（图 11-13 中的光线 3）。由几何光学知识可知，光线 2、3 是两条平行光线。由于光线 2、3 是同一入射光的两部分，因经历了不同的路径而有恒定的相位差，因此它们是相干光。

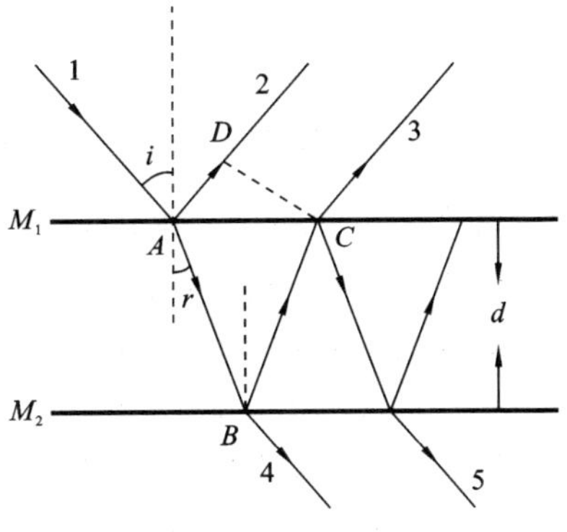

图 11-13　薄膜干涉

现在计算光线 2 和 3 的光程差。设 $CD\perp AD$，CD 为平行光的波阵面，在 A 点之前、D 点之后，两束光的光程相等。则光线 3 在折射率为 n_2 的介质中的光程为 $n_2(\overline{AB}+\overline{BC})$；光线 2 在折射率为 n_1 的介质中的光程为 $n_1\overline{AD}$。因此，它们的光程差为

$$\delta'=n_2(\overline{AB}+\overline{BC})-n_1\overline{AD} \tag{11-18}$$

此外，由于两介质的折射率不同，还必须考虑光在薄膜的上界面反射时有 π 的相位跃变，则两反射光的总光程差为

$$\delta_r=n_2(\overline{AB}+\overline{BC})-n_1\overline{AD}+\frac{\lambda}{2} \tag{11-19}$$

由图 11-13 可知：

$$\overline{AB}=\overline{BC}=\frac{d}{\cos r}$$

$$\overline{AD}=\overline{AC}\sin i=2d\tan r\sin i$$

把以上两式代入式(11-19)，得

$$\delta_r=\frac{2d}{\cos r}(n_2-n_1\sin r\sin i)+\frac{\lambda}{2} \tag{11-20}$$

根据折射定律 $n_1\sin i=n_2\sin r$，上式可写成

$$\delta_r=\frac{2d}{\cos r}n_2(1-\sin^2 r)+\frac{\lambda}{2}=2n_2d\cos r+\frac{\lambda}{2} \tag{11-21}$$

或

$$\delta_r=2n_2d\sqrt{1-\sin^2 r}+\frac{\lambda}{2}=2d\sqrt{n_2^2-n_1^2\sin^2 i}+\frac{\lambda}{2} \tag{11-22}$$

于是干涉条件为

$$\delta_r=2d\sqrt{n_2^2-n_1^2\sin^2 i}+\frac{\lambda}{2}=\begin{cases}k\lambda\\(2k+1)\dfrac{\lambda}{2}\end{cases} \tag{11-23}$$

当光垂直入射(即 $i=0$)时,有

$$\delta_r=2n_2d+\frac{\lambda}{2}=\begin{cases}k\lambda\\(2k+1)\dfrac{\lambda}{2}\end{cases}\tag{11-24}$$

透射光也有干涉现象。在图 11-13 中,不难看出,光线 AB 到达点 B 处时,一部分直接经界面 M_2 折射而出(光线 4),还有一部分经点 B 和点 C 两次反射后在点 E 处折射而出(光线 5)。两透射光之间没有因反射而附加的光程差,因此,两投射光线 4、5 的总光程差为

$$\delta_t=2d\sqrt{n_2^2-n_1^2\sin^2 i}\tag{11-25}$$

与式(11-24)相比较,δ_t 与 δ_r 相差$\frac{\lambda}{2}$,即当反射光的干涉相互加强时,透射光的干涉相互减弱,这是符合能量守恒定律要求的。

例 11-4 一油轮漏出的油(折射率 $n_1=1.20$)污染了某海域,在海水($n_2=1.30$)表面形成一层薄薄的油污(见图 11-4)。

(1) 如果太阳正位于海域上空,一直升机的驾驶员从飞机上向正下方观察,他所正对的油层厚度为 460 nm,则他将观察到油层呈什么颜色?

(2) 如果一潜水员潜入该区域水下,并向正上方观察又将观察到油层呈什么颜色?

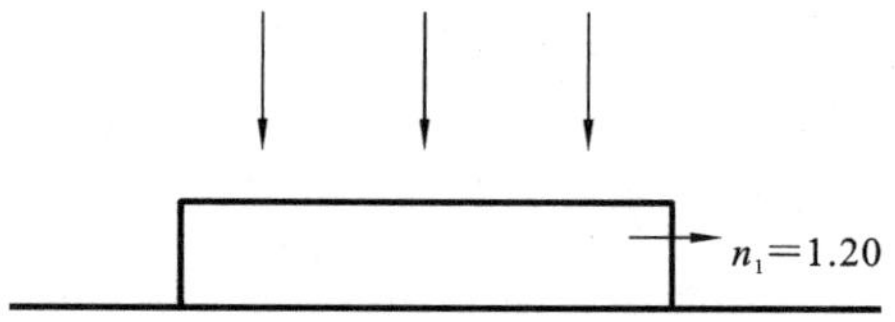

图 11-14 例 11-4 图

解 这是一个薄膜干涉的问题,太阳垂直照射在海面上,驾驶员和潜水员看到的分别是反射光的干涉结果和透射光的干涉结果。

(1) 由于油层的折射率 n_1 小于海水的折射率 n_2 但大于空气的折射率,因此在油层上、下表面反射的太阳光均发生 π 的相位跃变,两反射光之间的光程差为 $\delta_r=2n_1d$。飞机驾驶员能观察到,说明反射光干涉形成亮纹,则 $\delta_r=2n_1d=k\lambda$,把 $n_1=1.20$,$d=460$ nm 代入,得干涉加强的光波波长为

$k=1$ 时, $\lambda_1=2n_1d=2\times1.2\times460\ \text{nm}=1104\ \text{nm}$

$k=2$ 时, $\lambda_2=n_1d=1.2\times460\ \text{nm}=552\ \text{nm}$

$k=3$ 时, $\lambda_3=\frac{2}{3}n_1d=\frac{2}{3}\times1.2\times460\ \text{nm}=368\ \text{nm}$

其中,波长为 $\lambda_2=552$ nm 的绿光在可见光范围内,而 λ_1 和 λ_3 则分别在红外线和紫外线的波长范围内,所以,飞机驾驶员将看到油膜呈绿色。

(2) 此题中透射光的光程差为 $\delta_t=2n_1d+\frac{\lambda}{2}$,潜水员能观察到,说明透射光干涉形成亮纹,则 $\delta_t=2n_1d+\frac{\lambda}{2}=k\lambda$,干涉加强的光波波长为

$k=1$ 时, $\lambda_1=\dfrac{2n_1d}{1-\dfrac{1}{2}}=\dfrac{2\times1.2\times460}{0.5}\ \text{nm}=2208\ \text{nm}$

$k=2$ 时，
$$\lambda_2=\frac{2n_1 d}{2-\frac{1}{2}}=\frac{2\times1.2\times460}{1.5}\ \text{nm}=736\ \text{nm}$$

$k=3$ 时，
$$\lambda_3=\frac{2n_1 d}{3-\frac{1}{2}}=\frac{2\times1.2\times460}{2.5}\ \text{nm}=441.6\ \text{nm}$$

$k=4$ 时，
$$\lambda_4=\frac{2n_1 d}{4-\frac{1}{2}}=\frac{2\times1.2\times460}{3.5}\ \text{nm}=315.4\ \text{nm}$$

其中，波长为 $\lambda_2=736$ nm 的红光和 $\lambda_3=441.6$ nm 的紫光在可见光范围内，而 λ_1 是红外线，λ_4 是紫外线，所以，潜水员看到的油膜呈紫红色。

四、平行膜的应用——增反膜和增透膜

在光学元件表面涂抹一层薄膜，以加强反射或增加透射的效果，这种薄膜就是增反膜或增透膜。每种增反(透)膜只对特定波长的光才有最佳效果。通常这种薄膜的厚度是均匀的，其折射率介于空气与光学元件之间。

1. 增反膜

一般光学玻璃元件，其反射率只有 5%，为了增加反射率，往往要在玻璃上镀一层薄膜，以增加反射光的强度。增反膜的条件是使垂直入射的单色光在薄膜上、下两表面反射时，光程差符合干涉相长的条件。如有些抗强光的保护镜或太阳镜呈现出金亮的光泽，便是镀有一层硫化锌增反膜使黄色反射光增强的缘故，如图 11-15(a)所示。

2. 增透膜

某些光学仪器(如照相机镜头、透镜等)希望减少反射光的强度以增加透射光的强度。增透膜的条件是使垂直入射的单色光在薄膜上、下表面反射时的光程差符合干涉相消的条件，根据能量守恒定律，反射光能量的减少相应于透射光能量的增加。如一般照相机的镜头呈现为紫红色，就是表面镀有增透膜的缘故，如图 11-15(b)所示。

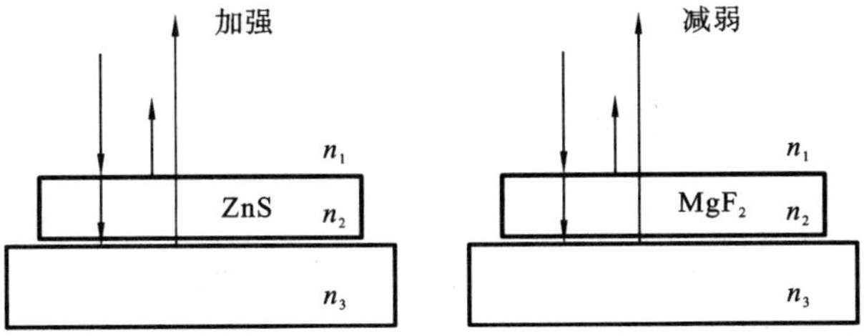

(a) 增反膜　　(b) 增透膜

图 11-15　增反膜与增透膜

例 11-5　在折射率 $n_3=1.52$ 的照相机镜头表面涂有一层折射率 $n_2=1.38$ 的 MgF_2 增透膜，若此膜仅适用于波长 $\lambda=550$ nm 的光，则此膜的最小厚度为多少？

解　本题要求使波长 $\lambda=550$ nm 的光在透射中得到加强，从而得到所希望的照相效果(因感光底片对此波长附近的光最敏感)。达到增透的效果就要求反射光干涉相消，考虑到在薄膜上、下表面的反射光均有相位跃变，因此不考虑半波损失，则有

$$\delta_r = 2n_2 d = (2k+1)\frac{\lambda}{2}$$

取 $k=0$,此膜的最小厚度为

$$d = \frac{\lambda}{4n_2} = \frac{550}{4 \times 1.38}\ \text{nm} = 99.6\ \text{nm}$$

五、等倾干涉

薄膜干涉中反射光的光程差为

$$\delta = 2d\sqrt{n_2^2 - n_1^2 \sin^2 i} + \frac{\lambda}{2}$$

如果 d 一定,光程差 δ 就只与光的入射角 i 有关,即对于厚度 d 均匀的薄膜,具有相同入射角 i 的各光线的光程差相同,同时出现干涉加强(或减弱)的情况,这就是等倾干涉。等倾干涉形成的条纹叫作等倾干涉条纹。

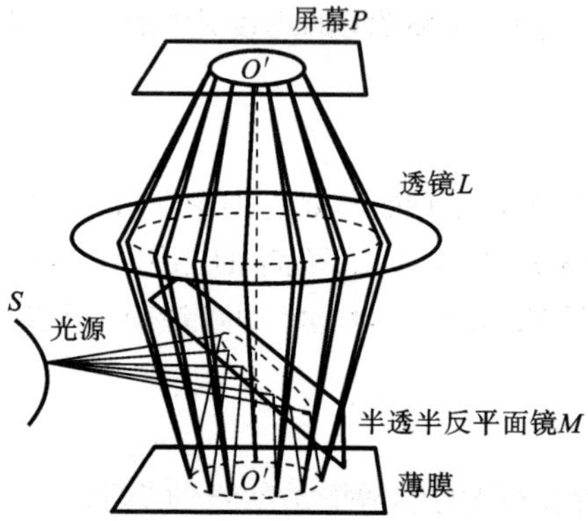

图 11-16　等倾干涉的装置原理图

图 11-16 为一观察等倾干涉的装置原理图。其中 S 为具有一定发光面积的单色光源,M 为倾斜 45°放置的半透半反平面镜,L 为一透镜,屏幕 P 置于透镜 L 的焦平面处。先考虑光源 S 上某一点发出的光线,在这些光线中,能以相同入射角射向薄膜表面的光线处在同一圆锥面上,而它们的反射光经透镜 L 会聚后,将在 L 的焦平面上形成一个圆形条纹。所以,呈现在屏幕上的等倾干涉条纹,是一组明暗相间的同心圆环。至于光源 S 上的其他发光点,显然也都产生了一组这样的干涉圆环,且 S 上所有点发出的光线中,入射角相同的光线都将聚焦在屏幕上的同一圆周上。由于光源上不同点发出的光线彼此不相干,因此所有的干涉圆环将彼此进行非相干叠加,从而提高了条纹的亮度。这就是为什么常用扩展光源观察等倾干涉的缘故。

11-4　劈尖　牛顿环

在实际应用中,垂直入射情况用得最为广泛。这里介绍两种典型非平行膜在垂直入射情况下反射光干涉条纹的基本分析方法。

一、劈尖

如图 11-17(a)所示,两块长为 L 的平板玻璃 G_1、G_2,其一端的棱边相接触,另一端被直径为 D 的细丝隔开,G_1 的下表面和 G_2 的上表面之间形成一空气薄层(折射率为 n),这一空气薄层叫作空气劈尖。让单色平行光束垂直射向劈尖,自空气劈尖的上、下表面分别反射的光相互干涉,可观察到等间距的明暗相间的直条纹,图 11-18 中相邻两暗纹(或明纹)的中心间距 b 叫作劈尖干涉的条纹宽度。

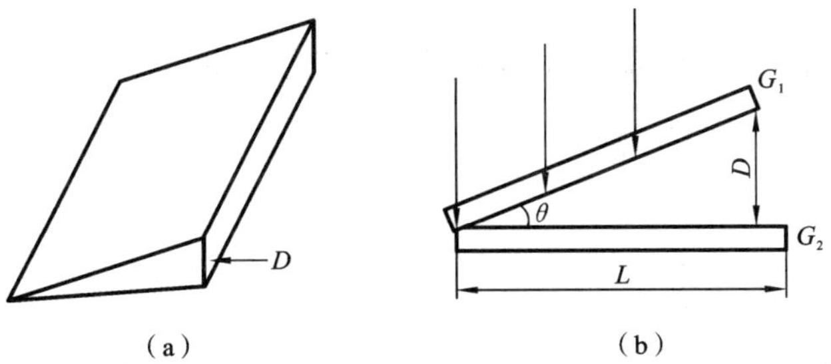

图 11-17　劈尖干涉

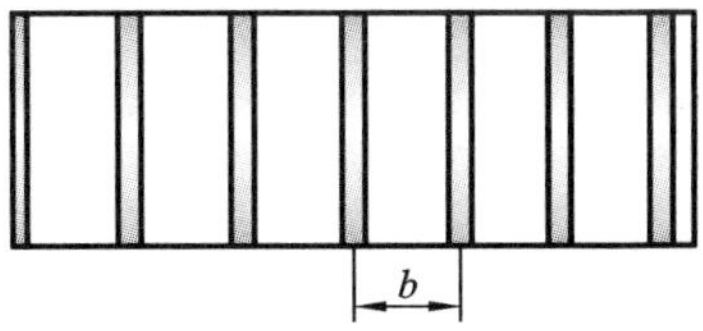

图 11-18　劈尖干涉的条纹宽度

下面定量讨论劈尖干涉条纹的形成原理及其特点，如图 11-17(b)所示。由于细丝直径很小，因此两玻璃片间的夹角 θ 很小，入射到劈尖上下表面的光线和经劈尖上下表面反射的光线都可以看作是垂直于劈尖表面的。两束反射光在劈尖表面处相遇并相干叠加。由于劈尖层空气的折射率 n 比玻璃的折射率 n_1 小，因此光在劈尖下表面反射时因有相位跃变而产生附加的光程差$\frac{\lambda}{2}$。由式(11-24)可得，在 $i=0$ 时，在劈尖厚度为 d 处上下表面反射的两相干光的总光程差为

$$\delta=2nd+\frac{\lambda}{2} \tag{11-26}$$

则劈尖干涉极大(明纹中心)的条件为

$$\delta=2nd+\frac{\lambda}{2}=k\lambda,\quad k=1,2,3\cdots \tag{11-27}$$

劈尖干涉极小(暗纹中心)的条件为

$$\delta=2nd+\frac{\lambda}{2}=(2k+1)\frac{\lambda}{2},\quad k=0,1,2,3\cdots \tag{11-28}$$

可见：① 在棱边处，厚度 $d=0$，光程差 $\delta=\frac{\lambda}{2}$满足干涉极小的条件，则棱边处为暗纹中心。

② 根据式(11-26)可知薄膜上厚度相同的点形成同一级次的干涉条纹。所以劈尖的干涉条纹是一系列平行于劈尖棱边的明暗相间的直条纹，如图 11-18 所示。我们把这种与薄膜上等厚线相对应的干涉现象，叫作等厚干涉。等厚干涉形成的干涉条纹叫作等厚干涉条纹。

③ 相邻两明纹间所对应的薄膜的厚度差 Δd 可由式(11-27)求得

$$2nd_k+\frac{\lambda}{2}=k\lambda,\quad k=1,2,3,\cdots$$

$$2nd_{k+1}+\frac{\lambda}{2}=(k+1)\lambda,\quad k=0,1,2,3,\cdots$$

$$\Delta d=d_{k+1}-d_k=\frac{\lambda}{2n}=\frac{\lambda_n}{2} \tag{11-29}$$

其中，λ_n 指光在折射率为 n 的劈尖介质中的波长，d_k 和 d_{k+1} 分别表示第 k 级和第 $k+1$ 级明条纹的薄膜厚度。可见相邻两明条纹或暗条纹所对应的薄膜厚度等于光在劈尖介质中波长的$\frac{1}{2}$。同理可得，相邻同级次的明暗条纹所对应的薄膜厚度差等于光在劈尖介质中波长的$\frac{1}{4}$。

④ 若已知劈尖长度 L，光在真空中的波长 λ，劈尖介质的折射率 n，以及相邻明纹(或暗纹)

的距离 b,就可以计算出细丝的直径 D。

由图 11-17(b)可知,由于一般劈尖 θ 很小,若相邻两明(暗)纹间距离为 b,则

$$\theta \approx \frac{D}{L} \approx \frac{\Delta d}{b} = \frac{\lambda_n}{2b} \tag{11-30}$$

得

$$D = \frac{\lambda_n L}{2b} \tag{11-31}$$

例 11-6 波长为 680 nm 的平行光照射到 $L=12$ cm 长的两块玻璃片上,两玻璃片的一边相接触,另一边被厚度 $D=0.048$ mm 的纸片隔开,试问这 12 cm 长度内会呈现多少条暗条纹?

解 这是一个空气劈尖的问题。由空气膜上、下表面反射的光相遇干涉,在薄膜上看到干涉条纹。其暗条纹条件为

$$\delta = 2d + \frac{\lambda}{2} = (2k+1)\frac{\lambda}{2}, \quad k=0,1,2,3\cdots$$

对应最大膜厚 D 处,将形成最大级次 k_m 的暗条纹,于是

$$2D + \frac{\lambda}{2} = (2k_m+1)\frac{\lambda}{2}$$

解得

$$k_m = \frac{2D}{\lambda} = \frac{2\times 0.048\ \text{mm}}{680\times 10^{-6}\ \text{mm}} = 141.2$$

取整数 $k_m=141$。因为在 $d=0$ 处出现的是暗条纹($k=0$),所以一共有 142 条暗条纹。

二、牛顿环

如图 11-19(a)所示,在一块非常光滑的平面玻璃板上,放一块曲率半径 R 很大的平凸透镜,这样便形成一个上表面为球面下表面为平面的空气劈尖。让单色平行光束垂直入射,自空气劈尖的上、下表面处反射的光相互干涉。由于等厚干涉条纹的形成取决于薄膜上厚度相同的点的轨迹,在这里空气劈尖的等厚轨迹是以接触点为圆心的一系列同心圆,因此干涉条纹也是明暗相间的同心圆环,如图 11-19(b)所示。因其最早是被牛顿观察到的,故称其为牛顿环。类似于劈尖干涉的讨论可知,在劈尖厚度为 d 处上下表面反射的两相干光干涉极大或极小应分别满足下面条件:

$$\delta = 2d + \frac{\lambda}{2} = \begin{cases} k\lambda, & k=1,2,3,\cdots(\text{明纹}) \\ (2k+1)\dfrac{\lambda}{2}, & k=0,1,2,3,\cdots(\text{暗纹}) \end{cases} \tag{11-32}$$

下面推导牛顿环所对应的半径 r。由图 11-19(a)可知:

$$r^2 = R^2 - (R-d)^2 = 2dR - d^2$$

已知 $R \gg d$,可略去 d^2,故得

$$r = \sqrt{2dR} = \sqrt{\left(\delta - \frac{\lambda}{2}\right)R} \tag{11-33}$$

结合式(11-32),解得

$$r = \sqrt{\left(k - \frac{1}{2}\right)R\lambda}, \quad k=1,2,3,\cdots(\text{明环}) \tag{11-34}$$

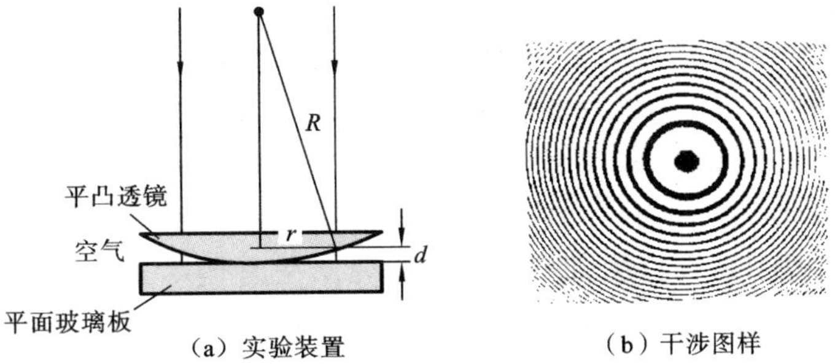

（a）实验装置　　（b）干涉图样

图 11-19　牛顿环

$$r=\sqrt{kR\lambda},\quad k=0,1,2,3,\cdots(\text{暗环}) \tag{11-35}$$

可见：(1) 在中心处 $d=0$，因为存在半波损失，两相干光的光程差为 $\frac{\lambda}{2}$，所以环心是暗的，级次最低。

(2) 牛顿环是等厚干涉条纹，由式(11-35)可知，半径 r 与环的级数的平方根成正比，所以，从环心越向外，光程差越大，圆环间距越小，即圆环越密。

(3) 用白光做光源时将产生彩色圆环。

例 11-7　用波长为 589.3 nm 的黄色光观察牛顿环时，测得第 k 级暗环半径为 5 mm，第 $k+5$ 级暗环半径为 7 mm，试求平凸透镜的曲率半径 R 和级数 k。

解　由式(11-35)可得

$$r_k=\sqrt{kR\lambda}=5\times10^{-3}\ \text{m},\quad r_{k+5}=\sqrt{(k+5)R\lambda}=7\times10^{-3}\ \text{m}$$

则有

$$r_{k+5}^2-r_k^2=5R\lambda$$

所以平凸透镜的曲率半径为

$$R=\frac{r_{k+5}^2-r_k^2}{5\lambda}=\frac{(7\times10^{-3})^2-(5\times10^{-3})^2}{5\times589.3\times10^{-9}}\ \text{m}=8.14\ \text{m}$$

则级数为

$$k=\frac{r_k^2}{R\lambda}=\frac{(5\times10^{-3})^2}{8.14\times589.3\times10^{-9}}=5.21$$

对 k 取整为 5。

11-5　迈克耳孙干涉仪

迈克耳孙干涉仪是 1881 年由美国物理学家迈克耳孙和莫雷为研究“以太”漂移而设计制造的精密光学仪器。历史上，迈克耳孙-莫雷实验结果否定了“以太”的存在，为爱因斯坦建立狭义相对论奠定了基础。迈克耳孙和莫雷因在这方面的杰出成就获得了 1883 年诺贝尔物理学奖。在近代物理学和近代计量科学中，迈克耳孙干涉仪具有重大的影响，得到了广泛应用，特别是 20 世纪 60 年代激光出现以后，迈克耳孙干涉仪的各种应用就更为广泛。它不仅可以观察光的等厚、等倾干涉现象，也可以精密地测定光波波长、微小长度、光源的相干长度等，还可以测量气体、液体的折射率等。

迈克耳孙干涉仪的基本结构如图 11-20 所示。G_1、G_2是折射率和厚度均相同的平板玻璃，G_1底边镀有半透明薄膜，使入射在薄膜表面上的光一半反射，一半透射，因此 G_1 称为分束板。M_1、M_2是平面反射镜，M_2固定，M_1可做微小移动，G_1、G_2与 M_1、M_2均成 45°放置，调节 M_2可观察到等厚或等倾干涉条纹的移动。

现分析迈克耳孙干涉的光路图(见图 11-21)，先不考虑 G_2。来自面光源 S 的光，经透镜 L 平行射向 G_1，被 G_1底边的半透明薄膜分成反射光束 1 和透射光束 2。光束 1 经 M_1反射后并透过 G_1的光用 1′表示；光束 2 经 M_2反射后并在 G_1的半透明膜上反射的光用 2′表示，光束 2′与光束 1′相遇而发生干涉。G_1M_1 和 G_2M_2 称为干涉仪的两个臂。M_2' 是 M_2经 G_1形成的虚像，这样光从 M_1M_2 反射相当于从 M_1M_2' 的反射。由光路图可知，光线 1 有 3 次通过平板玻璃，光线 2 只有 1 次通过平板玻璃，为了使光束 1 和 2 在玻璃中通过的光程相同，于是在光束 2 经过的路径中加入 G_2，因此 G_2称为补偿板。由刚才的讨论可知，迈克耳孙干涉仪所产生的干涉相当于 M_1M_2' 构成的空气薄膜所产生的干涉。

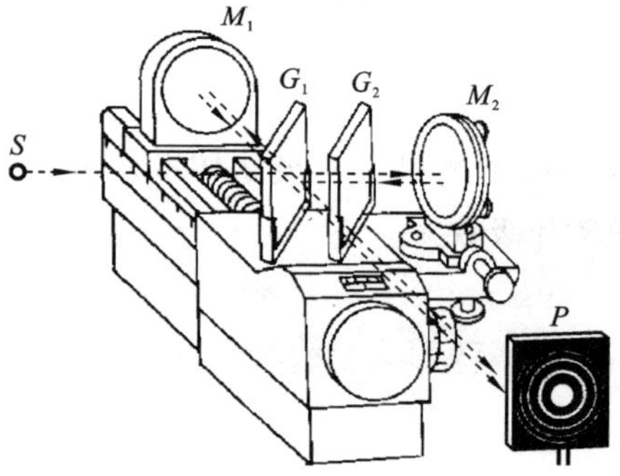

图 11-20　迈克耳孙干涉仪的基本结构

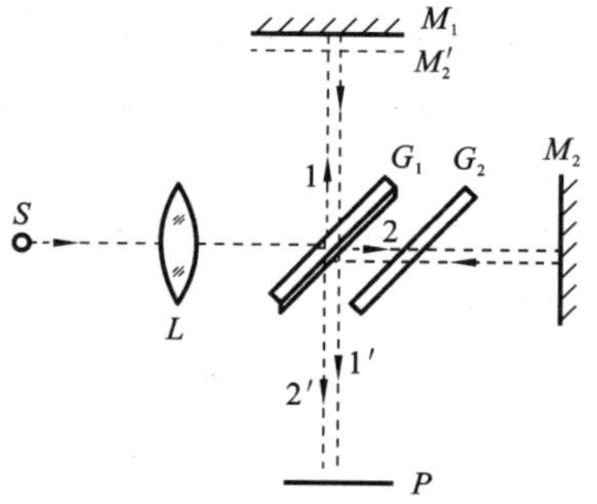

图 11-21　迈克耳孙干涉的光路图

通过迈克耳孙干涉仪如何观察到等厚或等倾干涉现象呢？现分析如下。

如果将 M_2 调整到与 M_1 严格垂直，则 M_2' 与 M_1平行，即空气膜的厚度相等。由薄膜干涉的讨论可知，此时的光程差为

$$\delta = 2d\cos i \tag{11-36}$$

入射角不同，光程差不同，干涉情况不同，对应着等倾干涉，于是可以观察到一组明暗相间的同心圆环。若通过微动系统使 M_2发生平动，改变 M_1与 M_2' 之间的距离，则相当于改变平行膜的厚度，等倾干涉条纹的级次亦同时发生变化。若入射单色光的波长为 λ，则每当 M_2向前或向后移动的距离$\frac{\lambda}{2}$时，就可看到干涉圆环向中心冒出或缩进一圈。所以，若测出视场中移动条纹的数目为 m 时，就可以算出 M_2移动的距离 Δd 为

$$\Delta d = m\frac{\lambda}{2} \tag{11-37}$$

也可以说，光程差每改变一个 λ，条纹数就移动一条，即

$$\delta_{改} = m\lambda \tag{11-38}$$

由此可见，通过移动平面镜或在光路中加入其他介质来改变光程差，则可进行长度、折射率、波长等的测量，也可检查光学元件的质量。

如果将 M_2 略微偏离与 M_1 垂直的方向，使 M_1 和 M_2' 所夹的空间构成一个空气劈尖，采用平行光入射，可观察到一系列由平行直线组成的等厚干涉条纹。如果 M_2 向前或向后移动距离 $\frac{\lambda}{2}$ 时，就可看到干涉直条纹移动 1 条，与等倾条纹的移动情况相同。

例 11-8　把折射率 $n=1.40$ 的薄膜放入迈克耳孙干涉仪的一臂，如果由此产生了 7 条条纹的移动，求膜厚。设入射光的波长为 589 nm。

解　设插入的薄膜厚度为 t，未加薄膜时空气膜的厚度为 d。

未加薄膜时光程差为

$$\delta_1=2d$$

插入薄膜后的光程差为

$$\delta_2=2nt+2(d-t)$$

则光程差的改变量为

$$\delta=\delta_2-\delta_1=2(n-1)t$$

根据式(11-38)得

$$\delta=2(n-1)t=7\lambda$$

解得

$$t=\frac{7\lambda}{2(n-1)}=\frac{7\times589\times10^{-9}}{2\times(1.40-1)}\ \text{m}=5.15\times10^{-6}\ \text{m}$$

11-6　光的衍射

一、光的衍射现象

光作为一种电磁波，在传播中若遇到尺寸比光的波长大得不多的障碍物时，它就不再遵循直线传播的规律，而会传到障碍物的阴影区并形成明暗变化的光强分布，此现象为光波的衍射。实验证明，衍射的显著程度取决于障碍物的大小和波长的比值，比值越小，衍射越显著。可见光波长约为 400～760 nm，一般的障碍物或孔隙都远大于此，因而通常都显示出光的直线传播现象。可见光一旦遇到与波长差不多数量级的障碍物或孔隙时，就会出现衍射现象。

二、惠更斯-菲涅耳原理

根据惠更斯原理，可以由已知波面的位置求出下一时刻波面的位置，于是定性地解释了波的衍射，但不能确定沿任何方向传播的波的振幅、相位。菲涅耳根据波的叠加和干涉原理，提出了“子波相干叠加”的概念，从而对惠更斯原理做了物理性的补充。他认为，从同一波面上各点发出的子波是相干波，在传播到空间某一点时，各子波进行相干叠加的结果决定了该处的波振幅。这就发展了惠更斯的原理，叫作惠更斯-菲涅耳原理。

在图 11-22 中，$\mathrm{d}S$ 为某一波阵面 S 上的任一面元，是发出球面子波的子波源，空间任一点 P 的光振动，则取决于波阵面 S 上所有面元发出的子波在该点相互干涉的总效应。面元 $\mathrm{d}S$ 发出的各子波的振幅和相位符合下列四个假设：

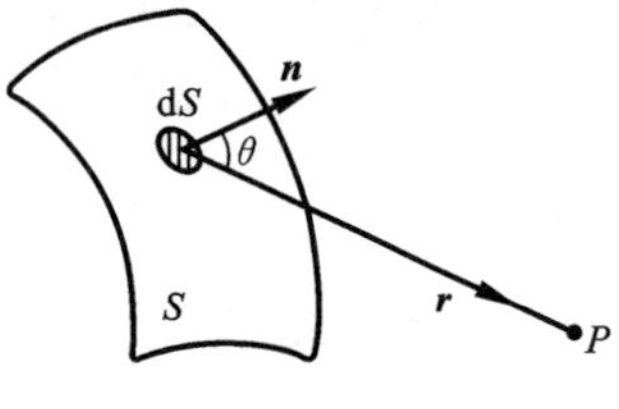

图 11-22 惠更斯-菲涅耳原理

(1) 在波动理论中,波面是一个等相位面,因而可以认为 dS 面上各点发出的所有子波都有相同的初相位(令初相为 0)。

(2) 子波在 P 点处所引起振动的振幅与面元到 P 点的距离 r 成反比,这相当于表明子波是一球面波。

(3) 从面元 dS 发出的子波在 P 点处的振幅正比于 dS 的面积,且与 θ 成反比,θ 为 $\boldsymbol{r}$ 和 dS 的法线 $\boldsymbol{n}$ 之间的夹角,θ 越大,在 P 点处的振幅越小,当 $\theta \geqslant \frac{\pi}{2}$ 时,振幅为零。

(4) 子波在 P 点处的相位,由光程 nr 决定。

根据以上假设,可知面元 dS 发出的子波在 P 点处的合振幅可表示为

$$\mathrm{d}E = C\frac{k(\theta)}{r}\cos(kr-\omega t)\mathrm{d}S \tag{11-39}$$

其中,C 为比例系数,$k(\theta)$是随着 θ 角增大而缓慢减小的函数。如果将波面 S 上所有面元在 P 点的作用加起来,即可求得波面 S 在 P 点所产生的合振幅:

$$E = C\int \frac{k(\theta)}{r}\cos(kr-\omega t)\mathrm{d}S \tag{11-40}$$

三、菲涅耳衍射和夫琅禾费衍射

借助惠更斯-菲涅耳原理可以解释光束通过各种形状的障碍物时所产生的衍射现象。随后几节将讨论几种特殊几何形状的开孔所产生的衍射图样的光强分布。在讨论时,通常按光源和观察屏到衍射孔(或障碍物)的距离不同,把衍射现象分为两类,菲涅耳衍射和夫琅禾费衍射。

第一类:障碍物离光源和观察屏的距离是有限的,或其中之一的距离是有限的,称为菲涅耳衍射,如图 11-23 所示。

第二类:光源和观察屏到障碍物的距离可以认为是无限远,称为夫琅禾费衍射,如图 11-24 所示。

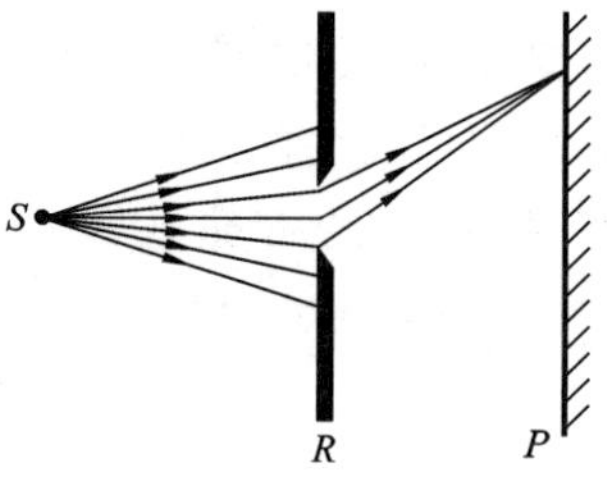

图 11-23 菲涅耳衍射

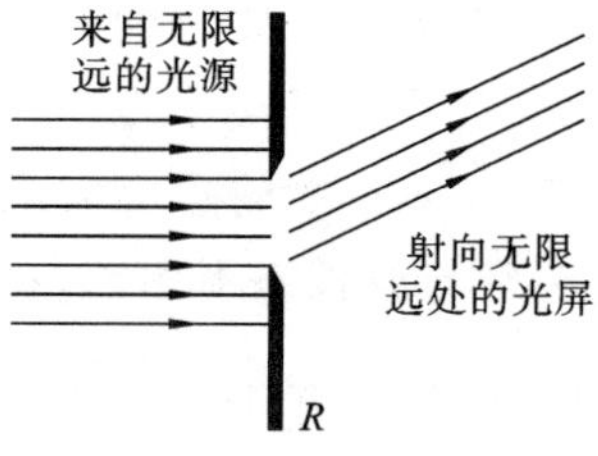

图 11-24 夫琅禾费衍射

在实验中,常把光源放在透镜 L_1 的焦点上,并把观察屏放在透镜 L_2 的焦平面上,这样到达障碍物的光和衍射光都满足夫琅禾费衍射的条件,如图 11-25 所示。本书只讨论夫琅禾费衍射,不仅因为这种衍射理论上比较简单,而且夫琅禾费衍射也是大多数实用场合需要考虑的情形。

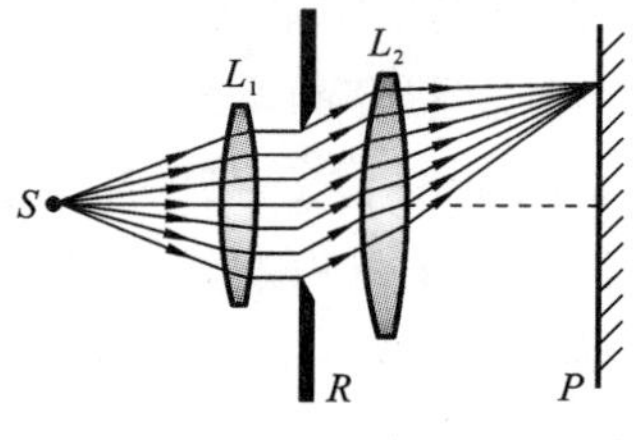

图 11-25 实验中夫琅禾费衍射

11-7　单缝衍射

一、实验演示图

夫琅禾费单缝衍射的实验装置如图 11-26(a)所示，光源 S 放在透镜 L_1 的焦点上，观察屏 P 放在透镜 L_2 的焦平面上。当一束平行光垂直照射一个宽度可与光的波长相比拟的狭缝时，平行光会绕过缝的边缘向阴影区衍射，衍射光经透镜会聚到焦平面处的屏幕 P 上，形成衍射条纹，这种条纹称为单缝衍射条纹，如图 11-26(b)所示。由图 11-26 可知，入射的平行光仅在竖直方向受到限制，因此衍射图样沿着竖直方向展开。

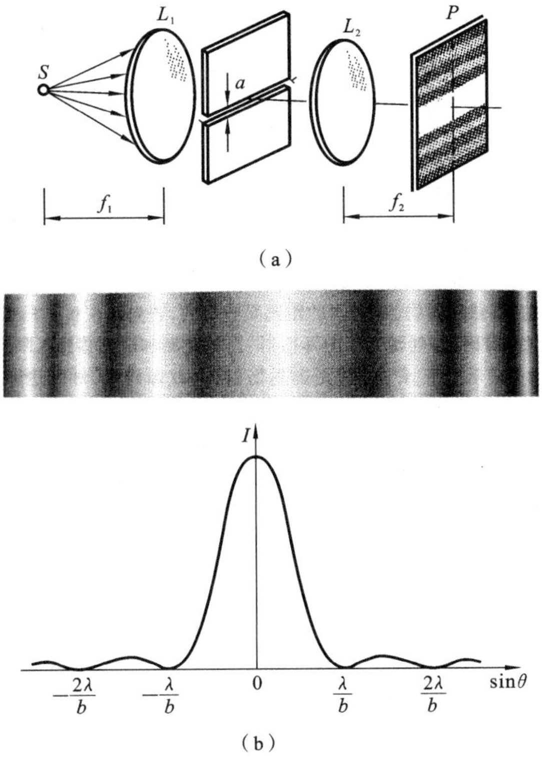

图 11-26　夫琅禾费单缝衍射

二、光路分析

为了便于分析，通常将单缝局部夸大，并画出截面光路图，如图 11-27(a)所示。AB 为单缝的截面，其宽度为 b。平行光垂直入射到单狭缝时，光源相当于在无限远，狭缝 AB(同相面)间连续分布的子波波源的相位相同。根据惠更斯-菲涅耳原理，它们的子波沿各个方向传播，单狭缝后的透镜将传播方向相同的子波波线会聚到它的焦平面上，相当于在无限远处相遇，这就是实验中单缝的夫琅禾费装置。透镜 L_2后面的子波射线是相干子波，根据子波相干叠加原理，子波在会聚点处干涉叠加。

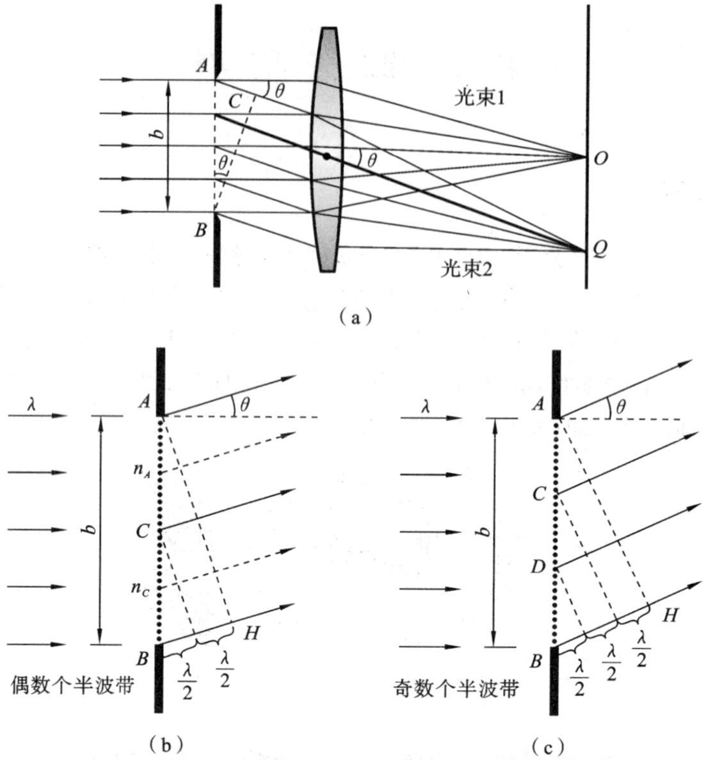

图 11-27　衍射的光路分析

图中 θ 为入射方向与水平方向的夹角，称为衍射角。下面讨论与入射方向成 θ 角的子波射线。当 $\theta=0$[图 11-27(a)中光束 1]时，由于 AB 是同相面，通过透镜到达 O 点的光程都相等，因此它们到达 O 点时仍保持相同的相位而互相加强。这样在正对狭缝中心的 O 点为一条明纹的中心，这条明纹叫作中央明纹。

当 $\theta\neq0$[图 11-27(a)中光束 2]时，平行光束 2 被透镜会聚于屏幕上的 Q 点，但要注意光束 2 到达 Q 点的光程并不相等，因此它们在 Q 点的相位也不相同。显然由垂直于各子波射线的面 BC 上各点到达 Q 点的光程都相等。换句话说，从面 AB 发出的各子波射线在 Q 点的相位差，就对应于从面 AB 到面 BC 的光程差。由图 11-27(a)可知，最大的光程差 $AC=b\sin\theta$ 为 A 点发出的子波射线比 B 点发出的子波射线多走的光程。应用菲涅耳积分式(11-40)可以精确地算出任一点 Q 的干涉结果。为了避免过多的数学计算，这里介绍一种简易的分析方法，称为菲涅耳半波带法。

设 AC 恰好等于入射单色光半波长的整数倍，即

$$b\sin\theta=\pm k\frac{\lambda}{2},\quad k=1,2,3,\cdots \tag{11-41}$$

这里，相当于把 AC 分成 k 等份。可作一些平行于 BC 的平面，使两相邻平面之间的距离都等于 $\frac{\lambda}{2}$，这些平面把单缝处的波阵面 AB 分为整数个面积相等的部分，每一部分称为一个半波带。这样，相邻两半波带上对应的两子波射线到达焦平面上点 Q 的光程差为 $\frac{\lambda}{2}$，即这两条子波射线

干涉相消，以此类推，相邻两半波带所发出的子波射线在会聚点 Q 完全相消。

如果半波带为偶数个，那么在焦平面上的会聚点为暗纹中心；如果半波带为奇数个，则其中任意两个相邻半波带干涉相消后，还剩下一个半波带的作用未被抵消，所以点 Q 处为明纹中心。如图 11-27(b)和图 11-27(c)所示，分别把 AB 分成 2 个或 3 个半波带。把上述结果推广到一般，可得到如下结论：

$$b\sin\theta=0 \tag{11-42}$$

对应着中央明纹中心。

$$\delta_{\max}=b\sin\theta=\pm 2k\frac{\lambda}{2},\quad k=1,2,3,\cdots \tag{11-43}$$

即 AB 分成 $2k$ 个半波带时，相邻两波带在点 Q 处的作用干涉相消，所有半波带干涉抵消，则 Q 点为暗纹中心。

$$\delta_{\max}=b\sin\theta=\pm(2k-1)\frac{\lambda}{2},\quad k=1,2,3,\cdots \tag{11-44}$$

即 AB 分成 $2k-1$ 个半波带时，相邻两波带在 Q 点的作用干涉抵消，剩下最后一个半波带，则 Q 点为明纹中心。其中 $k=1,2,3,\cdots$ 为衍射级次。正负号表示明暗条纹对称地分布在中央明纹的两侧。

对于任意的角度 θ，AB 一般不能恰好分成整数个半波带时，此时屏上形成亮点介于最明和最暗之间的中间区域。

总之，单缝衍射是在中央明纹两侧对称分布着明暗条纹的一组衍射图样。因为明条纹的亮度随 k 的增大而下降，明暗条纹的区别越来越不明显，所以一般只能看到中央明纹附近的若干条的明、暗条纹。

现在讨论明纹(或暗纹)中心在屏上的位置，设点 Q 的位置为 x。通常衍射角很小，$\sin\theta\approx\tan\theta$，且在点 Q 必有一条光线经过透镜(透镜的焦距为 f)的光心，由图 11-27 可知：

明纹(或暗纹)中心与中央明纹的距离为

$$x=f\tan\theta \tag{11-45}$$

第一级暗纹中心与中央明纹的距离为

$$x_1=f\tan\theta_1=f\frac{\lambda}{b} \tag{11-46}$$

当波长 λ 一定，缝宽 b 越大，则衍射角 θ 越小，直至趋于零，此时光沿直线传播。当缝宽 b 一定时，波长 λ 越大，衍射角 θ 也越大。因此，若以白光入射，单缝衍射图样的中央明纹将是白色，其两侧则依次对称分布着一系列由紫到红的彩色条纹。

第一级暗纹之间的距离为中央明纹的宽度，则

$$\Delta x_0=2x_1=2f\frac{\lambda}{b} \tag{11-47}$$

其他任意相邻两明纹(或暗纹)的宽度为

$$\Delta x=f(\theta_{k+1}-\theta_k)=f\left[\frac{(k+1)\lambda}{b}-\frac{k\lambda}{b}\right]=f\frac{\lambda}{b} \tag{11-48}$$

可见其他明纹(或暗纹)的宽度相同，但只有中央明纹宽度的一半。

三、单缝衍射光强分布特点

由上面的讨论可知，单缝的夫琅禾费衍射图像的中心为中央明纹，光强最强，两侧对称分布

着明暗相间的等距条纹且条纹宽度只有中央明纹宽度的一半，离中心越远，明纹光强越弱。

例 11-9 一单缝，宽为 $b=0.1$ mm，缝后放有一焦距 $f=50$ cm 的会聚透镜，用波长 $\lambda=546.1$ nm 的平行光垂直照射单缝，试求位于透镜焦平面处的屏幕上中央明纹的宽度和中央明纹两侧任意两相邻暗纹中心之间的距离。如将单缝位置做上下小距离移动，屏上衍射条纹有何变化？

解 中央明纹的宽度

$$\Delta x_0=\frac{2\lambda f}{b}=\frac{2\times 546.1\times 10^{-6}\times 500}{0.1}\ \text{mm}=5.46\ \text{mm}$$

其他任意两相邻暗纹中心之间的距离

$$\Delta x=\frac{\lambda f}{b}=\frac{546.1\times 10^{-6}\times 500}{0.1}\ \text{mm}=2.73\ \text{mm}$$

由于平行光垂直照射到会聚透镜上时，光束总是会聚到透镜焦平面的中央，而透镜的上下位置没有变化，因此当单缝位置做少许上下移动时屏上衍射条纹的位置和形状均无改变。

11-8 圆孔衍射　光学仪器的分辨本领

在图 11-26(a)所示的夫琅禾费单缝衍射装置中，把单缝换成直径为 D 的圆孔，就构成了夫琅禾费圆孔衍射，可看到中央为一亮圆斑，周围是一组明暗相间的同心圆环的衍射图样，如图 11-28所示。由第一暗环包围的中央亮圆斑为艾里斑。若艾里斑的直径为 d，透镜的焦距为 f，单色光波长为 λ。由理论计算证明，艾里斑的光强占了整个入射光强度的 84%，且艾里斑对透镜光心的张角 2θ(见图 11-29)与圆孔直径、单色光波长有如下关系：

$$2\theta=\frac{d}{f}=2.44\,\frac{\lambda}{D} \tag{11-49}$$

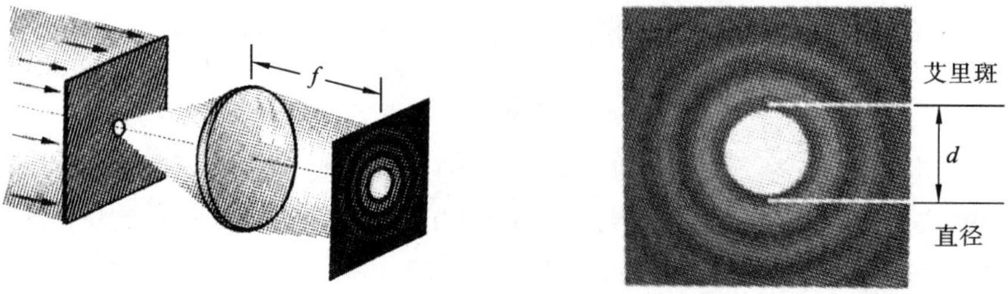

图 11-28　夫琅禾费圆孔衍射

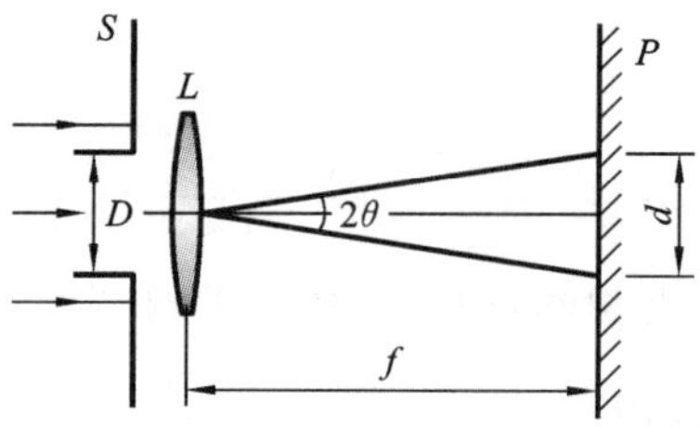

图 11-29　艾里斑对透镜光心的张角

从几何光学的观点来说，物体通过光学仪器成像时，每一物点都有一对应的像点。光学仪器中的透镜、光阑等都相当于一个透光的小圆孔。式(11-49)表明，平行入射光通过圆孔后，光的衍射使得在会聚透镜的焦平面上得不到一个理想的几何点，而是得到一个以艾里斑为中心的圆孔衍射图样。如果两个物点相距很近，它们成像的两个圆斑将互相重叠甚至无法分辨出两个物点的像。可见，由于光的衍射现象，光学仪器的分辨能力受到限制。下面以透镜为例，介绍光学仪器的分辨本领的评判标准——瑞利判据，从而了解提高光学仪器的分辨本领的有效途径。

如图 11-30 所示，假设有两个点状物体 S_1 和 S_2，它们发出的光强大致相等，波长为 λ，两物点与孔径为 D 的物镜光心连线的平面张角为 θ。

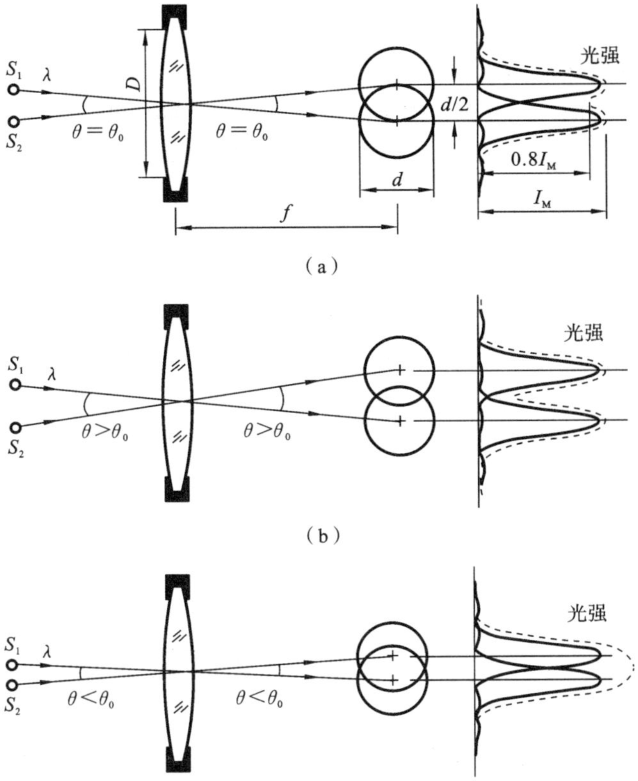

图 11-30　两物点经透镜成像的几种情形

在图 11-30(a)中，两物点的距离恰好使两个艾里斑中心的距离等于艾里斑的半径，即 $S_1(S_2)$的艾里斑的中心正好和 $S_2(S_1)$的艾里斑的边缘重叠。这两个艾里斑光强的非相干叠加后的总光强，约为单个衍射图样的中央最大光强的 80%，这种情形作为两物点刚好能被人眼或光学仪器分辨的临界情形。这一判定物点能否被分辨的准则叫作瑞利判据。而此时两物点对透镜光心的张角 θ_0 叫作最小分辨角，由式(11-49)可知

$$\theta_0 = 1.22\frac{\lambda}{D} \tag{11-50}$$

在图 11-30(b)中，两物点相距较远，两个艾里斑中心的距离大于艾里斑的半径。这时，两衍射图样虽然部分重叠，但中央亮斑集中了 84%的光强，重叠部分的光强较艾里斑中心处的光

强要小，因此，两物点的像是能够分辨的。

而在图 11-30(c)中，两物点相距很近，两个艾里斑中心的距离小于艾里斑的半径。这时，两个衍射图样重叠而混为一体，两物点就不能被分辨开来。

在光学中，光学仪器的最小分辨角的倒数叫作分辨本领。

$$R=\frac{1}{\theta_0}\propto\frac{D}{\lambda} \tag{11-51}$$

可见，分辨本领与 λ 成反比，与圆孔径 D 成正比。在天文观察上，采用直径很大的透镜，就是为了提高望远镜的分辨本领。

例 11-10 设人眼在正常照度下瞳孔直径约为 3 mm，而在可见光中，人眼最敏感的波长为 550 nm，问：

(1) 人眼的最小分辨角有多大？

(2) 若物体放在距人眼 25 cm(明视距离)处，则两物体间距为多大时才能被分辨？

解 (1)由于通常情况下，人眼所观察的物体的距离远大于瞳孔直径，故可以近似应用夫琅禾费衍射的结果进行分析。由式(11-50)可知，人眼的最小分辨角为

$$\theta_0=1.22\frac{\lambda}{D}=\frac{1.22\times550\times10^{-9}}{3\times10^{-3}}\text{ rad}=2.2\times10^{-4}\text{ rad}$$

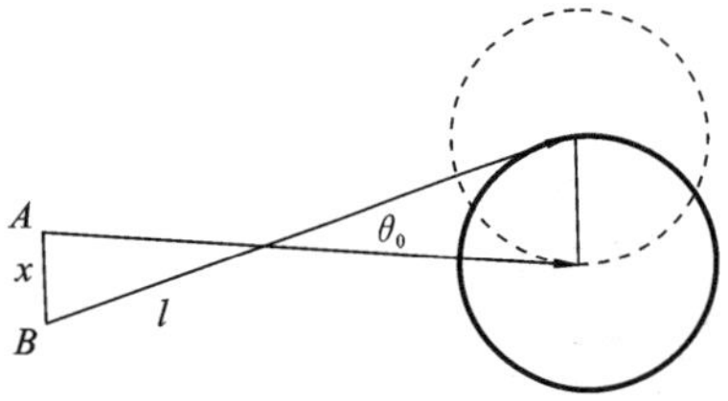

图 11-31　例 11-10 图

(2) 如图 11-31 所示，设两物体 A、B 的距离为 x，它们与人眼的距离为 l 时，恰好能够被分辨，这时人眼的最小分辨角 $\theta_0=\frac{x}{l}$，有

$$x=l\theta_0=25\times10^{-2}\times2.2\times10^{-4}\text{ m}$$
$$=5.5\times10^{-5}\text{ m}=0.055\text{ mm}$$

两物点的距离大于上述数值时才能被清楚分辨。

11-9　衍射光栅

利用单缝衍射条纹测量单色光的波长，往往精度不够高。因为要使测量结果准确，应使单缝宽度尽量小，才能使各级衍射条纹分得很开，但缝宽越窄，通过的光能量就越小，结果使得明暗条纹的界限不清，条纹的位置不易准确测得。光栅就是为了克服这一矛盾而制作的，它在科学研究和生产中有广泛的应用。

一、光栅

光栅是一种利用衍射原理制成的光学元件。透射光栅是由大量等宽等间距的平行透光狭缝构成的。在一块很平的玻璃片上，用金刚石刀尖刻画出一系列等宽等间距的平行刻痕，刻痕处相当于毛玻璃(不透光)，两刻痕间可以透光，相当于一个单缝，这样平行排列的许多等距离、等宽度的狭缝就构成了透射式平面衍射光栅。其光栅常数为

$$d=a+b \tag{11-52}$$

其中，b 为透光部分的缝宽，a 为遮光部分的宽度。光栅常数约为 $10^{-6}\sim10^{-5}$ m 的数量级，也就

是在 1 cm 内有 1 000～10 000 条刻痕。

二、光栅衍射条纹的形成

图 11-32 为透射式平面衍射光栅实验的示意图，由于平行光垂直照射到会聚透镜上时，总是会聚到透镜焦平面的中央，而透镜的上下位置没有变化，因此将单缝位置上下做少许移动时屏上衍射条纹的位置和形状均无改变。根据这一点，现在讨论光栅衍射条纹的形成。

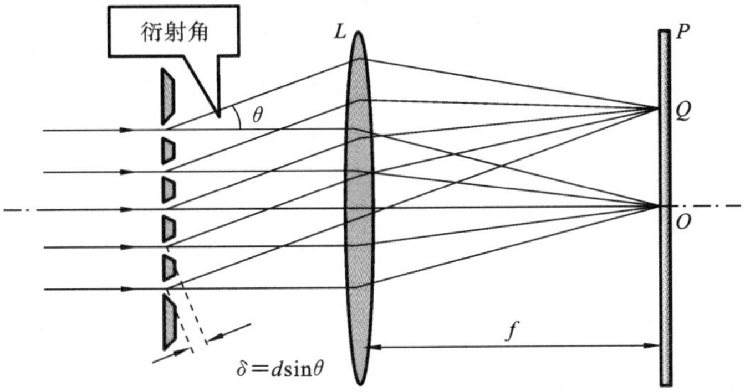

图 11-32　透射式平面衍射光栅实验的示意图

当单色平行光垂直照射到光栅的 N 个透光缝时，每个透光缝在透镜焦平面上的夫琅禾费衍射光强分布都相同，于是 N 个单缝的夫琅禾费衍射光强在透镜焦平面上的位置完全重叠，而且 N 个缝的衍射光都是相干光，所以这是 N 个缝的衍射光之间的干涉结果。由此，光栅的衍射条纹是衍射和干涉的总效果。

1. 光栅强度分布的主明纹

在焦平面上某点 Q 对应着衍射角为 θ 的一系列平行衍射光束，若相邻两透光缝间的光程差满足

$$(a+b)\sin\theta=\pm k\lambda,\quad k=0,1,2,\cdots \tag{11-53}$$

则所有 N 条缝在 Q 点的衍射光强都是同相的，它们的相干叠加形成光栅光强分布的主明纹，上式通常称为光栅方程。N 越大则主明纹的光强越强。在这里，$k=0$ 为中央主明纹，是由 N 个单缝衍射中央明纹中心的光同相的相干叠加而成的，因此光强最大。$k=1,2,3,\cdots$ 的明纹分别叫作第一级、第二级……明纹，正负号表示各级明纹对称分布在中央明纹两侧。它们是由 N 个单缝在 θ 方向的衍射光同相的相干叠加而成的。

2. 缺级现象及缺级条件

光栅光强的主明纹光强是受单缝衍射光强调制的，在每个衍射角 θ 方向上，首先必须存在每个缝的衍射光，然后 N 条衍射光才能产生干涉效应。光栅衍射谱线的缺级是指既满足单缝衍射的暗纹条件，又满足缝间干涉的主明纹条件，这样出现的某级次明纹消失了。

$$(a+b)\sin\theta=\pm k_1\lambda,\quad k_1=0,1,2,\cdots \tag{11-54}$$

$$b\sin\theta=\pm k_2\lambda,\quad k_2=1,2,3,\cdots \tag{11-55}$$

两式相除得到

$$\frac{a+b}{b}=\frac{k_1}{k_2} \tag{11-56}$$

由此可知,如果光栅常数 $a+b$ 与缝宽 b 构成整数比时,就会发生缺级现象。若 $a+b$ 与 b 之比为 3∶1,则在 k_1 与 k_2 之比为 3∶1 的位置处会出现缺级,即在 $k_1=3,6,9,\cdots$ 这些主明纹应该出现的地方,实际都观察不到它们,如图 11-33 所示。

3. 光栅光强分布的暗条件和次明纹

假设在观察屏 Q 点处,N 个狭缝的光振幅矢量分别为$\boldsymbol{E}_1,\boldsymbol{E}_2,\cdots,\boldsymbol{E}_N$,已知两个相邻狭缝的光振幅矢量间的相位差为

$$\Delta\varphi=\frac{2\pi}{\lambda}(a+b)\sin\theta \tag{11-57}$$

而这 N 个矢量叠加后完全抵消,恰好构成闭合图形(见图 11-34),根据

$$N\Delta\varphi=\pm 2k'\pi \tag{11-58}$$

满足

$$(a+b)\sin\theta=\pm\frac{k'}{N}\lambda \tag{11-59}$$

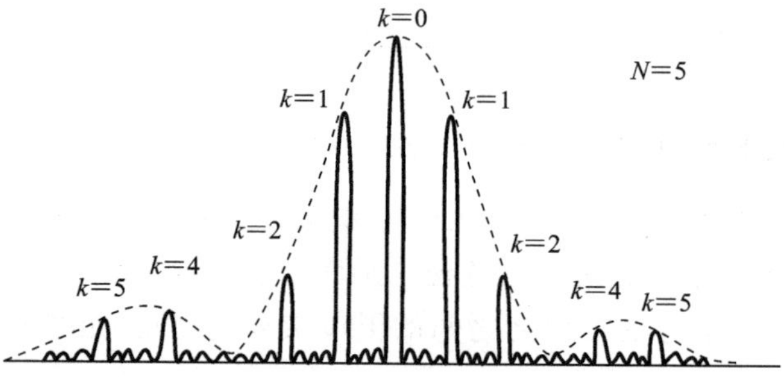

图 11-33 光栅衍射的缺级现象

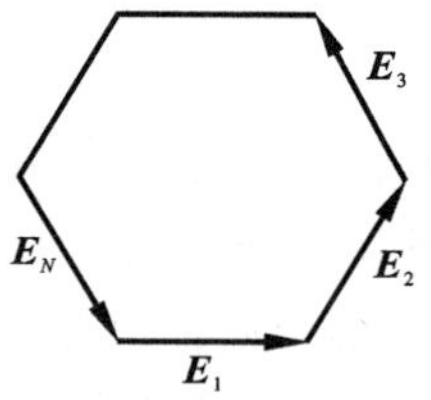

图 11-34 狭缝的光振幅矢量的叠加

比较光栅方程,知道

$$k'=1,2,3,\cdots,kN-1,kN+1,\cdots;\quad k'\neq kN$$

由此可见,两相邻主明纹间有 $N-1$ 条暗纹。又因为两条暗纹之间有一条明纹,故相邻主明纹之间有 $N-2$ 条明纹,因光强远小于主明纹,称为次明纹。

三、衍射光谱

当用白光垂直照射光栅时,不同波长的光波非相干地叠加在一起,同一级次不同波长的主明纹彼此错开,形成光栅光谱,如图 11-35 所示。$k=0$ 处中央明纹为白光,其两侧按波长由短到长对称分布着同一级次的各波长的主明纹。对于可见光,在白色的中央明纹两侧,排列着$k=\pm1$ 的从紫色到红色的主明纹,形成第一级完整光谱,其外侧依次排列着 $k=\pm2,k=\pm3,\cdots$ 的光谱。然而对一定的光栅,由于$(a+b)\sin\theta_1=\pm k\lambda_1$,$(a+b)\sin\theta_2=\pm k\lambda_2$,同一级次波长越长对应的衍射角越大,于是低一级次的长波波长与高一级次的短波波长会对应同一个衍射角,于是高级次光谱会发生重叠,如图 11-35 所示。

不同种类光源发出的光所形成的光谱是各不相同的。炽热固体所发射的光的光谱,是各色光连成一片的连续光谱;放电管中气体所发出的光谱,则是由一些具有特定波长的分立的明线构成的线状光谱;也有一些光谱由若干条明纹带组成,而每一明纹带实际上是一些密集的谱线,这类光谱叫带状光谱,是分子发光产生的,所以也叫作分子光谱。

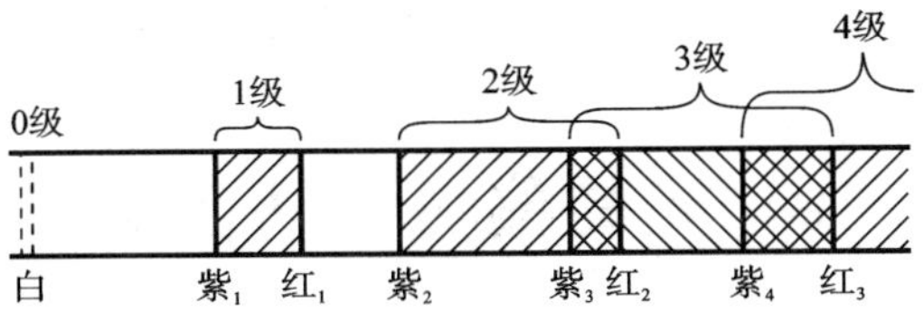

图 11-35　光栅光谱

例 11-11　用每毫米有 250 条刻线的光栅测量一垂直入射单色光的波长，测得第 3 级谱线的衍射角为 30°。

(1) 求待测波长的值；

(2) 若该光栅的缝宽 $b=2.00\times10^{-3}$ mm，求在整个衍射场中，理论上能搜索到的光谱线的总数目。

解　(1) 根据已知条件，光栅常数为

$$d=a+b=\frac{1}{250}\ \text{mm}=4.00\times10^{-6}\ \text{m}$$

根据光栅方程，并将已知条件代入得

$$\lambda=\frac{(a+b)\sin\theta}{k}=\frac{4.00\times10^{-6}\times\sin 30^\circ}{3}\ \text{m}=6.67\times10^{-7}\ \text{m}=667\ \text{nm}$$

(2) 在整个衍射场 $-\frac{\pi}{2}\leqslant\theta\leqslant\frac{\pi}{2}$ 范围内，谱线的最大级次为

$$k=\frac{(a+b)\sin\theta}{\lambda}=\frac{4.00\times10^{-6}\times\sin 90^\circ}{6.67\times10^{-7}}\ \text{m}=5.997<6$$

因本题条件 $\frac{a+b}{b}=\frac{4.00\times10^{-3}}{2.00\times10^{-3}}=2$，根据缺级公式判断，±2 级与±4 级谱线缺级，因此理论上能搜索到的光谱线为 0，±1，±3，±5 级，共 7 条。

例 11-12　用白光垂直照射在每厘米有 6500 条刻线的平面光栅上，求第三级光谱的张角。

解　白光是由紫光($\lambda_1=400$ nm)和红光($\lambda_2=760$ nm)之间的各色光组成的，已知光栅常数 $a+b=\frac{1}{6500}$ cm。

设第三级($k=3$)紫光和红光的衍射角分别为 θ_1 和 θ_2，于是由式(11-53)可得

$$\sin\theta_1=\frac{k\lambda_1}{a+b}=3\times4\times10^{-5}\ \text{cm}\times6500\ \text{cm}^{-1}=0.78$$

有

$$\theta_1=51.26^\circ$$

而

$$\sin\theta_2=\frac{k\lambda_2}{a+b}=3\times7.6\times10^{-5}\ \text{cm}\times6500\ \text{cm}^{-1}=1.48$$

这说明不存在第三级的红光明纹，即第三级光谱只能出现一部分光谱。这一部分光谱的张角是 $\Delta\theta=90^\circ-51.26^\circ=38.74^\circ$。设第三级光谱所能出现的最大波长为 λ'(对应的衍射角 $\theta'=90^\circ$)，所以

$$\lambda'=\frac{(a+b)\sin\theta'}{k}=\frac{a+b}{3}=513\ \text{nm}(\text{绿光})$$

即第三级光谱只能出现从紫到绿等色光,而看不到波长比 513 nm 长的黄、橙、红等色光。

11-10 光的偏振 马吕斯定律

光的干涉和衍射现象表明光是一种波,但还不能判断光是纵波还是横波,光的偏振现象证实了光是横波,这与电磁波理论的预见完全一致。下面介绍光的偏振现象。

一、光的偏振性

若波的振动方向与传播方向垂直,此波就称为横波;若波的振动方向与传播方向一致,则该波称为纵波。在横波的情况下,如果把通过波的传播方向并包含振动矢量在内的平面称为振动面,则该振动面与其他通过波的传播方向但不包含振动矢量在内的任何平面都是不相同的,这显示出波的振动方向对传播方向的不对称性。这种振动方向对于传播方向的不对称性叫作偏振,对于纵波,由于波的振动方向与传播方向相同,波的振动方向对传播方向无对称的概念,因此,偏振是横波区别于纵波的一个最明显的标志。光的偏振现象证实了光波是横波。

二、偏振光与自然光

对于纵波,当传播方向确定后,振动方向就唯一地给定了。而对于横波,传播方向并不能唯一地确定振动方向,原因是在与传播方向垂直的二维空间里可以有各式各样的振动状态。我们称此为光的偏振态。常见的光的偏振态可分为三种:

1. 自然光

在除激光以外的一般光源中,光是由发光体中大量原子或分子发出的光波合成的,任一分子或原子在一次跃迁中发出的波列,与一个振荡偶极子发出的电磁波一样,光矢量 $\boldsymbol{E}$ 具有一定的方向。但是各分子和原子的发光是彼此独立地、自发地进行着,所以一般光源发出的光包括各个方向的光振动,没有一个方向比其余方向占优势。在垂直于传播方向的平面内的一切方向上,$\boldsymbol{E}$ 的振幅都相等,平均来看,任何方向都有相同的振动能量,其光矢量在垂直于光波的传播方向上既有时间分布的均匀性,又有空间分布的均匀性,即光矢量对传播方向是完全对称分布的。这样的光称为自然光,图 11-36 所示就是沿 z 轴传播的自然光。

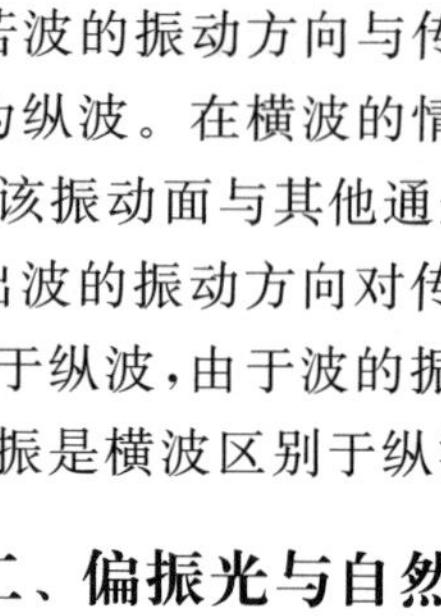

图 11-36 沿 z 轴传播的自然光

在垂直于光传播方向的平面上,任取两个互相垂直的 x 和 y 方向,将光强为 I_0 的自然光中的每一个光矢量都在这两个方向上分解,我们在 x 和 y 两个方向上就会得到无数个没有固定相位关系的光矢量,如图 11-37 和图 11-38 所示,其振幅分别为 A_{ix} 和 A_{iy},它们只能做非相干叠加,即

$$I_x = A_x^2 = \sum_i A_{ix}^2 \tag{11-60}$$

$$I_y = A_y^2 = \sum_i A_{iy}^2 \tag{11-61}$$

由于自然光中的光矢量是对称分布的,因此有

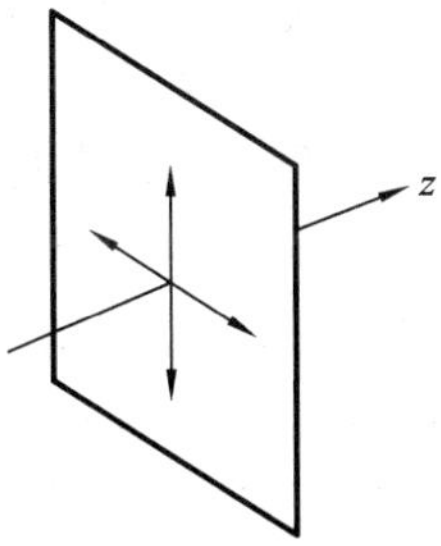

图 11-37　x 方向上的光矢量

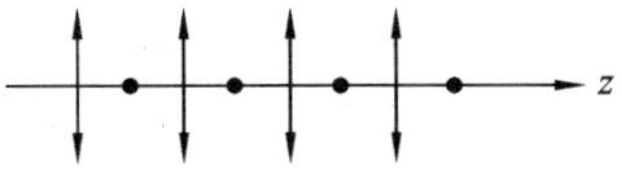

图 11-38　y 方向上的光矢量

$$I_x = I_y = \frac{1}{2} I_0 \tag{11-62}$$

即自然光可以分解为振动方向相互垂直但取向任意的两个光振动的光，它们振幅相等，且在各光振动之间没有确定的相位关系，因此它们各占自然光总光强的一半。

2. 线偏振光

如果自然光在传播过程中，由于种种原因，只剩下沿一个确定方向振动的光矢量，则这样的光称为线偏振光，简称偏振光。其振动方向与传播方向构成的平面叫振动面。因为在传播方向上各点处，线偏振光中的光矢量均在振动平面内振动，故线偏振光又称为平面偏振光。线偏振光可以单独以点或线来表示，如图 11-39(a)和图 11-39(b)所示。

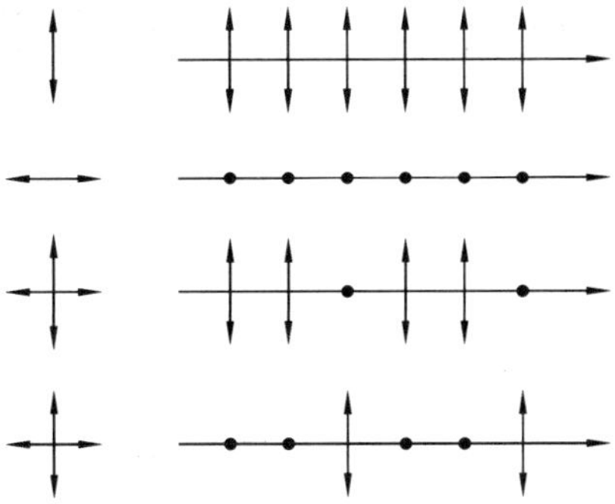

图 11-39　线偏振光和部分偏振光

3. 部分偏振光

如果自然光中的光矢量由于某种原因，在某些方向的振动强于另一个方向的振动，则这种光称为部分偏振光。图 11-39(c)和图 11-39(d)所示的光可以看作是自然光与偏振光的组合。

为衡量光的偏振程度，通常引入偏振度：

$$P = \frac{I_{max} - I_{min}}{I_{max} + I_{min}} \tag{11-63}$$

式中，I_{max} 和 I_{min} 分别表示偏振光强度的极大值和极小值。两者相差越大，说明该部分偏振光的偏振程度越高。当 $I_{max} = I_{min}$ 时，偏振度 $P=0$，即为自然光；当 $I_{min}=0$ 时，$P=1$，即为偏振光。因此，当 $0<P<1$ 时，便称其为部分偏振光(起偏器)。

三、偏振片　起偏和检偏

线偏振光中只含有单一方向的光振动，只要在自然光中保留某一方向的光振动就会得到偏振光,这种用某种装置将自然光变为线偏振光的过程称为起偏,该装置称为偏振片(起偏器)。

某些物质(例如硫酸碘——硫酸奎宁)能吸收某一方向的光振动,而只让与这个方向垂直的光振动通过(实际上也有吸收,但吸收很弱),把这种晶体涂敷于赛璐珞或其他透明材料的薄片上,即制成现今广泛使用的人造偏振片。当自然光照射在偏振片上时,它只允许某一特定方向的光振动通过,这个方向叫作偏振化方向(或透光轴),用记号“↕”来表示,如图 11-40 所示。

如图 11-41 所示,如果在上述偏振方向为 P_1 的偏振片后面的光路上,平行放置另一张偏振方向为 P_2 的偏振片,则当 $P_2 /\!/ P_1$ 时,所观察到的光强不受影响;但当 $P_2 \perp P_1$ 时,光振动沿 P_1 方向的线偏振光入射到第二张偏振片后完全被它吸收,这种现象称为消光现象。换言之,如果我们以光线传播方向为轴旋转第二张偏振片,每转 90°就交替出现透射光强极大和消光现象。经历着由亮变暗,再由暗变亮的周期性变化过程,那么入射到该偏振片上的光必定是线偏振光。这种检验某种光是否为线偏振光的过程称为检偏,相应的装置称为检偏器。此处的 P_2 就是检偏器,它不仅可用来检查入射光是否为偏振光,而且可确定偏振光的振动面。值得一提的是,同一偏振片既可作为起偏器,也可作为检偏器。

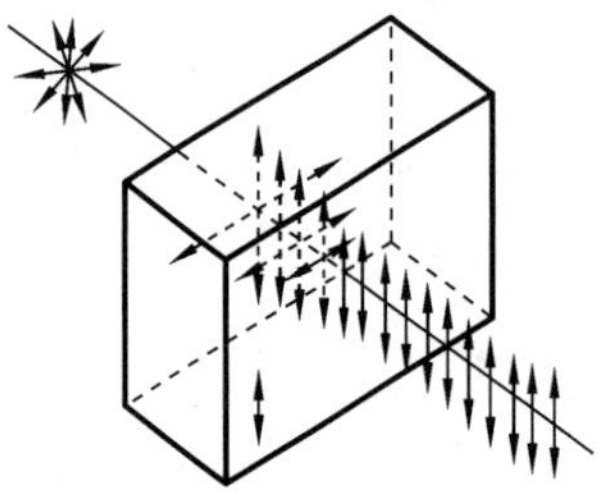

图 11-40 偏振化方向

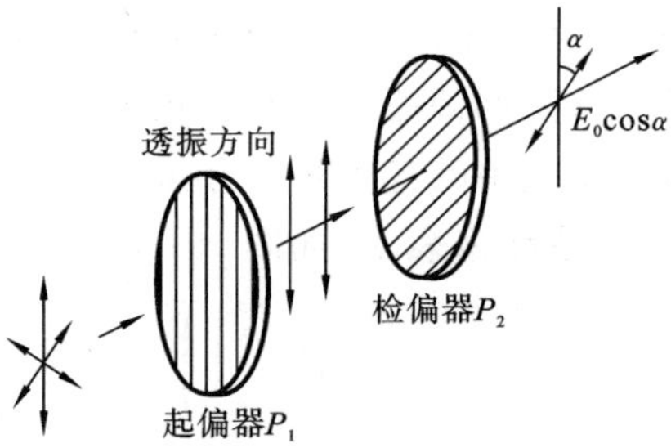

图 11-41 消光现象

四、马吕斯定律

从上面的讨论中可看出,线偏振光入射检偏器后,透射光的强度将发生变化。那么它的变化规律如何呢?马吕斯在 1809 年从实验室中发现,强度为 I_0 的线偏振光透过检偏器后,透射光的强度(不考虑吸收)为

$$I = I_0 \cos^2\alpha \tag{11-64}$$

式中,α 是起偏器和检偏器两个偏振化方向的夹角,如图 11-42 所示。式(11-64)称为马吕斯定律。

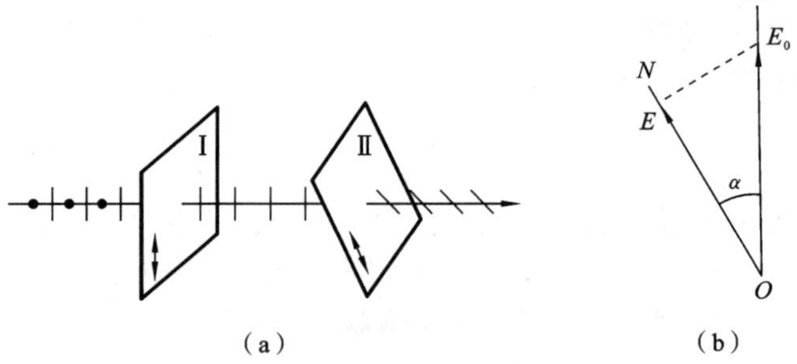

图 11-42 马吕斯定律

例 11-13　使自然光通过两个偏振化方向相交 60°的偏振片，透射光强度为 I_1，今在这两个偏振片之间插入另一偏振片，它的方向与前两个偏振片均成 30°，则透射光强度为多少？

解　设入射的自然光强度为 I_0，偏振片Ⅰ对入射的自然光起起偏作用，透射的偏振光强度为$\frac{I_0}{2}$，而偏振片Ⅱ对入射的偏振光起检偏作用，此时透射与入射的偏振光强度满足马吕斯定律，得

$$I_1=\frac{I_0}{2}\cos^2 60^\circ$$

则

$$I_0=8I_1$$

若偏振片Ⅲ插在两块偏振片Ⅰ和Ⅱ之间，则偏振片Ⅱ、Ⅲ均起检偏作用，设透射光强为 I_x，结合上式得

$$I_x=\frac{I_0}{2}\cos^2 30^\circ\cos^2 30^\circ=4I_1\left(\frac{\sqrt{3}}{2}\right)^4=\frac{9}{4}I_1$$

11-11　反射光和折射光的偏振

实验表明，当自然光从折射率为 n_1 的介质射向折射率为 n_2 的介质界面时，一般情况下反射光和折射光都是部分偏振光，其中反射光是在垂直入射面方向振动较强的部分偏振光，而折射光是在平行入射面方向振动较强的部分偏振光，如图 11-43(a)所示，图中 i 为入射角，r 为折射角，黑点表示垂直于入射面方向的光振动，细线表示平行于入射面方向的光振动。当入射角 i 改变时，反射光的偏振化程度也随之改变。当入射角为特定角 i_B 时，反射光为线偏振光，且光振动方向垂直于反射面，而折射光仍是在平行入射面方向振动较强的部分偏振光，如图 11-43(b)所示，特定角 i_B 满足

$$\tan i_B=\frac{n_2}{n_1} \tag{11-65}$$

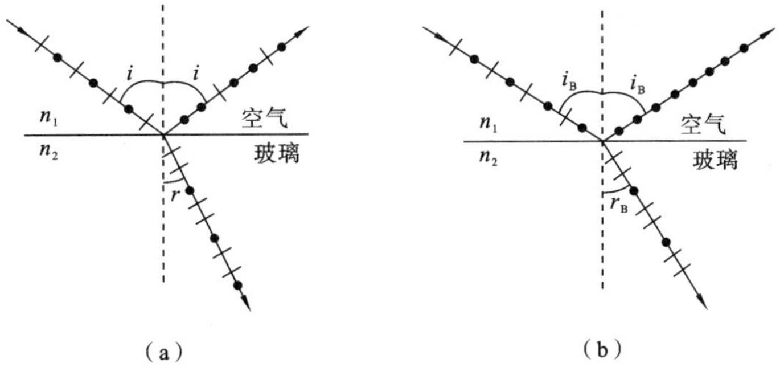

图 11-43　反射光和折射光的偏振

此特定角 i_B 为起偏角或布儒斯特角。上式是布儒斯特于 1815 年实验发现的，所以称作布儒斯特定律。

根据折射定律有

$$\frac{\sin i_B}{\sin r_B}=\frac{n_2}{n_1}$$

当入射角为起偏角时，由布儒斯特定律得

$$\tan i_B=\frac{\sin i_B}{\cos i_B}=\frac{n_2}{n_1}$$

所以

$$\sin r_B=\cos i_B$$

即

$$i_B+r_B=\frac{\pi}{2} \tag{11-66}$$

这说明，当入射角为起偏角时，反射光与折射光互相垂直。

下面介绍根据布儒斯特定律，这是由自然光获得线偏振光的另一种方法。

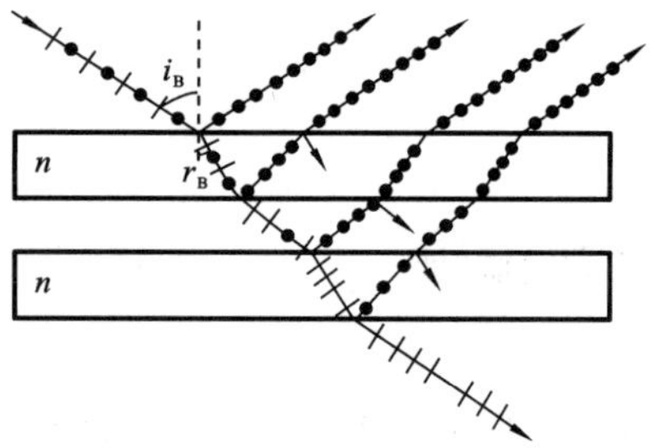

图 11-44 利用玻璃片堆获得线偏振光

当自然光从折射率为 n_1 的介质以起偏角射向折射率为 n_2 的介质界面时，对于一块普通玻璃，反射光的强度约为入射光的 7.5%，因此只靠自然光通过一块玻璃的反射来获得线偏振光，其强度很弱。但如果将一些玻璃片叠成玻璃片堆，如图 11-44 所示，使入射角为起偏角，由于在各个界面上的反射光都是光振动垂直于入射面的线偏振光，玻璃中的折射光虽然仍是部分偏振光，但其中垂直于入射面的光振动分量有所减少，于是经过玻璃片堆反射后，透射出来的折射光就几乎只有平行于入射面的光振动了，因而透射光可近似地看作是线偏振光。

例 11-14 水的折射率为 1.33，空气的折射率近似为 1，当自然光从空气射向水面而反射时，起偏角为多少？当光由水下进入空气时，起偏角又是多少？

解 由布儒斯特定律，当光由空气射向水面时，有

$$\tan i_B=\frac{n_2}{n_1}=\frac{1.33}{1}$$

$$i_B=53.1°$$

当光由水中进入空气时，有

$$\tan i'_B=\frac{n_1}{n_2}=\frac{1}{1.33}$$

$$i'_B=36.9°$$

11-12 双 折 射

由几何光学知识可知，当一束光通过各向同性介质(如玻璃、水)表面时，只有一束折射光，且在入射平面内，其传播方向由折射定律

$$\frac{\sin i}{\sin r}=n=\text{恒量} \tag{11-67}$$

决定，其中 i 为入射角，r 为折射角，n 为折射率。但实验发现：一束光射向各向异性的介质（如方解石、石英等许多晶体）的表面时，会有两束折射光。这种一束入射光经折射后变为两束折射光的现象，称为双折射现象。

实验表明，当改变入射角 i 时，两束折射光线之一始终遵守折射定律，这束光线称为寻常光，简称 o 光。另一束光线不遵守折射定律，即当入射角 i 改变时，不但比值$\frac{\sin i}{\sin r}$不是一个常数，且方向不一定在入射面内，这束光线称为非寻常光，简称 e 光，如图 11-45 所示。当光线垂直入射（$i=90°$）时，o 光沿原方向继续前进，而 e 光一般不沿原方向前进，如图 11-46 所示。这时，如果以入射角为轴旋转晶体，将发现 o 光不动，而 e 光旋转起来。o 光和 e 光都是线偏振光。

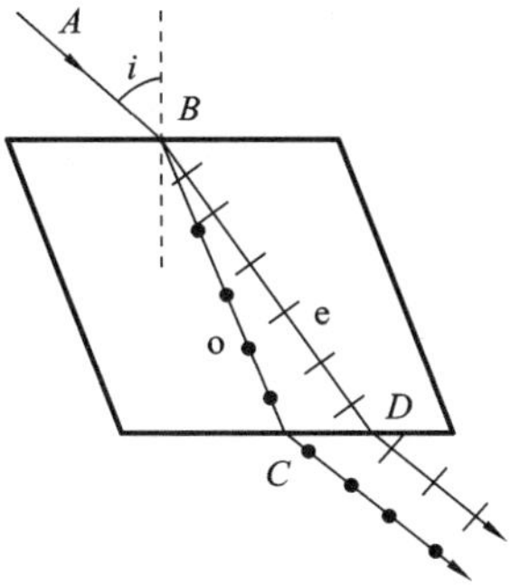

图 11-45　双折射现象

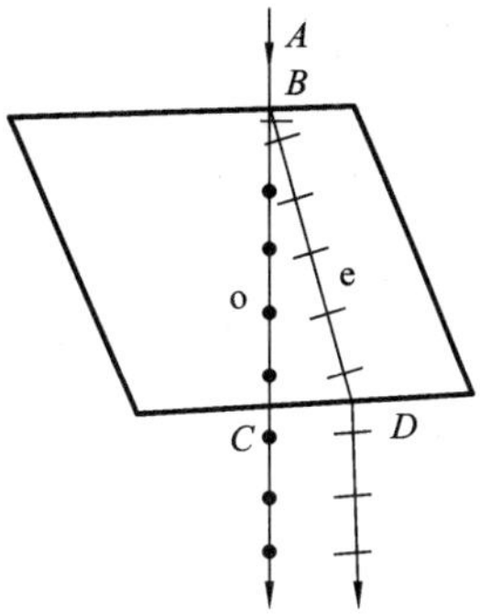

图 11-46　光线垂直入射时的双折射现象

习　　题

11-1　如图 11-47 所示，折射率为 n_2、厚度为 e 的透明介质薄膜的上方和下方的透明介质的折射率分别为 n_1 和 n_3，且 $n_1<n_2$，$n_2>n_3$，若用波长为 λ 的单色平行光垂直入射到该薄膜上，则从薄膜上、下两表面反射的光束的光程差是（　　）。

A. $2n_2e$　　B. $2n_2e-\frac{\lambda}{2}$　　C. $2n_2e-\lambda$　　D. $2n_2e-\frac{\lambda}{2n_2}$

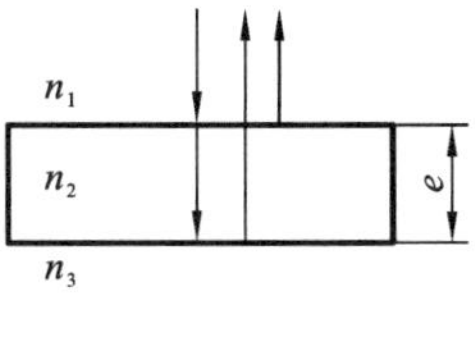

图 11-47　题 11-1 图

11-2　波长 $\lambda=500$ nm 的单色光垂直入射到光栅常数 $d=1.0\times10^{-4}$ cm 的光栅上，可能观察到的光谱线的最大级次为（　　）。

A. 4　　B. 3　　C. 2　　D. 1

11-3　在夫琅禾费单缝衍射实验中，若增大缝宽，其他条件不变，则中央明条纹（　　）。

A. 宽度变小　　B. 宽度变大

C. 宽度不变，中心亮度不变　　D. 宽度不变，中心亮度增大

11-4 一个单缝的第一极小出现在 $\theta=90^{\circ}$ 处，也就是说在单缝前的整个半边都被光照亮，求缝宽 a 与波长 λ 的比为多少时，能发生这种现象？

11-5 在杨氏双缝干涉实验中，进行下面的两种调节时，幕上的干涉条纹将怎样变化？(1) 把两缝相互靠近，(2) 两缝与幕的距离减小，(3) 把整套装置放在水中。

11-6 在杨氏双缝干涉实验中，用波长 $\lambda=546.1$ nm 的单色光照射，双缝与屏的距离 $D=300$ mm，测得中央明条纹两侧的两个第五级明条纹的间距为 12.2 mm，求双缝间的距离。

11-7 以波长 700 nm、600 nm、550 nm、400 nm 的单色光来做双狭缝干涉实验，设双缝间距为 0.7 mm，问距双缝 5 m 远的屏上，干涉条纹间隔有多宽？

11-8 一双缝装置的一个缝被折射率为 1.4 的薄玻璃片遮盖，另一缝被折射率为 1.7 的薄玻璃片遮盖。在玻璃片插入以后，屏上原来的中央极大所在点现被原来的第五级亮条纹占据。假定 $\lambda=480$ nm，且两玻璃片厚度皆为 d，求 d。

11-9 白光垂直照射到空气中一厚度为 380 nm 的肥皂膜上，设肥皂膜的折射率为 1.32，试问该膜的正面呈现什么颜色？背面呈现什么颜色？

11-10 如果在观察肥皂水薄膜($n=1.33$)的反射光时，它呈绿色($\lambda=500$ nm)，且这时法线和视线间的夹角 $i=45^{\circ}$。

(1) 求膜最薄的厚度是多少？

(2) 若垂直注视，将呈现何颜色？

11-11 为使氦氖激光器发出的波长 $\lambda=632.8$ nm 的激光无反射地透过，需要在透镜表面覆盖一层折射率为 1.38 的 MgF_2 增透膜，求此膜的最小厚度为多少？

11-12 利用空气劈尖测细丝直径时，已知 $\lambda=589.3$ nm，$L=28.88\times10^{-3}$ m，测得 30 条明纹的间距为 4.295×10^{-3} m，求细丝的直径 d。

11-13 在牛顿环实验中，平凸透镜的凸面半径为 5.0 m，透镜直径为 2.0 cm，在钠光($\lambda=589$ nm)的照射下，能产生多少条干涉条纹？要是把整个装置浸入 $n=1.33$ 的水中，又会看到多少条纹？

11-14 在牛顿环装置中，当透镜与玻璃平板间充以液体，第 10 个亮环的直径由 1.40 cm 变为 1.27 cm，求该液体的折射率。

11-15 如果迈克耳孙干涉仪中的 M_2 反射镜移动距离为 0.233 cm，则条纹移动数为 792，求所用光的波长。

11-16 在迈克耳孙干涉仪的两臂中，均插入 $l=10.0$ cm 长的玻璃管，其中一个抽成真空，另一个则储有压强为 1.013×10^{5} Pa 的空气，用以测量空气的折射率 n。设所用光波波长为 546 nm，实验时，向真空玻璃管中逐渐充入空气，直至压强达到 1.013×10^{5} Pa，在此过程中，观察到 107.2 条干涉条纹的移动，试求空气的折射率 n。

11-17 如图 11-48 所示，折射率 $n_2=1.2$ 的油滴落在折射率 $n_3=1.5$ 的平板玻璃上形成一上表面近似于球面的油膜，测得油膜中心最高处的高度 $d_m=1.1$ μm，用单色光($\lambda=600$ nm)垂直照射油膜，求：

(1) 油膜周边是暗环还是明环？

(2) 整个油膜可看到几个完整的暗环？

11-18 用波长为 $\lambda=630$ nm 的激光束测一单缝的宽度。若测得中央明纹两侧第五级暗纹间的距离为 6.3 cm，屏与缝的距离为 5.0 cm，试求缝宽和中央明纹宽度。

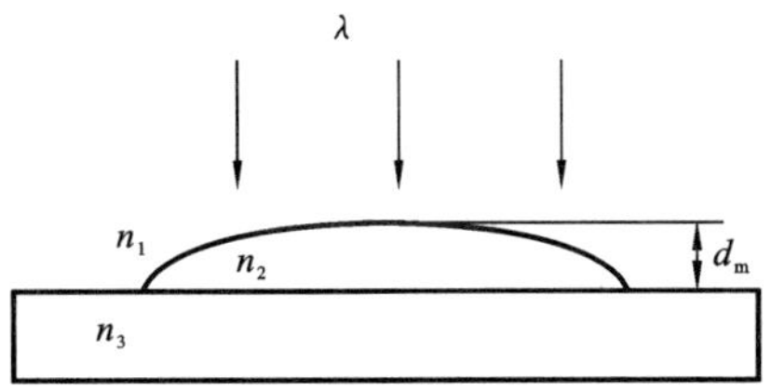

图 11-48　题 11-17 图

11-19　单缝的宽度 $b=0.40$ mm，以波长 $\lambda=589$ nm 的单色光垂直照射，设透镜的焦距 $f=1.0$ m。求：

(1) 第一级暗纹距中心的距离；

(2) 第二级明纹距中心的距离。

11-20　一单色平行光垂直照射于一单缝，若其第三条明纹位置正好和波长为 600 nm 的单色光入射时的第二级明纹位置一样，求前一种单色光的波长。

11-21　已知单缝宽度 $b=1.0\times10^{-4}$ m，透镜焦距 $f=0.50$ m，分别用 $\lambda_1=400$ nm 和 $\lambda_2=760$ nm 的单色平行光垂直照射，求这两种光的第一级明纹离中心的距离，以及这两条明纹之间的距离。若用每厘米刻有 1000 条刻线的光栅代替这个单缝，则这两种单色光的第一级明纹分别距屏中心多远？这两条明纹之间的距离又是多少？

11-22　汽车两灯相距 1.2 m，远处观察者能看到最强的灯光波长为 600 nm，夜间瞳孔直径约为 5.0 mm，问迎面开来的汽车在多远的地方时，人眼就恰好能分辨是两盏灯？

11-23　对于可见光，平均波长为 550 nm，试比较物镜直径为 5.0 cm 的普通望远镜和直径为 6.0 cm 的反射式天文望远镜的分辨本领。

11-24　一束光是自然光和平面线偏振光的混合，当它通过一偏振片时发现透射光的强度取决于偏振片的取向，其强度可以变化 5 倍，求入射光中两种光的强度各占入射光强度的几分之几。

11-25　两个偏振片，一个用作起偏器，一个用作检偏器。当它们的偏振化方向之间的夹角为 30°时，一束单色自然光穿过它们，出射光强度为 I_1；当它们的偏振化方向之间的夹角为 60°时，另一束单色自然光穿过它们，出射光强度为 I_2，且 $I_1=I_2$。求两束单色自然光的强度之比。

第 5 篇　热　　学

第 12 章　气体动理论

气体动理论是在物质结构的分子学说的基础上为说明气体的物理性质和气态现象而发展起来的。在这些熟知的性质和现象中，我们可以举出理想气体的状态方程，微小悬浮粒子的布朗运动，物体的热胀冷缩，固、液、气三态的相互转变，非理想气体的状态方程，等等。这些和温度有关的物理性质的变化统称为热现象。和力学研究的机械运动不同，气体动理论研究的对象是分子的热运动，热现象就是组成物体的大量分子、原子热运动的集体表现。由于分子数目十分巨大和运动情况十分混乱，分子热运动具有明显的无序性和统计性。就单个分子而言，由于它受到其他分子的复杂作用，其具体运动情况瞬息万变，显得杂乱无章，具有很大的偶然性，这就是无序性的表现，但就大量分子的集体表现来看，却存在一定的规律性。这种大量的偶然事件在宏观上所表现的规律性叫作统计规律性，就是这些特点使热运动成为有别于其他运动形式的一种基本运动形式。在本章中，我们根据所假定的气体分子模型，运用统计的方法，研究气体的宏观性质和规律，以及它们与分子微观量的平均值之间的关系，从而揭示这些性质和规律。

12-1　平衡态　理想气体物态方程　热力学第零定律

本节从宏观角度来研究气体的性质。宏观的角度就是把气体看作是一个整体而不考虑其分子结构。

一、状态参量

在一定条件下，气体的状态可以保持不变，其宏观状态的特征可用体积、压强、温度三个宏观物理量来描述，故称体积、压强、温度三量为气体的状态参量。

1. 气体的体积

气体没有固定的体积，气体分子的热运动使它总能充满整个容器。这里气体的体积，实际上是指盛着气体的容器的容积，也就是气体分子所能达到的空间范围，它从几何角度来描述气体的宏观状态，因此属于几何量。应当注意，气体的体积和气体分子本身的体积总和是不同的，因为气体分子间的空隙很大，所以前者比后者大得多。体积用符号 V 表示。

在国际单位制中，体积的单位是立方米，用符号 m^3 表示，实际应用中也常用升(L)作为体积的单位，二者的换算关系是 $1\ L=10^{-3}\ m^3$；也可用立方厘米(cm^3)作为体积的单位，$1\ cm^3=10^{-6}\ m^3$。

2. 气体的压强

气体的压强指的是气体垂直作用于容器壁单位面积上的力，它是大量分子对器壁碰撞的宏观效果。它从力学的角度来描述气体的宏观状态，属于力学参量。压强用符号 p 表示。

在国际单位制中，压强的单位是帕斯卡，简称帕，用符号 Pa 表示，有时也用标准大气压 atm（人们把 45°纬度海平面测得 0 ℃时大气压的值称为标准大气压）来作为气体压强的单位，1 atm $=1.01325\times10^5$ Pa。

3. 气体的温度

温度是反映物体冷热程度的一个物理量，属于热学参量。温度的微观本质与物质分子热运动密切相关，温度越高物质内部分子运动越剧烈。

为了定量地计量物体的温度，需要规定温度的数值标度和分度方法，即温标。常用的温标有两种，即摄氏温标和热力学温标。摄氏温标用 t 表示，单位称为摄氏度，用符号℃表示。热力学温标用 T 表示，基本单位称为开尔文，简称开，用符号 K 表示。热力学温标 T 和摄氏温标 t 之间的关系为

$$T=t+273.15$$

二、平衡态

把一定质量的气体装在容器中，经过较长一段时间后，容器中各部分气体的压强、温度都相同。此时气体的状态参量都具有确定的值。如果容器中的气体与外界之间没有能量和物质的传递，气体的能量也没有转化为其他形式的能量，气体的组成及其质量均不随时间变化，则气体的状态参量将不随时间而变化，这样的状态称为平衡态。

应当指出的是，当气体处于平衡态时，它的宏观性质虽然不随时间变化，但分子的无规则热运动并没有停止，容器内各处气体分子之间在不断地碰撞和交换能量，呈现一种复杂的分子热运动图像。因此，气体的平衡状态实际上是一种热动平衡状态。

三、理想气体的物态方程

实验表明，在平衡态下气体的三个状态参量 p、V、T 之间存在着一定的关系。气体的 p、V、T 之间的关系式称为气体的物态方程。一般气体，在密度不太大、压强不太高（与大气压比较）和温度不太低（与室温比较）的实验范围内，遵守玻意耳定律、盖吕萨克定律和查理定律，我们把这样的气体称为理想气体，它是一种理想模型。理想气体三个状态参量 p、V、T 之间的关系式称为理想气体物态方程。

用上述三条定律可证明，对一定质量的气体有

$$\frac{pV}{T}=\text{常量} \tag{12-1}$$

设 p_0、V_0、T_0 是标准状态下的压强、体积和温度值，有

$$\frac{pV}{T}=\frac{p_0V_0}{T_0} \tag{12-2}$$

设 m' 为气体质量，则

$$V_0=\frac{m'}{\mu}V_{\mathrm{m}}\text{（}\mu\text{、}V_{\mathrm{m}}\text{ 分别为摩尔质量和标准状态下摩尔体积）}$$

故

$$\frac{pV}{T}=\frac{m'}{\mu}\frac{p_0V_{\mathrm{m}}}{T_0}$$

令 $R=\frac{p_0V_m}{T_0}$,则有

$$pV=\frac{m'}{\mu}RT \tag{12-3}$$

式(12-3)称为**理想气体物态方程**。式中,R 称为摩尔气体常数。在国际单位制中,有

$$R=\frac{1.013\times10^5\ \mathrm{Pa}\times22.4\times10^{-3}\ \mathrm{m^3\cdot mol^{-1}}}{273.15\ \mathrm{K}}=8.31\ \mathrm{J\cdot mol^{-1}\cdot K^{-1}}$$

理想气体的物态方程也可写成另一种形式。我们知道,1 mol 气体中分子数等于阿伏伽德罗常量 N_A,且 $N_A=6.02\times10^{23}\ \mathrm{mol^{-1}}$,设每个气体分子的质量为 m,气体分子总数为 N,则气体质量 $m'=Nm$,气体的摩尔质量 $\mu=N_A\cdot m$,将它们代入式(12-3)有

$$pV=N\frac{R}{N_A}T=NkT \tag{12-4}$$

式中,k 称为玻尔兹曼常量,$k=\frac{R}{N_A}=1.38\times10^{-23}\ \mathrm{J\cdot K^{-1}}$。

于是式(12-4)也可写成 $p=\frac{N}{V}kT$,其中 $n=\frac{N}{V}$叫作气体的分子数密度,代入上式得

$$p=nkT \tag{12-5}$$

四、热力学第零定律

大量实验证明,如果两个热力学系统中的每一个都与第三个系统的同一平衡态处于热平衡态,则此两系统必定处于热平衡。这个规律称为**热力学第零定律**。

热力学第零定律为建立温度的概念提供了实验基础。这个定律表明,两个或多个系统处于热平衡时,它们必然具有某种共同的宏观性质,这一共同的宏观性质称为系统的温度。因此,处于同一热平衡的系统都具有相同的温度,同样,具有相同温度的几个系统必然共处于热平衡。温度是决定一个系统是否能与其他系统处于热平衡的宏观物理性质。

这样的温度概念和我们通常对温度是物体的冷热程度的理解是一致的。事实表明,当冷热不同的物体进行热接触时,最后冷热程度必定一样,即温度相同;冷热程度一样的物体,它们肯定处于热平衡。

12-2　分子热运动的无序性及统计规律性

一、物质的微观模型

虽然人们无法直接观察到物质的内部结构,但借助于近代的实验仪器和实验方法,还是可以间接觉察到,物质是由大量的分子组成的。实验表明,任何一种物质每 1 mol 所含分子数相同。这个数称为阿伏伽德罗常量,通常取 $N_A=6.02\times10^{23}\ \mathrm{mol^{-1}}$,可见分子的数目非常大。分子可以分为单原子分子、双原子分子和多原子分子,不同结构的分子其尺度不相同。实验表明,在标准状态下,分子直径约为 10^{-10} m,气体分子的间距约是分子直径的 10 倍,即气体每个分子占有的体积约为分子本身体积的 1000 倍,因此在标准状态下气体分子可以看作略去大小及几

何形状的质点。

物体内部分子与分子之间有着很强的作用力，分子之间不仅表现为吸引力，在一定条件下也可以表现为排斥力。图 12-1 所示为分子力 F 与分子间的距离 r 的关系曲线。从图上可以看出，当 $r<r_0$（r_0 约为 10^{-10} m）时，分子力表现为斥力，并且随 r 的减小斥力剧烈增大；当 $r=r_0$ 时分子力为零；当 $r>r_0$ 时分子力表现为引力，随 r 的增大分子力迅速减小，一般当 r 继续增大到大于 10^{-9} m 时，分子间的作用力就可忽略不计。由于分子力是短程力，它的作用范围极小，在压力不大的情况下，分子间的作用力可以忽略不计。只有在两个分子偶尔相遇的短暂时间里，强大的斥力才起作用，它们各自的运动状态改变后，便再度分开。我们把分子间的这种邂逅过程形容为“碰撞”（包括气体内分子之间和气体分子与器壁间的碰撞）。在两次碰撞之间，分子依惯性做直线运动。我们还假定分子间的碰撞是完全弹性的。

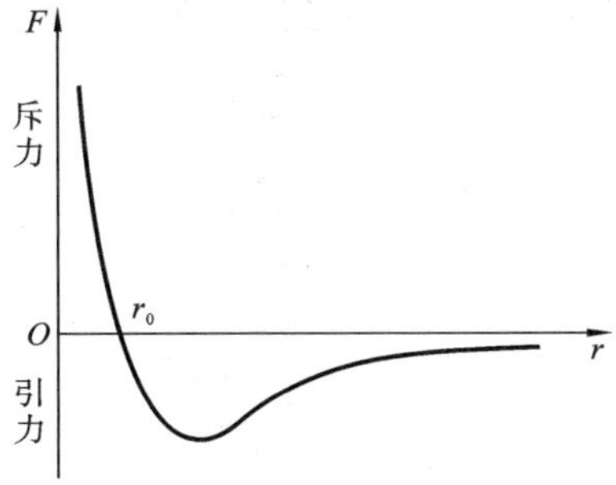

图 12-1　分子力 F 与分子间的距离 r 的关系曲线

基于以上分子运动的特点，我们为理想气体设置微观模型。归纳起来，此模型有以下几个要点：

① 分子本身的大小比起它们之间的平均距离可以忽略不计（可以视为质点）；

② 除了短暂的碰撞过程外，分子间作用可忽略不计；

③ 分子间及分子与器壁间的碰撞看作完全弹性碰撞。

二、分子热运动的无序性及统计规律性

由前述可知，一切宏观物体都是由大量分子组成的，分子间还有作用力。大量实验事实也表明，这些分子不停地做无规则的热运动，布朗运动就是证明分子做无规则热运动的典型实例。分子在分子力的作用下有相互聚集有序排列的趋势，而分子的热运动使分子的无序程度增加，外界的环境（例如温度、压强）决定了分子排列的有序程度，从而导致物质形成气态、液态、固态及等离子态等不同的集合体。

分子的数量非常巨大，1 mol 气体有 6.02×10^{23} 个气体分子，气体分子在热运动中频繁地相互碰撞，在常温和常压下，一个分子在 1 s 内要经历 10^9 次碰撞，在如此频繁的碰撞下，分子的速度不断地变化，导致分子间频繁地相互交换能量，从而使气体内部各分子的平均速率相同，气体内部各部分的温度、压强趋于均匀，从而达到平衡态。因此无序性是气体分子热运动的基本特征。

尽管单个气体分子的运动状态有一定的随机性和偶然性，但是这并不意味着分子运动无规律可循，大量气体分子的整体表现呈现一定的规律。在大量偶然、无序的分子运动中，大量偶然事件的集合包含着一种规律性，我们称之为**统计规律**。我们将看到理想气体宏观状态量和气体分子微观物理量的统计平均值有某种联系，这是大量气体分子统计规律的表现。

设骰子为密度均匀的正六面体，每个面分别标有 1 至 6 点，我们投掷骰子时，骰子出现哪个面纯属偶然，但是在相同条件下多次重复投掷时，骰子出现 1 至 6 点中任意一面的次数几乎相等，这表明在一定条件下，大量的偶然事件具有确定的统计规律。

以伽尔顿板实验为例，如图 12-2 所示，在一块竖直平板的上部钉上一排排等间距的铁钉，

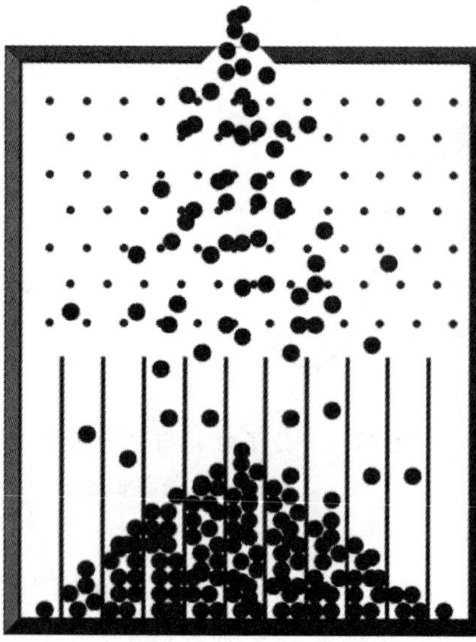

图 12-2　伽尔顿板实验

下部用竖直隔板隔成等宽的狭槽,然后用透明板封盖,在顶端装一漏斗形入口。此装置称为伽尔顿板。

取一小球从入口投入,小球在下落的过程中将与一些铁钉碰撞,最后落入某一槽中,再投入另一小球,它下落在哪个狭槽与前者可能完全不同,这说明单个小球下落时与一些铁钉碰撞,最后落入哪个狭槽完全是无法预测的偶然事件(或称为随机事件)。如果把大量小球从入口徐徐倒入,实验发现总体上小球在狭槽的分布有确定的规律性:落入中央狭槽的小球较多,而落入两端狭槽的小球较少,离中央越远的狭槽落入的小球越少,重复几次实验,得到的结果都近似相同。上述实验表明,尽管单个小球落入哪个狭槽完全是偶然的(随机的),但大量的小球在狭槽的分布呈现出确定的规律性。这种大量随机事件的集体所表现的规律性,称为统计规律性。

容器中单个分子的运动是随机的,但大量气体分子热运动的集体表现却是服从统计规律的。从统计性假设出发,采用统计平均的方法找出气体的宏观量与微观量的统计平均值之间的关系,就可以揭示热现象及其规律的微观本质。大量气体分子热运动服从统计规律性——三条统计性假设。

① 容器内气体的分子数密度 n 处处相同;

② 沿着空间各个方向运动的分子数相等;

③ 分子速度在各个方向上的分量的各种统计平均值相等。

12-3　理想气体的压强公式

气体的压强是一个可测的宏观量。从气体分子动理论来看,气体的压强是大量分子对器壁的撞击力的集体表现。每个分子与器壁撞击时,都对器壁施加一个冲力,这种冲力有大有小,而且是不连续的。由于分子的数量很大,器壁受到的作用力十分接近稳定值。正如密集的雨滴打在雨伞上,我们分不清一个一个雨滴对雨伞的冲力,感受到的是大量雨滴施加在雨伞上的一个稳定的作用力。

下面,我们从理想气体的微观模型出发,运用经典力学规律计算分子因碰撞给器壁的冲力,再用统计平均的方法求出该冲力的平均值,即得到理想气体的压强公式。

设有一个立方形的密闭容器,其边长分别为 l_1、l_2 和 l_3,体积 $V=l_1l_2l_3$,容器中装有一种理想气体,其中有 N 个同类分子,每个分子的质量都为 m。因为在平衡态时,气体内部各处压强完全相同,所以只要计算容器中任何一个器壁受到的压强即可。以与 Ox 轴垂直的器壁 A_1 面为例,计算出 A_1 面的压强即为理想气体的压强,如图 12-3 所示。

设容器中第 i 个分子 α 的速度为 $\boldsymbol{v}_i$,$\boldsymbol{v}_i$ 在直角坐标系中速度分量式为

$$\boldsymbol{v}_i=v_{ix}\boldsymbol{i}+v_{iy}\boldsymbol{j}+v_{iz}\boldsymbol{k}$$

当分子 α 和壁面 A_1 碰撞时，它受到壁面 A_1 对它沿 Ox 轴反方向的作用力，在这个力的作用下，分子 α 在 Ox 轴上的动量由 mv_{ix} 改变为 $-mv_{ix}$，动量增量为 $(-mv_{ix})-mv_{ix}=-2mv_{ix}$，由动量定理知，分子 α 与 A_1 面碰撞 1 次所受的冲量为

$$I_{ix}=-2mv_{ix} \tag{12-6}$$

由牛顿第三定律，分子 α 对 A_1 面的作用力 f'_α 的冲量 $I'_{ix}=-I_{ix}=2mv_{ix}$，f'_α 的方向沿 Ox 轴正方向。分子 α 与 A_1 碰撞后又弹到 A_2 面（不计分子间碰撞），之后由 A_2 面又弹回 A_1 面，如此往复。

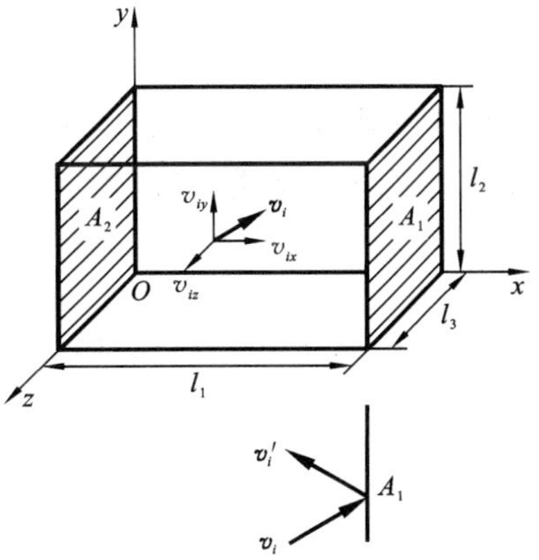

图 12-3　计算理想气体压强的示例

单位时间内分子 α 与 A_1 面碰撞次数为

$$次数=\frac{单位时间}{一次碰撞所用时间}=\frac{1}{\frac{2l_1}{v_{ix}}}=\frac{v_{ix}}{2l_1} \tag{12-7}$$

单位时间内分子 α 所受的冲量为

$$I_{ix}=-2mv_{ix}\cdot\frac{v_{ix}}{2l_1}=-\frac{1}{l_1}mv_{ix}^2 \tag{12-8}$$

单位时间内 A_1 面所受的分子 α 的冲量为

$$I'_{ix}=-I_{ix}=\frac{1}{l_1}mv_{ix}^2 \tag{12-9}$$

由上可知，每一分子对器壁的碰撞以及作用在器壁上的冲量是间歇不连续的。但是，实际上容器内分子数目极大，器壁受到一个几乎连续不断的力。这个力的大小应等于每个分子作用在 A_1 面上的力的平均值之和，即

单位时间内所有分子对 A_1 面的冲量

$$I_x=I_{1x}+I_{2x}+\cdots+I_{Nx}=\sum_{i=1}^{N}I_{ix}=\sum_{i=1}^{N}\frac{1}{l_1}mv_{ix}^2=\frac{m}{l_1}\sum_{i=1}^{N}v_{ix}^2 \tag{12-10}$$

单位时间内 A_1 面所受的平均冲力大小为 $\overline{F}$，有

$$\overline{F}\cdot 1=I_x=\frac{m}{l_1}\sum_{i=1}^{N}v_{ix}^2 \tag{12-11}$$

则所求压强为

$$p=\frac{\overline{F}}{l_2l_3}=\frac{m}{l_1l_2l_3}\sum_{i=1}^{N}v_{ix}^2=\frac{N}{l_1l_2l_3}\cdot m\cdot\sum_{i=1}^{N}v_{ix}^2\Big/N=nm\overline{v_x^2} \tag{12-12}$$

式中，$n=\dfrac{N}{l_1l_2l_3}$，称为分子数密度；$\overline{v_x^2}=\sum\limits_{i=1}^{N}v_{ix}^2\Big/N$。

由

$$v_{ix}^2+v_{iy}^2+v_{iz}^2=v_i^2 \tag{12-13}$$

可有

$$\frac{\sum\limits_{i=1}^{N}v_{ix}^2}{N}+\frac{\sum\limits_{i=1}^{N}v_{iy}^2}{N}+\frac{\sum\limits_{i=1}^{N}v_{iz}^2}{N}=\frac{\sum\limits_{i=1}^{N}v_i^2}{N} \tag{12-14}$$

即

$$\overline{v_x^2}+\overline{v_y^2}+\overline{v_z^2}=\overline{v^2} \tag{12-15}$$

由于气体处于平衡状态,故可认为分子沿各个方向运动的概率相等,没有哪个方向占优势。因此就大量分子来说,它们在三个轴上速度分量平方的平均值应是相等的,即有

$$\overline{v_x^2}=\overline{v_y^2}=\overline{v_z^2}=\frac{1}{3}\overline{v^2} \tag{12-16}$$

将式(12-16)代入式(12-12)得

$$p=\frac{1}{3}nm\overline{v^2} \tag{12-17}$$

或

$$p=\frac{2}{3}n\left(\frac{1}{2}m\overline{v^2}\right) \tag{12-18}$$

如果以$\overline{\varepsilon_t}$表示分子平均平动动能,有$\overline{\varepsilon_t}=\frac{1}{2}m\overline{v^2}$,则上式为

$$p=\frac{2}{3}n\overline{\varepsilon_t} \tag{12-19}$$

式(12-17)和式(12-19)即为理想气体的压强公式。它把宏观量压强 p 和微观量$\overline{\varepsilon_t}$联系起来,从而揭示了压强的微观本质和统计意义。

关于压强公式有几点说明:

① p 的微观本质或统计性质是:单位时间内所有分子对单位器壁面积的冲量。

② 由推导知,n、$\overline{v^2}$、$\overline{\varepsilon_t}$均是统计平均值,所以 p 也是一个统计平均值。这些统计平均值服从的是统计规律,而不是力学规律。

③ 统计平均值 n、$\overline{v^2}$、$\overline{\varepsilon_t}$、p 等是宏观量,表示气体分子集体特征,而不代表个别分子的特征(宏观量是相应微观量的统计平均值)。

④ p 的表达式适合任何形状容器。

⑤ 推导过程中没有考虑分子碰撞,若考虑,结果也不变。

12-4 理想气体分子的平均平动动能与温度的关系

由理想气体物态方程和压强公式可以得到气体的温度与分子的平均平动动能之间的关系,从而说明温度这一宏观量的微观本质。

由理想气体状态方程和压强公式(12-19):

$$p=nkT$$

$$p=\frac{2}{3}n\overline{\varepsilon_t}$$

两者相比较得:

$$\overline{\varepsilon_t}=\frac{3}{2}kT \tag{12-20}$$

这就是理想气体分子的平均平动动能与温度的关系式。如同压强公式一样,它也是气体动

理论的基本公式之一。式(12-20)表明，处于平衡态时的理想气体，其分子的平均平动动能与气体的温度成正比。气体的温度越高，分子的平均平动动能越大；分子的平均平动动能越大，分子热运动越剧烈。因此可以说温度是表征大量分子热运动剧烈程度的宏观物理量，它是大量分子热运动的集体表现。如同压强，温度也是一个统计量。对个别分子，说它的温度是多少，是没有意义的。

不同种类的两种理想气体，只要温度 T 相同，则分子的平均平动动能相同；反之，当它们的分子的平均平动动能相同时，它们的温度一定相同。

由式(12-20)和$\overline{\varepsilon_t}=\frac{1}{2}m\overline{v^2}$，可以得到

$$\sqrt{\overline{v^2}}=\sqrt{\frac{3kT}{m}}=\sqrt{\frac{3RT}{\mu}} \tag{12-21}$$

式中，$\sqrt{\overline{v^2}}$称为方均根速率，它是分子速度平方平均值的平方根。由式(12-21)可见，方均根速率与气体种类和温度有关，相同温度下，摩尔质量大的分子其方均根速率小。

例 12-1　一容器内储有氧气，在标准状态 $p_0=1.013\times10^5\ \text{Pa}$，$T_0=273.15\ \text{K}$。试求：

(1) 1 m^3 内有多少个分子？

(2) 氧分子的平均平动动能是多少？

(3) 氧分子的方均根速率是多少？

解　(1) 由 $p=nkT$，得

$$n=\frac{p}{kT}=\frac{1.013\times10^5\ \text{Pa}}{1.38\times10^{-23}\ \text{J}\cdot\text{K}^{-1}\times273.15\ \text{K}}=2.69\times10^{25}\ \text{m}^{-3}$$

(2)
$$\overline{\varepsilon_t}=\frac{3}{2}kT=5.65\times10^{-21}\ \text{J}$$

(3)
$$\sqrt{\overline{v^2}}=\sqrt{\frac{3RT}{\mu}}=\sqrt{\frac{3\times8.31\ \text{J}\cdot\text{mol}^{-1}\cdot\text{K}^{-1}\times273.15\ \text{K}}{32\times10^{-3}\ \text{kg}\cdot\text{mol}^{-1}}}=416\ \text{m}\cdot\text{s}^{-1}$$

例 12-2　求出氢分子在 0 ℃和 1000 ℃下的平均平动动能。

解　由$\overline{\varepsilon_t}=\frac{3}{2}kT$ 可得

0 ℃时，

$$\overline{\varepsilon_t}=\frac{3}{2}kT=5.65\times10^{-21}\ \text{J}$$

1000 ℃时，

$$\overline{\varepsilon_t}=\frac{3}{2}kT=2.64\times10^{-20}\ \text{J}$$

12-5　能量均分定理　理想气体的内能

在讨论分子无规则运动时，如果忽略分子本身的大小和结构，可把分子看作一个质点，此时只考虑它的平动运动，它的热运动就只有平动动能。若考虑实际分子有一定的大小和比较复杂的结构，则每个分子除了可以做平动外，还可能有转动、振动，就有相应的转动动能和振动能量，

分子的热运动总能量应为平动、转动、振动各种运动形式能量之和。

要研究气体分子的各种运动形式的能量，首先必须讨论各种分子的热运动形式有多少种可能性，这就要引入自由度的概念。

一、自由度

物体有几个自由度，就是它有做几种独立运动的可能性，这就要找出确定它的空间位置需要几个独立坐标。

完全确定一个物体在空间位置所需的独立坐标数目，称为这个**物体运动的自由度**。自由度用符号 i 表示，包括平动自由度 t、转动自由度 r、振动自由度 s。

1. 质点的自由度

(1) 一个质点在空间任意运动，需用 3 个独立坐标 (x,y,z) 确定其位置，所以自由质点有 3 个自由度，$i=3$。

(2) 如果对质点的运动加以限制(约束)，自由度将减少。如果质点被限制在平面或曲面上运动，则其自由度 $i=2$；如果质点被限制在直线或曲线上运动，则其自由度 $i=1$。

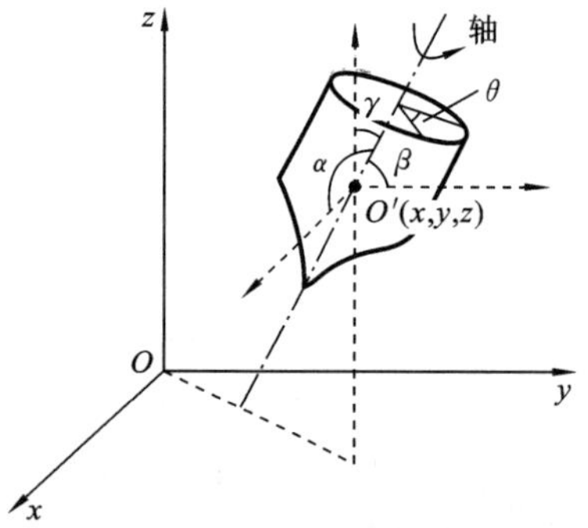

图 12-4　刚体自由度

2. 刚体自由度

一个刚体在空间任意运动时，可分解为质心 O' 的平动和绕通过质心的轴的转动(见图 12-4)，它既有平动自由度还有转动自由度。确定刚体质心 O' 的位置，需 3 个独立坐标 (x,y,z)，即自由刚体有 3 个平动自由度 $t=3$；确定刚体通过质心的轴的空间方位 (α,β,γ)，由于 3 个方位角 α、β、γ 满足 $\cos^2\alpha+\cos^2\beta+\cos^2\gamma=1$，所以只有其中 2 个方位角是独立的，即需 2 个转动自由度；另外还要确定刚体绕通过质心的轴转过的角度 θ，即还需 1 个转动自由度。这样，确定刚体绕通过质心的轴的转动，共有 3 个转动自由度 $r=3$。所以，一个任意运动的刚体，总共有 6 个自由度，即 3 个平动自由度和 3 个转动自由度，$i=t+r=3+3=6$。

3. 分子自由度

(1) 单原子分子：如氦 He、氖 Ne、氩 Ar 等分子只有一个原子，可看成自由质点，所以有 3 个平动自由度，$i=t=3$，如图 12-5(a)所示。

(2) 刚性双原子分子：如氢气 H_2、氧气 O_2、氮气 N_2、一氧化碳 CO 等分子，两个原子间连线距离保持不变，就像两个质点之间由一根质量不计的刚性细杆相连着(如同哑铃)，确定其质心 O' 的空间位置，需 3 个独立坐标 (x,y,z)；确定质点连线的空间方位，需 2 个独立坐标(如 α,β)，而两质点绕连线的转动没有意义。所以刚性双原子分子既有 3 个平动自由度，又有 2 个转动自由度，总共有 5 个自由度，$i=t+r=3+2=5$，如图 12-5(b)所示。

(3) 刚性三原子或多原子分子：如二氧化碳 CO_2、水蒸气 H_2O、氨气 NH_3 等分子，只要各原子不是直线排列的，就可以看成自由刚体，共有 6 个自由度，$i=t+r=3+3=6$，如图 12-5(c)所示。

(4) 非刚性分子：由于在原子之间相互作用力的支配下，非刚性分子内部还有原子的振动，

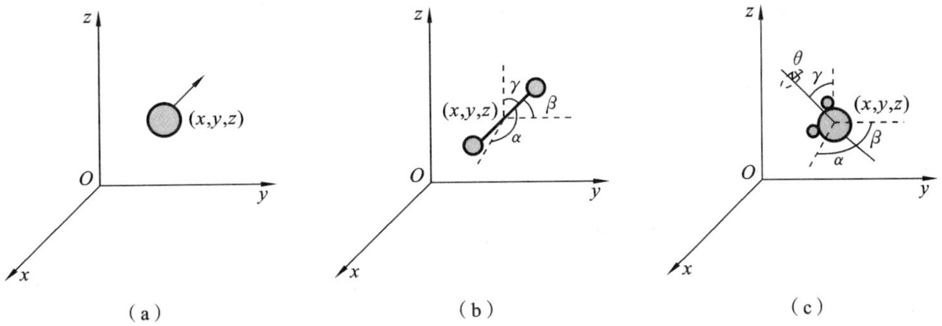

图 12-5　分子自由度

因此还应考虑振动自由度。如非刚性双原子分子，好像两原子之间有一质量不计的细弹簧相连接，其振动自由度 $s=1$，故非刚性双原子分子总共有 7 个自由度。

一般在常温下，气体分子都近似看成是刚性分子，振动自由度可以不考虑。

二、能量均分定理

已知一个理想气体分子的平均平动动能为

$$\frac{1}{2}m\sqrt{\overline{v^2}}=\frac{3}{2}kT$$

因为气体分子有 3 个平动自由度，且在平衡状态下，分子热运动中气体沿各方向运动的机会均等。温度为 T 的平衡态气体中的分子平均平动动能 $\frac{3}{2}kT$ 被均匀地分配给每一个平动自由度，每一个平动自由度都分配到一份相同的能量 $\frac{1}{2}kT$。即

$$\frac{1}{2}m\overline{v_x^2}=\frac{1}{2}m\overline{v_y^2}=\frac{1}{2}m\overline{v_z^2}=\frac{1}{3}\left(\frac{1}{2}m\overline{v^2}\right)=\frac{1}{2}kT \tag{12-22}$$

上式说明，温度为 T 的气体，其分子所具有的平均平动动能可以均匀地分配给每一个平动自由度，即每一个平动自由度都具有相同的平动动能 $\frac{1}{2}kT$。

这一结论同样可以推广到分子的转动动能和振动动能的分配上。可以证明，在气体分子的无规则热运动中，分子的每一个自由度都具有相同的平均能量，且与平动自由度的平均能量相同，都等于 $\frac{1}{2}kT$。因此，在平衡态下，无论分子做何种运动，分子的每一个自由度都具有相同的平均动能，其大小都是 $\frac{1}{2}kT$。这就是能量按自由度均分定理，亦称**能量均分定理**。

因此，如果气体分子有 i 个自由度，则每一个分子的热运动平均总动能为

$$\bar{\varepsilon}=\frac{i}{2}kT \tag{12-23}$$

对于单原子分子，$t=3$，$r=0$，$s=0$，则 $\bar{\varepsilon}=\frac{3}{2}kT$；

对于刚性双原子分子，$t=3$，$r=2$，$s=0$，则 $\bar{\varepsilon}=\frac{5}{2}kT$；

对于刚性多原子分子，$t=3, r=3, s=0$，则 $\bar{\varepsilon}=\frac{6}{2}kT=3kT$；

对于非刚性双原子分子，$t=3, r=3, s=1$，则 $\bar{\varepsilon}=\frac{7}{2}kT$。

三、理想气体内能

对于理想气体，因为分子间相互作用的势能忽略不计，所以，理想气体的内能就是气体内所有分子热运动的动能和分子内原子间的势能之和。只考虑刚性分子时理想气体内能只包含分子热运动的动能。

由能量按自由度均分定理，在温度为 T 时，有 i 个自由度的分子热运动的平均总动能为 $\bar{\varepsilon}=\frac{i}{2}kT$。因为 1 mol 理想气体共有 N_A 个分子，所以 1 mol 理想气体的内能为

$$E=N_A\bar{\varepsilon}=N_A\cdot\frac{i}{2}kT$$

已知 $N_Ak=R$，故 1 mol 理想气体的内能为

$$E=\frac{i}{2}RT \tag{12-24}$$

而物质的量为 $\frac{m'}{\mu}$ 的理想气体的内能则为

$$E=\frac{m'}{\mu}\frac{i}{2}RT \tag{12-25}$$

从上式可以看出，理想气体的内能不仅与温度有关，还与分子的自由度有关。对给定的理想气体，其内能仅是温度的单值函数，即 $E=E(T)$。这是理想气体的一个重要性质。在理想气体的状态变化过程中，只要温度不变，内能就不变。不仅如此，一定量的理想气体在不同的变化过程中，只要温度的变化量相同，内能的变化量也就相同，内能的变化与过程进行的方式无关。

例 12-3 某种理想气体，在 $p=1$ atm，$V=44.8$ L 时，内能 $E=6807$ J，问它是单原子分子、双原子分子、多原子分子的哪一种？

解 由 $E=\frac{m'}{\mu}\frac{i}{2}RT=\frac{i}{2}pV$，得

$$i=\frac{2E}{pV}=\frac{2\times 6807\ \text{J}}{1.1013\times 10^5\ \text{Pa}\times 44.8\times 10^{-3}\ \text{m}^3}\approx 3$$

所以它是单原子分子。

例 12-4 某刚性双原子理想气体，处于 0 ℃。试求：

(1) 分子平均平动动能；

(2) 分子平均转动动能；

(3) 分子平均动能；

(4) 分子平均能量；

(5) $\frac{1}{2}$ mol 该气体的内能。

解 (1) $\overline{\varepsilon_t}=\frac{3}{2}kT=\frac{3}{2}\times 1.38\times 10^{-23}\ \text{J}\cdot\text{K}^{-1}\times 273\ \text{K}=5.65\times 10^{-21}$ J；

(2) $\overline{\varepsilon_r}=\frac{2}{2}kT=\frac{2}{2}\times1.38\times10^{-23}\ \mathrm{J\cdot K^{-1}}\times273\ \mathrm{K}=3.76\times10^{-21}\ \mathrm{J}$；

(3) $\bar{\varepsilon}=\frac{5}{2}kT=\frac{5}{2}\times1.38\times10^{-23}\ \mathrm{J\cdot K^{-1}}\times273\ \mathrm{K}=9.41\times10^{-21}\ \mathrm{J}$；

(4) $\varepsilon_{平均能量}=\bar{\varepsilon}=9.41\times10^{-21}\ \mathrm{J}$；

(5) $E=\frac{m'}{\mu}\frac{i}{2}RT=\frac{1}{2}\ \mathrm{mol}\cdot\frac{5}{2}\times8.31\ \mathrm{J\cdot mol^{-1}\cdot K^{-1}}\times273\ \mathrm{K}=2.84\times10^{3}\ \mathrm{J}$。

12-6　麦克斯韦速率分布律

从气体动理论的观点来看，气体的宏观状态实际上是气体内部大量分子热运动的集体表现。前面我们已经从气体动理论出发揭示了气体的压强和温度这两个宏观性质的微观本质。这一节中我们将进一步对气体分子热运动的速率分布规律做一些探讨。

在理想气体中，由于分子在容器中的分布很稀疏，分子间的距离很大；分子与分子间的相互作用力，除了在热运动过程中相互碰撞时外，是极其微小的，可以忽略不计。因而，对每个分子来说，在其前后两次碰撞之间，可以看成是在惯性支配下的自由运动。此外对于组成整个气体的大量分子的热运动来说，其中各个分子的运动方向运动是杂乱无章的，向什么方向运动的都有，各个分子运动的速率大小也各不相同；而且由于碰撞的作用，各个分子的运动速率大小、方向又随时在改变。总体来说，气体分子热运动的情况是：

① 在同一时刻，各个分子运动的方向和速率大小各不相同；

② 对每个分子来说，由于碰撞，其运动方向和速率大小随时在改变。

因此，处于平衡态的气体内部，各个分子的运动状态各不相同，随时都在改变。对于某个分子而言，它将与哪个分子碰撞，它的速率大小、方向的变化完全是偶然的。但是对大量分子组成的集体来说，运动却表现出确定的统计规律性。这种规律性表现在分子速率大小有一定的分布规律，这是对大量分子集体适用的统计性规律。正是因为这种统计性规律的存在，在一定的宏观条件下，整个气体表现出具有一定的压强、温度等性质。

1859 年，麦克斯韦首先从理论上推导出了气体速率分布的规律，称为麦克斯韦速率分布律，1920 年斯特恩通过实验验证了这一分布律的正确性。

一、速率分布概念

由于分子热运动的随机性和偶然性，我们不可能追踪每个分子从而测出它在任意时刻准确的速率值。怎样研究气体分子速率的分布呢？

我们可采用统计的方法。在气体的平衡态下，把分子的速率划分为若干相等的间隔 Δv，然后统计气体分子速率处于某一间隔 $v\sim v+\Delta v$ 内的分子数 ΔN 占总分子数 N 的百分比 $\frac{\Delta N}{N}$，或计算出每个分子速率分布在间隔 $v\sim v+\Delta v$ 内的概率。表 12-1 列出了氧气分子在 273 K 时的速率分布统计表。

表 12-1　273 K 时氧气分子的速率分布统计表

速率间隔 $\Delta v/(\mathrm{m\cdot s^{-1}})$	分子数的百分比 $\frac{\Delta N}{N}/(\%)$
100 以下	1.4
100～200	8.1
200～300	16.5
300～400	21.4
400～500	20.6
500～600	15.1
600～700	9.2
800 以上	7.7

从统计表可以看出，分子速率很高或很低的分子数占总分子数的百分比甚小，多数分子以中等速率运动(例如，速率在 300～400 $\mathrm{m\cdot s^{-1}}$ 间隔内的分子数占总分子数的比率为 21.4%)，其两侧速率区间内分子数百分比都依次递减，像这样以中等速率运动的分子数多而以低速或高速运动的分子数少的分布规律，实验发现它对任何气体、任何温度的平衡状态都适用。粗略地说，这就是气体分子速率分布的统计规律性。

如果用作图法来表示气体分子的速率分布规律，可用水平轴代表速率 v 的大小，将它分成许多小段，每一小段代表 $\Delta v=100\ \mathrm{m\cdot s^{-1}}$ 的速率间隔。每一个速率间隔上方的一个长方形面积代表在该速率间隔内的分子数百分比 $\frac{\Delta N}{N}$。显然，速率间隔取得越小，所得的统计图越精细，当速率间隔 $\Delta v\to 0$ 时，图中所有长方形顶端的折线变成了光滑的曲线，如图 12-6 所示，用这条曲线可以精确地表示气体分子速率分布情况，称为速率分布曲线。

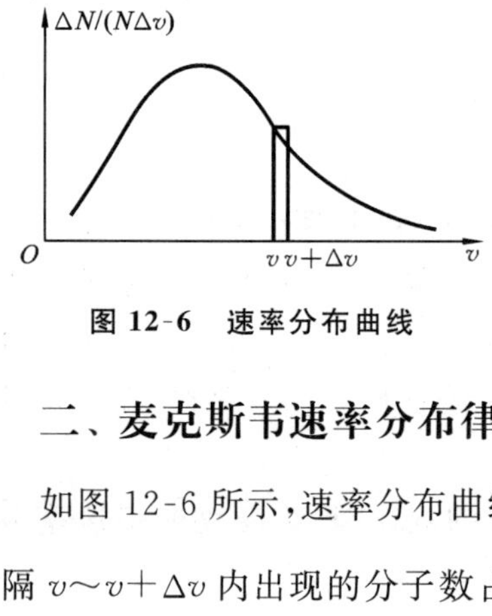

图 12-6　速率分布曲线

二、麦克斯韦速率分布律

如图 12-6 所示，速率分布曲线的横坐标是分子速率 v，图中标出的长方形面积表示在速率间隔 $v\sim v+\Delta v$ 内出现的分子数占总分子数的比率 $\frac{\Delta N}{N}$(或分子速率出现在 $v\sim v+\Delta v$ 内的概率)。长方形的底边为 Δv，所以长方形的高为 $\frac{\Delta N}{N\Delta v}$，其物理意义是：在 $v\sim v+\Delta v$ 间隔内，平均单位速率间隔内的分子数占总分子数的百分比，在 $\Delta v\to 0$ 的极限条件下，图 12-6 中标出的小长方形的高即为曲线的纵坐标，显然它是速率 v 的函数，可用 $f(v)$ 表示，即

$$f(v)=\lim_{\Delta v\to 0}\frac{\Delta N}{N\Delta v}=\frac{\mathrm{d}N}{N\mathrm{d}v} \tag{12-26}$$

式中，$f(v)$ 称为速率分布函数。其物理意义是：在速率 v 附近，单位速率间隔内分子数 $\mathrm{d}N$ 占总分子数 N 的百分比，或者说分子速率在该区间出现的概率。

1859 年麦克斯韦从理论上导出，在平衡态时气体分子的速率分布函数的数学形式为

$$f(v)=4\pi\left(\frac{m}{2\pi kT}\right)^{\frac{3}{2}}\mathrm{e}^{-\frac{m}{2kT}v^2}v^2 \tag{12-27}$$

式中，$f(v)$称为麦克斯韦速率分布函数，m 是气体分子质量，k 为玻尔兹曼常量，T 是热力学温度。由麦克斯韦速率分布函数可以确定一定量的理想气体在平衡态下，分布在速率间隔 $v\sim v+\Delta v$ 内的相对分子数：

$$\frac{\mathrm{d}N}{N}=4\pi\left(\frac{m}{2\pi kT}\right)^{\frac{3}{2}}\mathrm{e}^{-\frac{m}{2kT}v^2}v^2\mathrm{d}v \tag{12-28}$$

式(12-28)就是麦克斯韦速率分布律。

若以速率 v 为横坐标，分布函数 $f(v)$为纵坐标，画出的曲线称为麦克斯韦速率分布曲线，如图 12-7 所示。

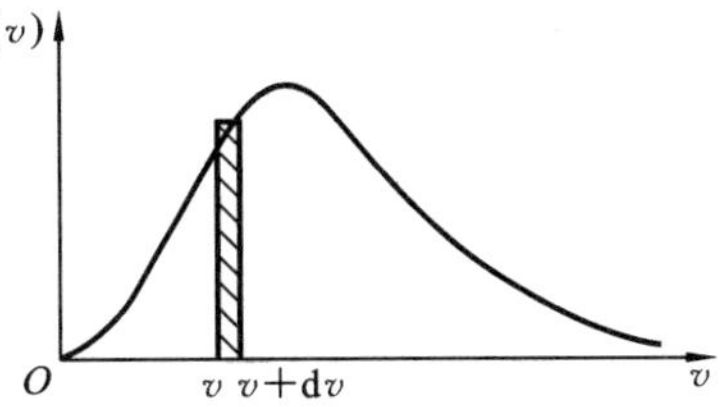

图 12-7　麦克斯韦速率分布曲线

分子速率在 $v\sim v+\Delta v$ 内出现的概率为

$$f(v)\mathrm{d}v=\frac{\mathrm{d}N}{N\mathrm{d}v}\cdot\mathrm{d}v=\frac{\mathrm{d}N}{N}$$

在 $0\sim\infty$区间内，分子速率出现的概率为

$$\int_0^N\frac{\mathrm{d}N}{N}=\int_0^\infty f(v)\mathrm{d}v=1$$

即

$$\int_0^\infty f(v)\mathrm{d}v=1 \tag{12-29}$$

式(12-29)叫作 $f(v)$的归一化条件，它的物理意义：在气体速率区间出现的分子数占总分子数的比为 1。几何意义：$f(v)$曲线与 v 轴所围成的面积等于 1。

三、三种统计速率

从速率分布曲线来看，气体分子的速率可以取 $0\sim\infty$之间的任意值，但速率很大和很小的分子，其相对分子数或出现概率很小，而具有中等速率的分子，其相对分子数或出现概率很大。这里讨论三种具有代表性的分子速率，它们是分子速率的三种统计值。

1. 最概然速率 v_{p}

由 $f(v)$曲线分布图可以看出，曲线有个极大值，与这个极大值相对应的速率称为最概然速率，通常用v_{p} 表示。它的物理意义：在某温度下分子速率出现在该值附近单位速率间隔内的概率最大。最概然速率v_{p} 是反映速率分布特征的物理量。但要注意的是最概然速率并不是分子的最大速率。

$$\frac{\mathrm{d}f(v)}{\mathrm{d}v}=\frac{\mathrm{d}}{\mathrm{d}v}\left[4\pi\left(\frac{m}{2\pi kT}\right)^{\frac{3}{2}}\mathrm{e}^{-\frac{m}{2kT}v^2}v^2\right]=4\pi\left(\frac{m}{2\pi kT}\right)^{\frac{3}{2}}\left[-\frac{m}{2kT}\cdot 2v\cdot\mathrm{e}^{-\frac{m}{2kT}v^2}v^2+2v\mathrm{e}^{-\frac{m}{2kT}v^2}\right]=0$$

可得

$$-\frac{m}{2kT}v_{\mathrm{p}}^2+1=0$$

即

$$v_{\mathrm{p}}=\sqrt{\frac{2kT}{m}}=1.41\sqrt{\frac{kT}{m}}=1.41\sqrt{\frac{RT}{\mu}} \tag{12-30}$$

同一种气体，当温度增加时，最概然速率 v_{p} 向 v 增大的方向移动。在温度相同的条件下，不同气体的最概然速率 v_p 随分子摩尔质量的增加而减少。

2. 平均速率 $\bar{v}$

在速率区间 $v \sim v+\Delta v$ 内,分子数 dN 为

$$dN = Nf(v)dv$$

因为 dv 很小,所以可认为 dN 个分子速率相同,且均为 v,这样,在 $v \sim v+\Delta v$ 内 dN 个分子的速率和为

$$vdN = Nvf(v)dv$$

在整个速率区间内分子速率总和为

$$\int_0^N vdN = \int_0^\infty Nvf(v)dv = N\int_0^\infty vf(v)dv$$

所以 N 个分子的平均速率为

$$\begin{aligned}\bar{v} &= \frac{\int_0^N vdN}{N} = \int_0^\infty vf(v)dv \\ &= \int_0^\infty v4\pi\left(\frac{m}{2\pi kT}\right)^{\frac{3}{2}} e^{-\frac{m}{2kT}v^2} v^2 dv \\ &= 4\pi\left(\frac{m}{2\pi kT}\right)^{\frac{3}{2}}\int_0^\infty ve^{-\frac{m}{2kT}v^2} v^2 dv \\ &= \sqrt{\frac{8kT}{\pi m}}\end{aligned}$$

$$\bar{v} = \sqrt{\frac{8kT}{\pi m}} = \sqrt{\frac{8RT}{\pi\mu}} \approx 1.60\sqrt{\frac{RT}{\mu}} \tag{12-31}$$

3. 方均根速率 $\sqrt{\overline{v^2}}(v_{rms})$

在 $v \sim v+\Delta v$ 内分子数 dN 为

$$dN = Nf(v)dv$$

在 $v \sim v+\Delta v$ 内的 dN 个分子的速率平方和为

$$v^2 dN = Nv^2 f(v)dv$$

在整个速率区间上分子的速率平方和为

$$\int_0^N v^2 dN = N\int_0^\infty v^2 f(v)dv$$

N 个分子速率平方和的平均值为

$$\overline{v^2} = \frac{\int_0^N v^2 dN}{N} = \int_0^\infty v^2 f(v)dv = 4\pi\left(\frac{m}{2\pi kT}\right)^{\frac{3}{2}}\int_0^\infty f(v)v^4 dv = \frac{3kT}{m}$$

$$v_{rms} = \sqrt{\overline{v^2}} = \sqrt{\frac{3kT}{m}} = \sqrt{\frac{3RT}{\mu}} \tag{12-32}$$

说明:① 三种统计速率都反映了大量分子热运动的统计规律,它们都与温度 $\sqrt{T}$ 成正比,与分子质量 $\sqrt{m}$(或 $\sqrt{\mu}$)成反比,且 $v_{rms} > \bar{v} > v_p$,三者之比为 $v_{rms} : \bar{v} : v_p = 1.23 : 1.13 : 1$。在室温下,对中等质量的分子来说,三种速率数量级一般为每秒几百米。最概然速率最小,方均根速率最大。

② 三种速率应用于不同问题的研究中。例如，v_{rms} 用来计算分子的平均平动动能，在讨论气体压强和温度的统计规律中使用；$\bar{v}$ 用来讨论分子的碰撞，计算分子运动的平均距离和平均碰撞次数等；v_p 是速率分布曲线中概率极大值所对应的速率，所以在讨论分子速率分布时常被使用。

例 12-5　如图 12-8 所示，(1) 若两条曲线对应同一理想气体，则哪条曲线对应温度高？

(2) 在(1) 中，哪条曲线对应的气体内能大？

(3) 若两条曲线为不同气体同一温度情况，则哪条曲线对应的气体分子质量大？

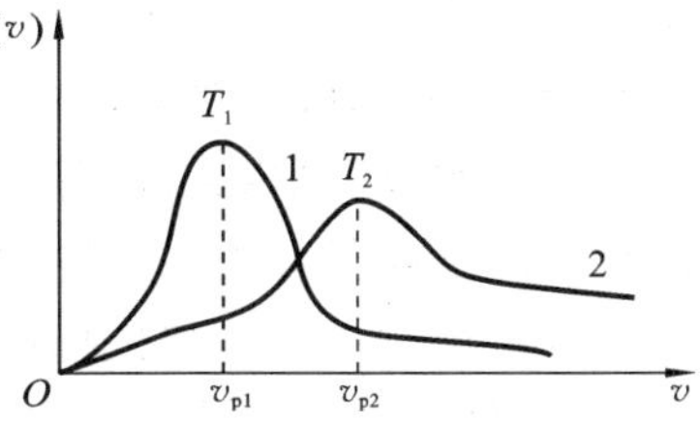

图 12-8　例 12-5 图

解　(1) 因为 $v_p=\sqrt{\dfrac{2kT}{m}}$，而 $v_{p1}<v_{p2}$，且 m 一定，所以 $T_1<T_2$；

(2) 因为 $E=\dfrac{m'}{\mu}\dfrac{i}{2}RT$，而 $T_2>T_1$，所以 $E_2>E_1$；

(3) 因为 $v_p=\sqrt{\dfrac{2kT}{m}}$，而 $v_{p2}>v_{p1}$，且 T 一定，所以 $m_1>m_2$。

例 12-6　如图 12-9 所示，$f(v)$-v 曲线分别表示氢气和氧气在同一温度下的麦克斯韦速率分布曲线，求(1) $v_{p_{H_2}}$；(2) $v_{p_{O_2}}$。

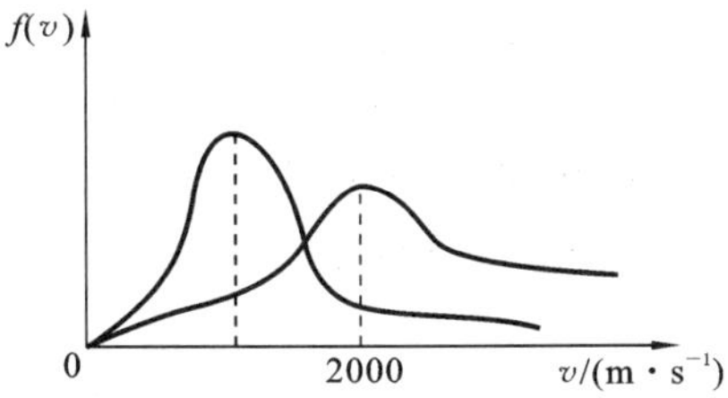

图 12-9　例 12-6 图

解　(1) 因为 $v_p=\sqrt{\dfrac{2kT}{m}}$，又 T 相同、$m_{H_2}<m_{O_2}$，所以 $v_{p_{H_2}}>v_{p_{O_2}}$，故 $v_{p_{H_2}}=2000\ \text{m}\cdot\text{s}^{-1}$；

(2) $v_{p_{O_2}}/v_{p_{H_2}}=\sqrt{\dfrac{2kT}{m_{O_2}}}\Big/\sqrt{\dfrac{2kT}{m_{H_2}}}=\sqrt{m_{H_2}/m_{O_2}}=\dfrac{1}{4}$，

$v_{p_{O_2}}=\dfrac{1}{4}v_{p_{H_2}}=\dfrac{1}{4}\times 2000\ \text{m}\cdot\text{s}^{-1}=500\ \text{m}\cdot\text{s}^{-1}$。

12-7　分子平均碰撞次数和平均自由程

一、分子间的碰撞

在室温下，气体分子平均以每秒几百米的速率运动着。表面看来，气体中的一切过程好像都应在一瞬间就能完成。但实际情况并不如此，气体的混合(扩散过程)进行得相当慢，气体的温度趋于均匀(热传导过程)也需要一定的时间。为什么会出现这种矛盾呢？这是由于分子在行进过程中，不断地与其他分子碰撞，分子只能沿着迂回的折线前进。气体的扩散、热传导等过程进行的快慢都取决于分子间相互碰撞的频繁程度。碰撞是气体动理论的重要问题之一，它有一定的应用上的理论价值。例如，研究输运过程时，必须考虑分子之间的相互作用对运动情况的影响，即分子间的碰撞机制。

二、平均碰撞次数和平均自由程

这里，我们仍需要把分子看作是具有一定体积的刚球，把分子间的相互作用过程看作是刚球的弹性碰撞。两个分子质心间的最小距离的平均值被认为是刚球的直径，叫作分子的有效直径。

每个分子在任意两次连续碰撞之间所通过的自由路程的长短和所需时间的多少，具有偶然性。在研究气体的性质和规律时，需要定义两个重要参数：分子在连续两次碰撞之间所通过的自由路程的平均值，称为平均自由程，用 $\bar{\lambda}$ 表示；每个分子平均在单位时间内与其他分子相碰撞的次数，称为平均碰撞频率，用 $\bar{Z}$ 表示。平均自由程 $\bar{\lambda}$ 和平均碰撞频率 $\bar{Z}$ 的大小反映了分子间碰撞的频繁程度。平均自由程 $\bar{\lambda}$ 从空间角度反映了分子间的碰撞频繁程度，平均碰撞频率 $\bar{Z}$ 从时间角度反映了分子间的碰撞频繁程度。

平均自由程 $\bar{\lambda}$ 和平均碰撞频率 $\bar{Z}$ 之间存在着简单的关系。如果分子的平均速率为 $\bar{v}$，则在任意一段时间 t 内，分子所通过的路程为 $\bar{v}t$，而分子的碰撞次数也是整个路程被折成段数 $\bar{Z}t$，根据定义，平均自由程为

$$\bar{\lambda}=\frac{\bar{v}t}{\bar{Z}t}=\frac{\bar{v}}{\bar{Z}} \tag{12-33}$$

上式表明，分子间的碰撞越频繁，即 $\bar{Z}$ 越大，平均自由程 $\bar{\lambda}$ 就越小。

为了使问题简化，先假设分子中有某分子 A 以平均速率 $\bar{v}$ 运动，其他分子静止不动。所有分子都是直径为 d 的刚球，分子 A 与其他分子碰撞时，都是完全弹性碰撞。

分子 A 与其他分子碰撞后，沿图 12-10 中折线运动 1 s 内，A 走过路程 $s=\bar{v}\cdot 1=\bar{v}$。由图 12-10 可知，凡是与 A 运动的折线 $abcd$ 距离小于 d 的分子，都将和 A 分子碰撞，以 1 s 内分子运动的轨迹为轴作一半径为 d 的柱体，则凡球心在这个柱体内的分子都将与 A 碰撞。设 n 为气体分子数密度，有

$$\bar{Z}=n\pi d^2\bar{v} \tag{12-34}$$

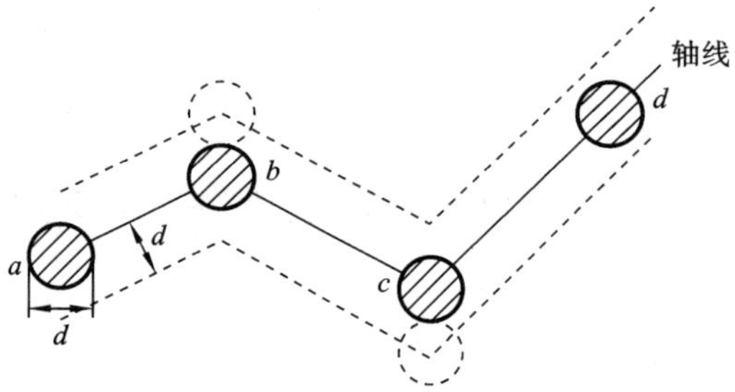

图 12-10　分子间的碰撞

显然，这是 A 分子在 1 s 内和其他分子发生碰撞的平均次数，πd^2 也叫碰撞截面。以上推导中，认为 A 分子以平均速率 $\bar{v}$ 运动，其他分子不动，这个假设与实际情况有很大差别。实际上，其他分子也都在不停地运动，各分子运动速率各不相同，都遵守麦克斯韦速率分布律，因此对上式做修正，修正后结果为

$$\bar{Z}=\sqrt{2}\pi d^2\bar{v}n \tag{12-35}$$

上式表明，平均碰撞次数 $\bar{Z}$ 与分子数密度 n、分子平均速率 $\bar{v}$ 成正比，也与分子直径 d 的平方成正比。

把式(12-35)代入式(12-33)可得

$$\bar{\lambda}=\frac{1}{\sqrt{2}\pi d^2 n} \tag{12-36}$$

这说明，平均自由程 $\bar{\lambda}$ 与分子有效直径 d 的平方及分子数密度 n 成反比，而与分子平均速率 $\bar{v}$ 无关。

因为 $p=nkT$，所以式(12-36)可写成

$$\bar{\lambda}=\frac{kT}{\sqrt{2}\pi d^2 p} \tag{12-37}$$

上式表明，当气体的温度给定时，气体的压强越大，分子的平均自由程越短；气体的压强越小，分子的平均自由程越长。

例 12-7　某理想气体在 T_1、T_2 时的速率分布曲线如图 12-11 所示，若在 T_1、T_2 时的压强相等，则平均自由程哪个大？

解　根据 $\bar{\lambda}=\frac{1}{\sqrt{2}\pi d^2 n}=\frac{kT}{\sqrt{2}\pi d^2 p}$，因为 $v_p=\sqrt{\frac{2kT}{m}}$，而 $v_{p_1}<v_{p_2}$，m 相同，所以 $T_2>T_1$。

又因为 p_1、p_2 相等，所以 $\bar{\lambda}_2>\bar{\lambda}_1$。

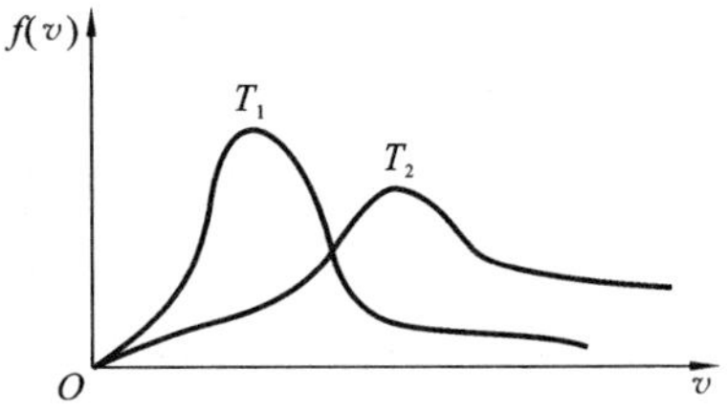

图 12-11　例 12-7 图

习　　题

12-1　一打足气的自行车内胎若在 7.0 ℃ 时轮胎中空气压强为 4×10^5 Pa，假设内胎容积不变，在温度变为 37.0 ℃时轮胎内空气压强为______。

12-2　如图 12-12 所示，曲线分别为氢气和氧气在相同温度下的麦克斯韦速率分布曲线，则 a 表示______的速率分布曲线，b 表示______的速率分布曲线。

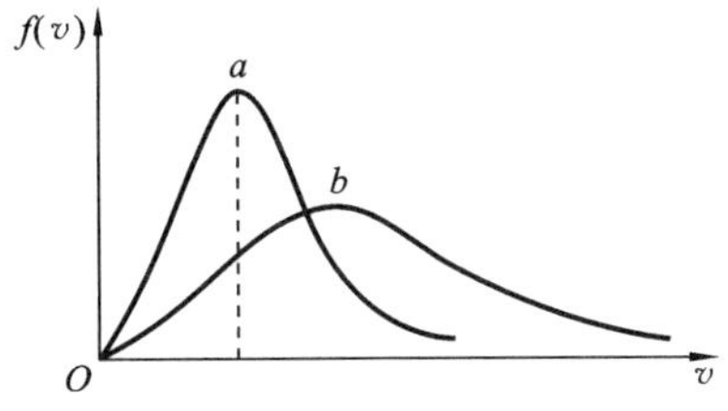

图 12-12　题 12-2 图

12-3　处于平衡态的一瓶氦气和一瓶氮气的分子数密度相同，分子的平均平动动能也相同，则它们(　　)。

A. 温度，压强均相同

B. 温度相同，但氦气的压强大于氮气的压强

C. 温度，压强均不同

D. 温度相同，但氦气的压强小于氮气的压强

12-4　某刚性双原子分子的理想气体处于温度为 T 的平衡态下，若不考虑振动自由度，则该分子的平均总能量为(　　)。

A. $\frac{3kT}{2}$　　B. $\frac{5kT}{2}$　　C. $\frac{3RT}{2}$　　D. $\frac{5RT}{2}$

12-5　理想气体的体积为 V，压强为 p，温度为 T，一个分子的质量为 m，k 为玻尔兹曼常量，R 为摩尔气体常数，则该理想气体的分子数为(　　)。

A. $\frac{pV}{m}$　　B. $\frac{pV}{kT}$　　C. $\frac{pV}{RT}$　　D. $\frac{pV}{mT}$

12-6　压强为 p，体积为 V 的氢气(视为刚性分子理想气体)的内能为(　　)。

A. $\frac{5}{2}pV$　　B. $\frac{3}{2}pV$　　C. $\frac{1}{2}pV$　　D. pV

12-7　已知空气的摩尔质量为 28.9×10^{-3} kg·mol^{-1}，试求在标准状态下空气的密度。

12-8　一容器中原来盛有 10×10^{-2} kg 氧气，其压强为 10 atm，温度为 320 K。因容器漏气，过一段时间后，测得压强减为原来的 $\frac{5}{8}$，温度降为 300 K。求容器的容积及漏掉氧气的质量。

12-9　计算 500 g 氧气在温度为 0 ℃时分子的平均动能，当温度由 0 ℃上升到 25 ℃时，氧气内能的变化量为多少？

12-10　已知在 273 K、0.01 atm 下，容器内装有一理想气体，其密度为 1.24×10^{-2} kg·m^{-3}。求：

(1) 气体的摩尔质量，并确定它是什么气体；

(2) 气体分子的平均平动动能和平均转动动能各为多少？

(3) 单位体积内分子的平动动能是多少？

12-11　求温度为 27 ℃时氧气分子的最概然速率、平均速率及方均根速率。

12-12　一容器内有氧气，其压强 1.01×10^{5} Pa，温度为 27 ℃，求：

(1) 气体的分子数密度 n；

(2) 氧气的密度 ρ；

(3) 分子的平均平动动能 $\bar{\varepsilon}_t$；

(4) 分子间的平均距离 $\bar{d}$(设分子间均匀等距排列)。

12-13　在容积为 2×10^{-3} m^3 的容器中，有内能为 6.75×10^{2} J 的刚性双原子分子的理想气体。

(1) 求气体的压强；

(2) 若容器中分子总数为 5.4×10^{22} 个，求分子的平均平动动能 $\bar{\varepsilon}_t$ 及气体的温度 T。

12-14　一瓶氢气和一瓶氧气的温度相同，若氢分子的平均平动动能为 6.21×10^{-21} J。求：

(1) 氧气分子的平均平动动能和方均根速率；

(2) 氧气的温度。

12-15　图 12-13 所示为处于同一温度 T 时氦(原子量 4)、氖(原子量 20)和氩(原子量 40)三种气体分子的速率分布曲线。其中曲线 a、b、c 各表示什么气体分子的速率分布曲线？

12-16　如图 12-14 所示，曲线分别为氢气和氧气在相同温度下的麦克斯韦速率分布曲线，求：

(1) 氢气分子的最概然速率；

(2) 氧气分子的最概然速率。

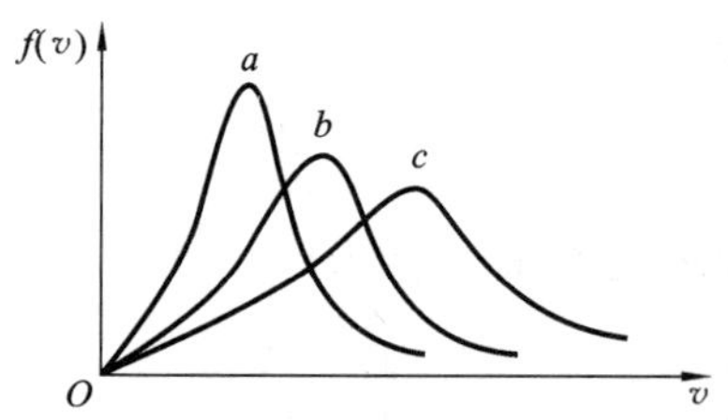

图 12-13　题 12-15 图

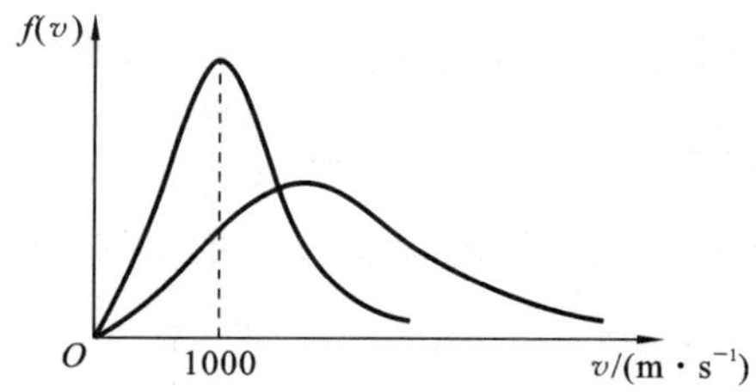

图 12-14　题 12-16 图

12-17　简要说明下列各式的物理意义：

(1) $\frac{1}{2}kT$；　(2) $\frac{3}{2}kT$；　(3) $\frac{i}{2}kT$；　(4) $\frac{i}{2}RT$；　(5) $\frac{m}{\mu}\cdot\frac{3}{2}RT$；　(6) $\frac{m}{\mu}\cdot\frac{i}{2}RT$。

12-18　导体中自由电子的运动，可看作类似气体分子的运动，故常把导体中的自由电子称作“电子气”，设导体中共有 N 个自由电子，其中电子的最大速率为 v_F。已知速率分布在 $v\sim v+\mathrm{d}v$ 内的电子数与总电子数的比率 $\frac{\mathrm{d}N}{N}=\begin{cases}Av^2\mathrm{d}v(0<v<v_F),\\0(v>v_F)。\end{cases}$

(1) 画出速率分布函数曲线；

(2) 确定常量 A；

(3) 求出自由电子的最概然速率 v_p、平均速率 $\bar{v}$ 和方均根速率 $\sqrt{\overline{v^2}}$。

12-19　速率分布函数 $f(v)$ 的意义是什么？试说明下列各式的物理意义。

(1) $f(v)\mathrm{d}v$；　(2) $Nf(v)\mathrm{d}v$；　(3) $\int_{v_1}^{v_2}f(v)\mathrm{d}v$；　(4) $\int_{v_1}^{v_2}Nf(v)\mathrm{d}v$；

(5) $\int_{v_1}^{v_2}vf(v)\mathrm{d}v$；　(6) $\int_{v_p}^{\infty}f(v)\mathrm{d}v$；　(7) $\int_{0}^{\infty}v^2f(v)\mathrm{d}v$；　(8) $\int_{0}^{\infty}\frac{1}{2}mv^2f(v)\mathrm{d}v$

12-20　电子管的真空度约为 1.33×10^{-3} Pa。设空气分子的有效直径为 3×10^{-10} m，求 27 ℃时分子数密度 n、平均自由程 $\bar{\lambda}$ 和平均碰撞频率 $\bar{Z}$。

12-21　一定量的理想气体温度为 T_0，分子的平均碰撞频率为 $\bar{Z}_0$，平均自由程为 $\bar{\lambda}_0$，在容积不变的条件下，温度降为 $T=\frac{T_0}{2}$ 时，求 $\bar{Z}$、$\bar{\lambda}$。

第 13 章　热力学基础

上一章从气体分子热运动观点出发，运用统计学的方法研究了热运动的规律及理想气体的热学性质。本章则从能量的观点出发来研究热现象的宏观现象和规律。热力学不考虑物质的微观结构和微观变化过程。本章讨论的主要内容有准静态过程、功、热量、内能等基本概念，热力学第一定律，理想气体在等值过程中的应用，理想气体的摩尔热容，循环过程，卡诺循环以及热力学第二定律等。

13-1　准静态过程　功　热量

一、准静态过程

在热力学中，一般把所研究的物体或物体组叫作**热力学系统**，简称系统（或工作物），而把与热力学系统相互作用的环境称为**外界**。限于本课程的要求，我们将主要以理想气体作为热力学系统。

热力学系统的状态会随时间而改变，这个变化过程称为**热力学过程**（以下简称过程）。根据过程的中间状态不同，热力学过程又分为准静态过程和非静态过程。

假设有一个系统开始处于平衡态，经过一系列状态变化后到达另一个平衡态。一般来说，在实际的热力学过程中，始末两平衡态之间所经历的中间状态，不可能都是平衡态，而常为非平衡态，所以我们将中间状态不都是平衡态的过程称为**非静态过程**。如果系统在始末两平衡态之间所经历的过程是无限缓慢的，系统所经历的每一个中间态都可近似看成平衡态，那么系统的这个状态变化的过程称为**准静态过程**。

在带有活塞的容器内储有一定量的气体，活塞可沿容器壁滑动，在活塞上放置一些沙粒。开始时，气体处于平衡态，其物理量为 p_1、V_1、T_1。然后，将沙粒一粒一粒地缓慢地拿走，容器中气体的状态始终近似处于平衡态，这种十分缓慢的状态变化过程可近似作为准静态过程。而实际上，活塞的运动是不可能如此无限缓慢和平稳的，因此，准静态过程是理想过程，是实际过程的理想化、抽象化，它在热力学的理论研究和指导实际应用的方面有着重要意义。**如不特别声明，本章所讨论的过程都是准静态过程**。

二、功

下面来讨论系统在准静态过程中，由于其体积变化所做的功。如图 13-1 所示，气体在气缸中，压强为 p，活塞面积为 S，活塞移动 Δl 时，在气体经历的微小变化过程中，p 视为处处均匀，气体对外做功为

$$\Delta W = F\Delta l = pS\Delta l = p\Delta V$$

其中，ΔV 是气体体积微元变化量，功 ΔW 可以用图 13-2 中矩形小面积来表示，所以气体由状态 a 变化到状态 b 的准静态过程中所做的功为

$$W = \sum \Delta W = \sum p\Delta V \tag{13-1}$$

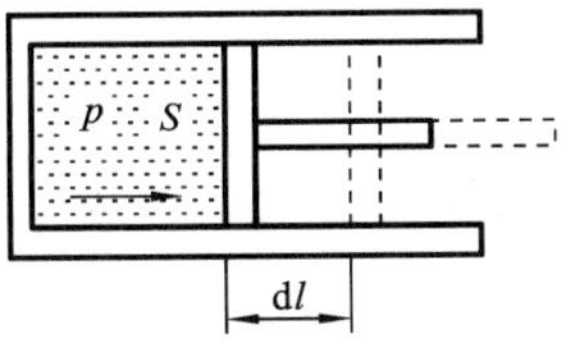

图 13-1　气体对活塞做功示意图

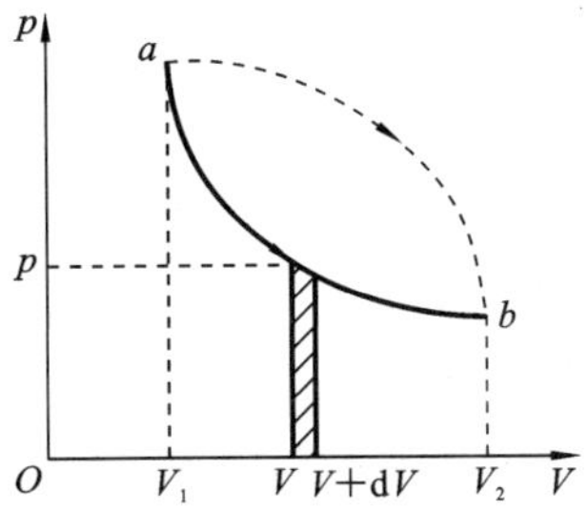

图 13-2　气体的 p-V 曲线

在 p-V 曲线上，W 为实体曲线 ab 与横轴所包围的面积，所以式(13-1)也可以用积分的形式表示。由此，式(13-1)可以写成

$$W = \int_{V_1}^{V_2} p\mathrm{d}V \tag{13-2}$$

当气体膨胀时，它对外界做正功；当气体被压缩时，它对外做负功。假设气体从状态 a 到状态 b 经历另一个路径(图 13-2 中虚线所示)，则气体做功就应该是虚线 ab 与横轴所包围的面积。状态变化过程不同，系统所做的功也就不同。系统所做的功不仅与系统的始末状态有关，而且与中间过程有关，所以说功是状态函数，是一个过程量。

三、热量

对系统做功可以改变系统的状态。除此之外，向系统传递热量也可以改变系统的状态。在国际单位制中，热量与功的单位相同，均为焦耳(J)。

热量传递的多少与其传递的方式有关，所以，热量与功一样，是与热力学过程有关的量，也是一个过程量。焦耳曾经用实验证明：如用做功和传热的方式使系统升高相同的温度时，所传递的热量和所做的功有一定的比例关系，即 1 cal 热量＝4. 18 J 功。可见，功与热量具有等效性。

虽然热量和功具有等效性的一面，但也有区别。功是通过物体做宏观位移来完成的，其作用是机械运动与系统内分子无规则热运动之间的转换，从而改变内能；热传递是通过分子间相互作用完成的，其作用是外界分子无规则热运动与系统内分子无规则热运动之间的转换，从而改变内能。

13-2　热力学第一定律　内能

热力学第一定律是包括热现象在内的能量转化和守恒定律。19 世纪中叶，在长期生产实践和科学实验的基础上，它才以科学定律的形式被确立起来。能量转化和守恒定律表述如下：自然界的一切物质都具有能量，能量有各种不同的形式，能够从一种形式转化为另一种形式，从

一个物体传递给另一个物体,在转化和传递中能量大小保持不变。

一般情况下,当系统状态发生变化时,做功和传热往往是同时存在的。设有一系统,外界对它传热为 Q,使系统内能由 E_1 变化到 E_2,与此同时,系统对外界做功为 W,那么上述过程用数学式表示为

$$Q=(E_2-E_1)+W=\Delta E+W \tag{13-3}$$

上式的物理意义:系统从外界吸收的热量,一部分用于系统对外做功,另一部分用于增加系统的内能。这就是**热力学第一定律**。

为方便应用,式(13-3)需要做如下规定: $Q>0$ 表示系统从外界吸收热量, $Q<0$ 表示系统向外界放出热量; $W>0$ 表示系统对外界做正功, $W<0$ 表示系统对外界做负功,即外界对系统做功; $\Delta E>0$ 表示系统内能增加, $\Delta E<0$ 表示系统内能减少。

对于系统状态微小变化过程,热力学第一定律的公式(13-3)变为

$$\mathrm{d}Q=\mathrm{d}E+\mathrm{d}W \tag{13-4}$$

上一章在讲述理想气体的内能时曾经说过理想气体的内能是温度的函数,即 $E=E(T)$。对一般气体来说,其内能则是温度和体积的函数,即 $E=E(V,T)$。总之,当气体的状态一定时,其内能也是一定的,故气体的内能是气体状态的单值函数。气体的内能的增量 ΔE 只取决于气体的始末函数,而与过程无关。例如,在图 13-3(a)中,一系统从内能为 E_1 的状态 A 可经 ACB 的过程到达内能为 E_2 的状态 B,也可以经 ADB 的过程到达状态 B。虽然状态 A 和状态 B 之间的这两个过程的中间状态并不相同,但从状态 A 到状态 B 系统内能的增量是相同的,即 $\Delta E=E_2-E_1$。如果我们使系统经历图 13-3(b)所示的过程,即从状态 A 出发,经 $ACBDA$ 过程后,又回到起始状态 A,系统的状态没有变化,则系统内能的增量为零,即 $\Delta E=0$。

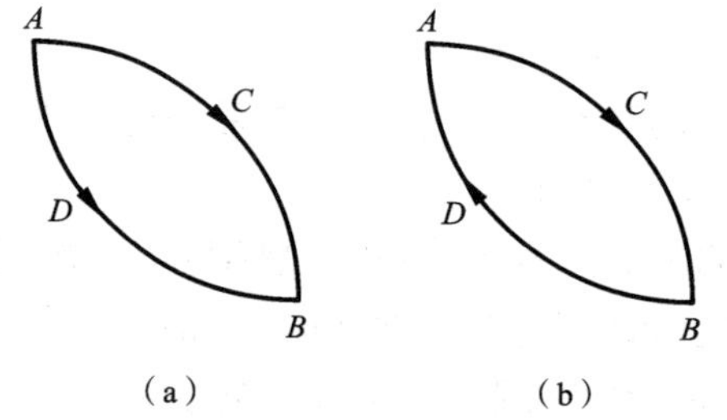

图 13-3　系统内能的改变与过程无关

最后,简述一下第一类永动机的问题。由热力学第一定律可以知道,要使系统对外做功,必然要消耗系统的内能或由外界吸收热量,或两者皆有。历史上曾有不少人企图制造一种机器,既不消耗系统的内能,又不需要外界向它传递热量,即不消耗任何能量而能不断地对外做功,这种机器叫作第一类永动机。但是,由于它违反了热力学第一定律而终未制成。所以热力学第一定律也可表述为,第一类永动机是不可能实现的。

13-3　理想气体的等容过程和等压过程　摩尔热容

热力学第一定律是一条普遍的自然规律,适用于任何热力学系统所进行的任意过程。本节仅讨论理想气体在等体及等压过程中的应用。

一、等体过程　摩尔定容热容

如图 13-4(a)所示，设一气缸内活塞固定不动，有一系列温差微小的热源 T_1，T_2，T_3，…（$T_1<T_2<T_3<\cdots$）依次与气缸接触，使气缸内气体温度上升，p 也上升，但 V 保持不变，这样的准静态过程称为等体过程或等容过程。

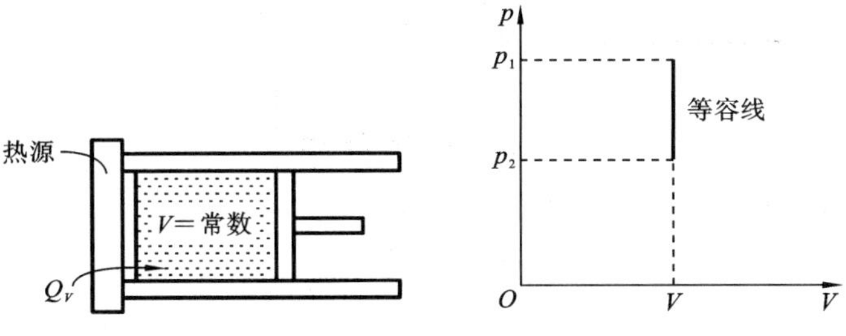

图 13-4　等体过程

图 13-4(b)所示的线称为等体线或等容线。其过程方程是

$$V=V_0\text{（恒量）}\tag{13-5}$$

即

$$\frac{p_1}{p_2}=\frac{T_1}{T_2}\tag{13-6}$$

由 $W=\int_{V_1}^{V_2}p\mathrm{d}V$，因为 $\mathrm{d}V=0$，所以 $W=0$。根据热力学第一定律有 $Q=E_2-E_1$，系统所吸收的热量为

$$Q=\frac{m'}{\mu}\frac{i}{2}R(T_2-T_1)\tag{13-7}$$

因此，在等容过程中，外界传给气体的热量全部用来增加气体内能，气体对外做功为零。

下面我们来讨论理想气体的摩尔定容热容。

设有 1 mol 理想气体，在等体过程中，温度由 T 升高到 $T+\mathrm{d}T$，吸收热量为 $\mathrm{d}Q_V$，则气体的摩尔定容热容为

$$C_V=\frac{\mathrm{d}Q_V}{\mathrm{d}T}=\frac{\mathrm{d}E}{\mathrm{d}T}=\frac{\mathrm{d}}{\mathrm{d}T}\left[\frac{i}{2}RT\right]=\frac{i}{2}R\tag{13-8}$$

对于摩尔定容热容为 C_V，物质的量为 $\frac{m'}{\mu}$ 的理想气体，在等体过程中，其温度由 T_1 改变为 T_2 时，所吸收的热量则为

$$Q_V=\frac{m'}{\mu}C_V(T_2-T_1)\tag{13-9}$$

二、等压过程　摩尔定压热容

如图 13-5(a)所示，气缸活塞上的砝码保持不动，令气缸与一系列温差微小的热源 T_1，T_2，T_3，…（$T_1<T_2<T_3<\cdots$）依次接触，气体的温度会逐渐升高，因为 p 保持不变，所以 V 也要逐渐增大，这样的准静态过程称为等压过程。

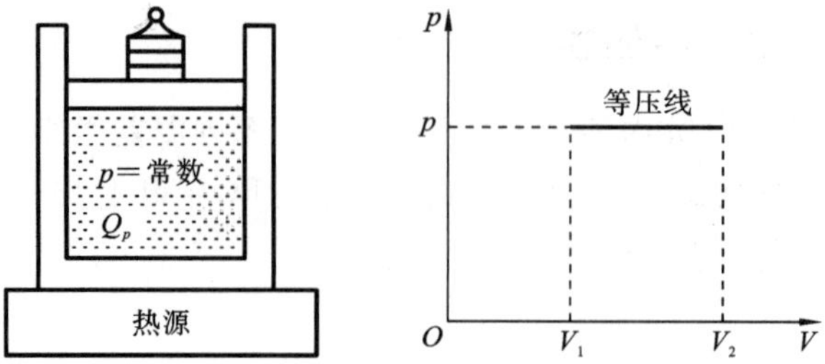

(a)　　　　　　　　(b)

图 13-5　等压过程

图 13-5(b)所示的曲线为等压线，其过程方程为

$$p=p_0(\text{恒量}) \tag{13-10}$$

即

$$\frac{V_2}{V_1}=\frac{T_2}{T_1} \tag{13-11}$$

气体对外界所做的功为

$$W=\int_{V_1}^{V_2} p\mathrm{d}V=p_0(V_2-V_1) \tag{13-12}$$

气体内能的变化为

$$E_2-E_1=\frac{m'}{\mu}\frac{i}{2}R(T_2-T_1) \tag{13-13}$$

气体从外界吸收的热量为

$$\begin{aligned}Q_p&=(E_2-E_1)+W=\frac{m'}{\mu}\frac{i}{2}R(T_2-T_1)+p_0(V_2-V_1)\\&=\frac{m'}{\mu}\cdot\frac{i}{2}R(T_2-T_1)+\frac{m'}{\mu}R(T_2-T_1)\end{aligned}$$

即

$$Q_p=\frac{m'}{\mu}\frac{i+2}{2}R(T_2-T_1) \tag{13-14}$$

因此，在等压过程中，气体吸收的热量一部分转换为内能，另一部分转换为对外所做的功。

下面我们来讨论理想气体的摩尔定压热容。

设有 1 mol 的理想气体，在等压过程中，温度由 T 升高到 $T+\mathrm{d}T$，吸收热量为 $\mathrm{d}Q_p$，则气体的摩尔定压热容为

$$C_p=\frac{\mathrm{d}Q_p}{\mathrm{d}T}=\frac{\mathrm{d}E+p\mathrm{d}V}{\mathrm{d}T}=\frac{\mathrm{d}E}{\mathrm{d}T}+p\,\frac{\mathrm{d}V}{\mathrm{d}T}=C_V+p\,\frac{\mathrm{d}V}{\mathrm{d}T}=C_V+R \tag{13-15}$$

对于摩尔定压热容为 C_p，物质的量为$\frac{m'}{\mu}$的理想气体，在等压过程中，其温度由 T_1 改变为 T_2 时，所吸收的热量则为

$$Q_p=\frac{m'}{\mu}C_p(T_2-T_1) \tag{13-16}$$

在实际应用中，常常用到 C_p 与 C_V 的比值，这个比值称为比热容比，通常用符号 γ 表示，有

$$\gamma=\frac{C_p}{C_V} \tag{13-17}$$

其中，

$$C_V=\frac{i}{2}R;\quad C_p=C_V+\frac{i}{2}R=\frac{i+2}{2}R \tag{13-18}$$

几种理想气体的 C_V 和 C_p 理论值见表 13-1。

表 13-1　几种理想气体的 C_V 和 C_p 理论值

气体	i	$C_V/(\mathrm{J\cdot mol^{-1}\cdot K^{-1}})$	$C_p/(\mathrm{J\cdot mol^{-1}\cdot K^{-1}})$	$C_p-C_V/(\mathrm{J\cdot mol^{-1}\cdot K^{-1}})$	$\gamma=C_p/C_V$
单原子分子	3	$\frac{3}{2}R=12.47$	$\frac{5}{2}R=20.78$	8.31	1.67
刚性双原子分子	5	$\frac{5}{2}R=20.78$	$\frac{7}{2}R=29.09$	8.31	1.40
非刚性双原子分子	7	$\frac{7}{2}R=29.09$	$\frac{9}{2}R=37.39$	8.31	1.39
刚性三原子分子	6	$3R=24.93$	$4R=33.24$	8.31	1.33
非刚性三原子分子	12	$6R=49.86$	$7R=58.17$	8.31	1.17

注：R 取 8.31 $\mathrm{J\cdot mol^{-1}\cdot K^{-1}}$。

13-4　理想气体的等温过程和绝热过程

一、等温过程

如图 13-6(a)所示，设一气缸的活塞上放有沙粒，气缸与恒温热源接触，将沙粒一粒一粒地拿下，则气体与外界压强差依次差一微小量，因为 V 要增大，T 保持不变，所以 p 要减小，这样的准静态过程即为等温过程。

图 13-6(b)所示的线称为等温线。

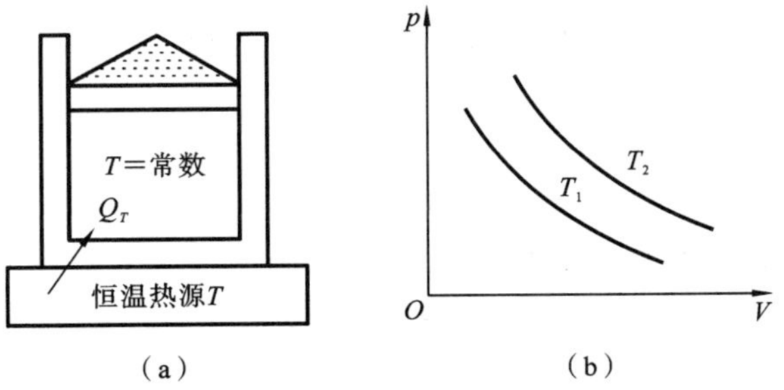

图 13-6　等温过程

其过程方程是

$$pV=C(C\text{ 为恒量}) \tag{13-19}$$

在等温过程中,两状态间参数的关系是

$$p_1V_1=p_2V_2 \tag{13-20}$$

在等温过程中,外界对气体所做的功为

$$\begin{aligned}Q_T=W&=\int_{V_1}^{V_2}p\mathrm{d}V=\int_{V_1}^{V_2}\frac{m'}{\mu}RT\,\frac{1}{V}\mathrm{d}V\\&=\frac{m'}{\mu}RT\int_{V_1}^{V_2}\frac{1}{V}\mathrm{d}V=\frac{m'}{\mu}RT\ln\frac{V_2}{V_1}\\&=\frac{m'}{\mu}RT\ln\frac{p_1}{p_2}\end{aligned} \tag{13-21}$$

因此,在等温过程中,气体吸收的热量全部用来对外做功,气体内能不变。

图 13-6(b)所示为等温线图,等温线为双曲线的一支,当 $T_2>T_1$ 时,T_2 对应曲线比 T_1 对应曲线离原点较远。

二、绝热过程

系统在状态变化时与外界没有热量交换的过程称为绝热过程。例如,在用良好的绝热材料隔离的孤立系统内部进行的过程,或者由于进行很快而来不及与外界交换热量的过程,还有内燃机中热气体的迅速膨胀过程,都可近似看作绝热过程。

下面推导绝热过程方程。

在绝热过程中,因为 $Q=0$,由热力学第一定律得$(E_2-E_1)+W=0$,即系统内能的改变完全由外界对系统做功引起。即

$$E_2-E_1=-W \tag{13-22}$$

在准静态过程中,理想气体状态参量的变化对于一微小的绝热过程来说,由式(13-22)有

$$-p\mathrm{d}V=\frac{m'}{\mu}C_V\mathrm{d}T \tag{13-23}$$

p、V、T 三个量要同时满足理想气体的状态方程 $pV=\frac{m'}{\mu}RT$。对状态方程微分得

$$p\mathrm{d}V+V\mathrm{d}p=\frac{m'}{\mu}R\mathrm{d}T \tag{13-24}$$

将式(13-23)和式(13-24)联立消去 $\mathrm{d}T$,得

$$(C_V+R)p\mathrm{d}V=-C_VV\mathrm{d}p$$

上式还可以写成

$$\frac{\mathrm{d}p}{p}+\gamma\frac{\mathrm{d}V}{V}=0 \tag{13-25}$$

这就是理想气体**准静态绝热过程的微分方程**。将式(13-25)积分,得

$$\ln p+\gamma\ln V=\text{常数}$$

或

$$pV^{\gamma}=\text{常数}$$

或

$$pV^{\gamma}=C_1 \tag{13-26a}$$

利用上式和状态方程消去 p 或 V 可得

$$p^{\gamma-1}T^{-\gamma}=C_3 \qquad (13\text{-}26b)$$

$$p^{\gamma-1}T^{-\gamma}=C_3 \qquad (13\text{-}26c)$$

以上三式中的 C_1、C_2、C_3 都是常量。这三个式子就是在准静态绝热过程中，理想气体的状态参量 p、V、T 所满足的关系，都称为**绝热过程方程**。

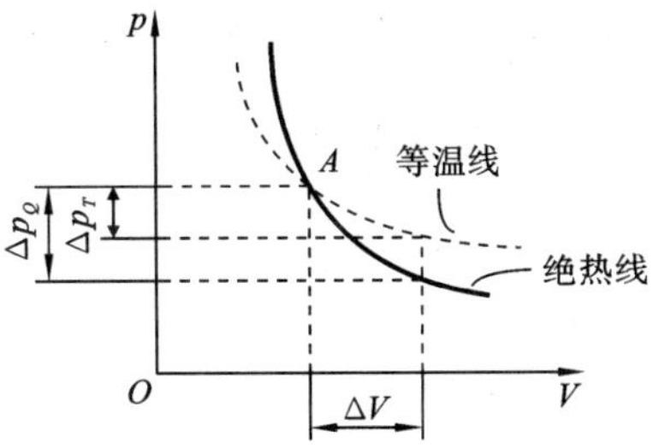

图 13-7　等温线与绝热线

根据 $pV^{\gamma}=$常数，可在 p-V 曲线上画出理想气体绝热过程所对应的曲线，称为绝热线(见图 13-7)。与等温过程相比，因为比热容比 $\gamma>1$，所以绝热线比等温线陡些。

例 13-1　1 mol 单原子分子理想气体，由 0 ℃分别经等容和等压过程变为 100 ℃，求两个过程中吸热分别为多少？

解　(1) 等容过程：

$$Q_V=\frac{m'}{\mu}C_V(T_2-T_1)=1\cdot\frac{i}{2}R(T_2-T_1)$$

$$=1\ \text{mol}\times\frac{3}{2}\times 8.31\ \text{J}\cdot\text{mol}^{-1}\cdot\text{K}^{-1}\times 100\ \text{K}$$

$$=1.25\times 10^3\ \text{J}$$

(2) 等压过程：

$$Q_p=\frac{m'}{\mu}C_p(T_2-T_1)=1\cdot\frac{2+i}{2}R(T_2-T_1)$$

$$=1\ \text{mol}\times\frac{5}{2}\times 8.31\ \text{J}\cdot\text{mol}^{-1}\cdot\text{K}^{-1}\times 100\ \text{K}$$

$$=2.08\times 10^3\ \text{J}$$

例 13-2　一定量的理想气体经绝热过程由状态(p_1、V_1)到(p_2、V_2)，求此过程中气体对外所做的功。

解　〈方法一〉由于 $pV^r=C_1$，有

$$W=\int_{V_1}^{V_2}p\mathrm{d}V=\int_{V_1}^{V_2}\frac{C_1}{V^r}\mathrm{d}V=\frac{1}{1-r}\left(\frac{C_1}{V_2^{r-1}}-\frac{C_1}{V_1^{r-1}}\right)$$

$$=\frac{1}{1-r}(p_2V_2-p_1V_1)$$

〈方法二〉

$$W=-(E_2-E_1)=-\frac{m'}{\mu}\frac{i}{2}R(T_2-T_1)=-\frac{i}{2}(p_2V_2-p_1V_1)$$

$$W=\frac{1}{1-r}(p_2V_2-p_1V_1)$$

13-5　循环过程　卡诺循环

在生产实践中需要持续不断地把热转换为功，但依靠一个单独的变化过程不能达到这个目的。例如，气缸中气体等温膨胀时，它从热源吸热对外做功，它所吸收的热量全部用来对外做功。由于气缸长度总是有限的，这个过程不能无限地进行下去，因此依靠气体等温膨胀所做的

功是有限的。为了维持不断地把热量转变为功,必须利用循环过程。

一、循环过程

如果一系统由某一状态出发,经过任意的一系列过程,最后又回到原来的状态,这样的过程称为循环过程。图 13-8 所示闭合曲线 $abcda$ 为在 p-V 曲线上某一准静态循环过程。

对于正循环,在过程 abc 中,系统对外界做正功,其数值等于曲线 abc 与横轴所包围的面积;在过程 cda 中,系统对外界做负功,数值等于曲线 cda 与横轴所包围的面积,如图 13-8 所示。因此,在正循环中,系统对外界所做的总功 W 为正,等于 $abcda$ 所包围的面积,因为系统最后回到原来的状态,所以内能不变。由热力学第一定律可知,在整个循环过程中系统从外界吸收的热量总和 Q_1 必然大于放出的热量总和 Q_2,而且其量值之差 Q_1-Q_2 就等于系统对外所做的总功 W。因此,系统经过正循环过程,则从某些高温热源处吸收热量,部分用来对外做功,部分在某些低温热源处放出,而系统回到原来状态。热机在一个循环过程中能量的转换情况如图 13-9所示。

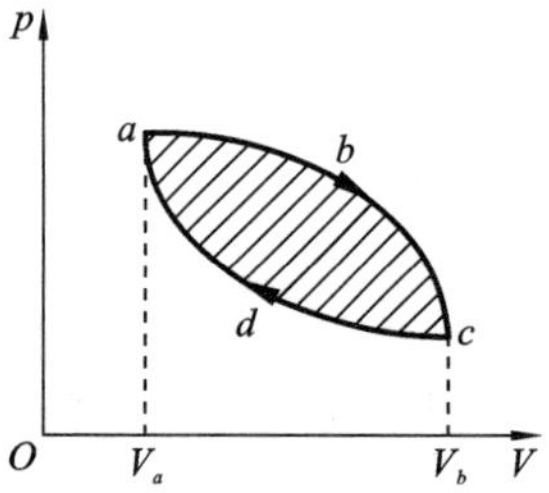

图 13-8 准静态循环过程

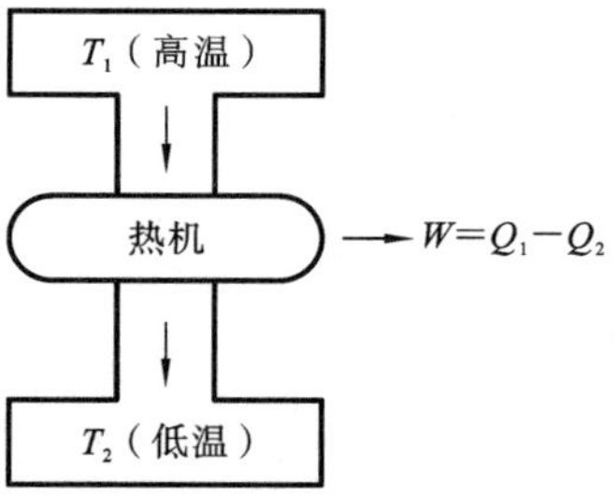

图 13-9 热机的热循环过程

热机从高温热源吸取的热量有多少能转换为有用功的标志,就是**热机的效率**。热机效率 η 的定义式为

$$\eta=\frac{W}{Q_1}=\frac{Q_1-Q_2}{Q_1}=1-\frac{Q_2}{Q_1} \tag{13-27}$$

它也称为循环效率。不同的热机因为循环过程不同而有不同的效率。

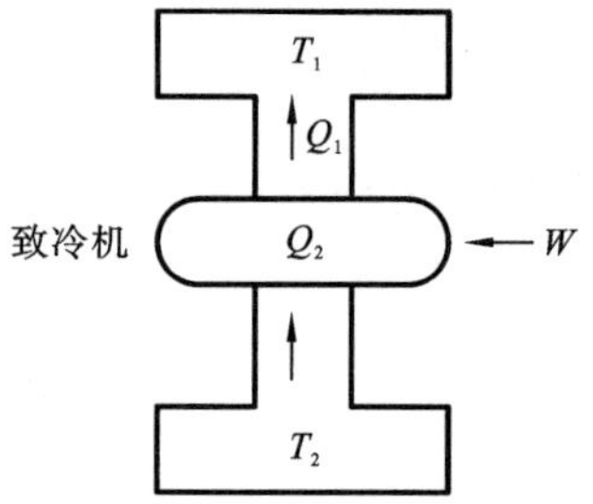

图 13-10 致冷机的热循环过程

逆循环是致冷机中工作物质所进行的循环。通过这种循环,致冷机从低温热源吸取热量 Q_2,把它输送到高温热源。在这一过程中,外界对工作物质所做的净功,最终也将转化成热量向高温热源输出。致冷机在一个循环过程中能量的转换情况如图 13-10 所示。若高温热源所接受的总热量为 Q_1,根据热力学第一定律,应有

$$Q_1=Q_2+W$$

所以,逆循环是在外界做功的条件下,使热量从低温热源传向高温热源,以达到制冷的目的,这就是致冷机原理。故致冷机的效率可用从低温吸取的热量 Q_2 和外界对工作物质做的净功 W 的比值来衡量,这一比值称为**制冷系数**,用 ε 表示:

$$\varepsilon=\frac{Q_2}{W}=\frac{Q_2}{Q_1-Q_2} \tag{13-28}$$

显然，制冷系数越大，致冷机从低温热源吸取同样热量所需要的功就越少，制冷效率就越高。

二、卡诺循环

19 世纪初，热机效率很低，只有 3%～5%，许多人都为了提高热机效率而不断努力。1824 年，法国青年工程师卡诺提出了一种理想的热机——卡诺热机，并从理论上得出了这种热机效率的极限，卡诺的研究不仅为提高热机效率指出了方向，而且对热力学第二定律的建立起了重要作用。

卡诺热机的循环过程称为卡诺循环，它的工作物质只和两个恒温热源（一个高温恒温热源和一个低温恒温热源）交换能量。假设工作物质是理想气体，循环过程是平衡过程，工作物质与高温恒温热源和低温恒温热源接触的吸热和放热过程都是等温过程；因为工作物质只和两个热源交换能量，所以和两热源分开时进行的过程必然是绝热过程。因此，卡诺循环是两个等温过程和两个绝热过程组成的循环过程。设有一卡诺热机，高温热源温度为 T_1，低温热源温度为 T_2，工作物质是理想气体，其在 p-V 曲线上的循环过程如图 13-11 所示。

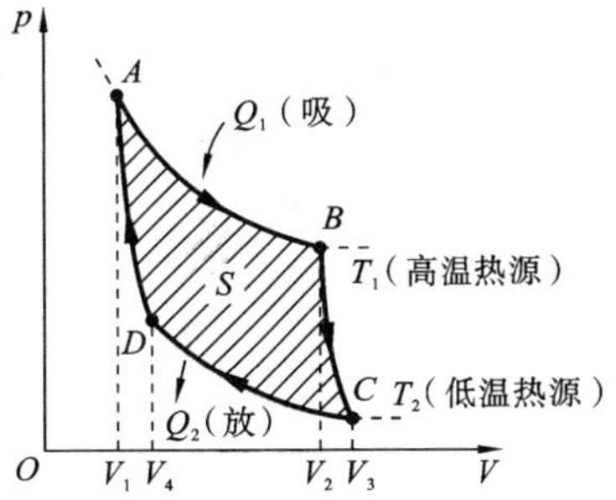

图 13-11　卡诺循环

在如图 13-11 所示卡诺循环中，$A\to B$ 为等温膨胀过程，在此过程中，工作物质从外界吸热：

$$Q_1=\frac{m'}{\mu}RT_1\ln\frac{V_2}{V_1}$$

$C\to D$ 为等温压缩过程，在此过程中，工作物质向外界放热：

$$Q_2=\left|\frac{m'}{\mu}RT_2\ln\frac{V_4}{V_3}\right|=\frac{m'}{\mu}RT_2\ln\frac{V_3}{V_4}$$

$B\to C$ 为绝热膨胀过程，$D\to A$ 为绝热压缩过程，在这两个过程中，工作物质和热源无能量交换。

在整个循环过程中，系统对外所做净功 W 等于净吸热 Q_1 与净放热 Q_2 之差，即

$$W=Q_1-Q_2=\frac{m'}{\mu}RT_1\ln\frac{V_2}{V_1}-\frac{m'}{\mu}RT_2\ln\frac{V_3}{V_4}$$

净功 W 在数值上等于图 13-11 所示封闭曲线 $ABCDA$ 所包围的面积。

由绝热过程 $B\to C$，可得

$$T_1V_2^{\gamma-1}=T_2V_3^{\gamma-1}$$

由绝热过程 $D\to A$，可得

$$T_1V_1^{\gamma-1}=T_2V_4^{\gamma-1}$$

两式相除，得

$$\frac{V_2}{V_1}=\frac{V_3}{V_4}$$

代入净功 W 的表达式，得

$$W=\frac{m'}{\mu}R(T_1-T_2)\ln\frac{V_2}{V_1}$$

由 Q_1、W 的表达式可得到卡诺循环的效率公式:

$$\eta=\frac{W}{Q_1}=\frac{\frac{m'}{\mu}R(T_1-T_2)\ln\frac{V_2}{V_1}}{\frac{m'}{\mu}RT_1\ln\frac{V_2}{V_1}}=\frac{T_1-T_2}{T_1}=1-\frac{T_2}{T_1} \tag{13-29}$$

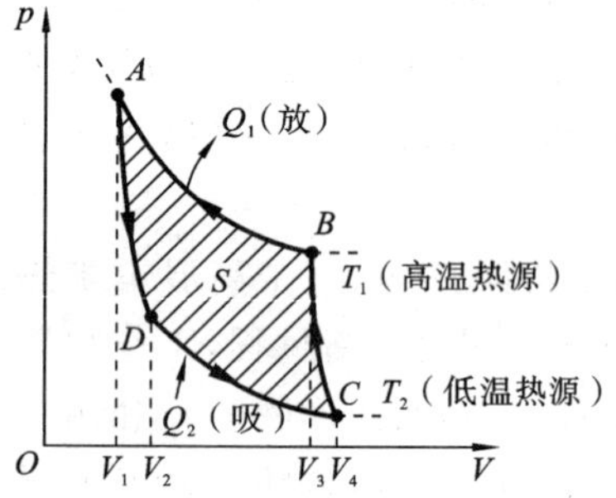

图 13-12 逆向卡诺循环

由此可见,理想气体准静态过程的卡诺循环的效率只由高温热源和低温热源的温度决定。显然,两热源的温差越大,则效率越高,这是除了减少损耗外提高热机效率的方向之一。

如图 13-12 所示为卡诺致冷机,与上面正向卡诺循环的推导方法类似,可得到理想气体逆向卡诺循环的制冷系数为

$$\varepsilon=\frac{Q_2}{W}=\frac{Q_2}{Q_1-Q_2}=\frac{T_2}{T_1-T_2} \tag{13-30}$$

在一般的致冷机中,高温热源的温度 T_1 通常就是大气温度,由上式可见,逆向卡诺循环的制冷系数 ε 取决于所希望达到的制冷温度 T_2。显然,T_2 越低,制冷系数越小。

例 13-3 一卡诺可逆热机工作在温度 127 ℃和 27 ℃的两个热源之间,在一次循环中工作物质从高温热源吸热 600 J,那么系统对外做多少功?

解

$$\eta_{卡}=\frac{W}{Q_1}=1-\frac{T_2}{T_1}$$

$$W=Q_1\left(1-\frac{T_2}{T_1}\right)=600\left(1-\frac{300}{400}\right)\ \text{J}=150\ \text{J}$$

例 13-4 某理想气体分别进行了如图 13-13 所示的两个卡诺循环:Ⅰ($abcda$)和Ⅱ($a'b'c'd'a'$),且两条循环曲线所围面积相等,设循环Ⅰ的效率为 η,每次循环在高温热源处吸的热量为 Q,循环Ⅱ的效率为 η',每次循环在高温热源处吸的热量为 Q',则(　　)。

A. $\eta<\eta'$, $Q<Q'$　　B. $\eta<\eta'$, $Q>Q'$

C. $\eta>\eta'$, $Q<Q'$　　D. $\eta>\eta'$, $Q>Q'$

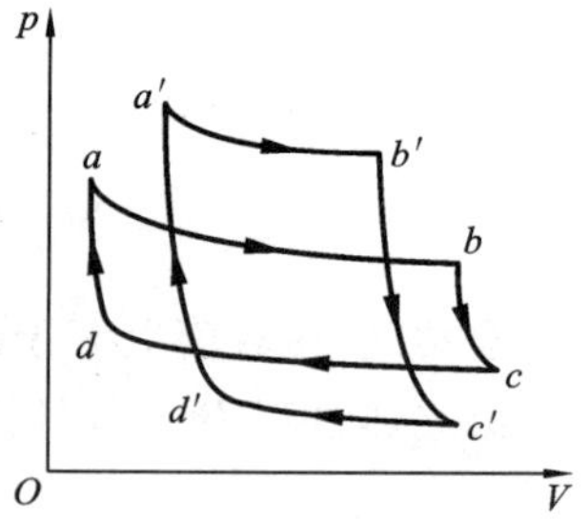

图 13-13 例 13-4 图

解 由式(13-29)可知,

$$\eta=1-\frac{T_2}{T_1},\quad \eta'=1-\frac{T_2'}{T_1'}$$

因为

$$T_2'<T_2,\quad T_1'>T_1$$

所以

$$\eta'=1-\frac{T_2'}{T_1'}>\eta$$

根据式(13-27),有

$$\eta=\frac{W}{Q},\ \eta'=\frac{W'}{Q'}$$

由于 $W=W'$(循环面积相等),$\eta<\eta'$,得到 $Q>Q'$。

故选 B。

13-6　热力学第二定律　卡诺定理

一、热力学第二定律

热力学第二定律是在研究如何提高热机效率的推动下逐步被发现的。在 19 世纪初，蒸汽机在工业上得到越来越多的应用，提高热机效率已是摆在人们面前的重要课题。在理论上，卡诺早在 1824 年就说明，热机要有效地做功，它至少必须工作在两个热源之间，并提出了可逆热机效率最高的定理。克劳修斯从卡诺的结论出发，在 1850 年提出：热量由物体自动地转移到另一较高温物体而不引起其他变化是不可能的。这就是热力学第二定律的克劳修斯表述。它排除了实现理想致冷机的可能性。

热机要对外做功，必须工作在两个有不同温度的热源之间，工作物质从高温热源吸热 Q_1，将其中一部分转化为机械功 W，把另一部分热量 Q_2 传给低温热源，根据热机效率公式

$$\eta=\frac{W}{Q_1}=\frac{Q_1-Q_2}{Q_1}=1-\frac{Q_2}{Q_1} \tag{13-31}$$

可知，如果热机只需要一个热源工作，即 $Q_2=0$，则这种热机的效率将是最高的($\eta=100\%$)。但大量事实说明，这是不可能实现的。在 1851 年，开尔文把上述情况总结出一条新的规律，表述为：不可能从单一热源吸收热量，使之完全变为有用功而不产生其他影响。这就是热力学第二定律的开尔文表述。需要说明的是，“单一热源”是指温度均匀且恒定不变的热源，而“其他影响”是指除了“由单一热源吸收热量，并把所吸收的热量转变为功”以外的任何其他变化。如果无其他影响产生，则由单一热源所吸收的热量全部转化为功是不可能的。例如，理想气体等温膨胀，由于内能不变，气体从单一恒温热源所吸收的热量，完全转变为对外界所做的功，但产生了其他影响：气体的体积膨胀了。

违反热力学第一定律的机器称为第一类永动机，所以我们将违反热力学第二定律的机器称为第二类永动机。后一类永动机在一个循环中能从单一热源吸热并使之完全转变为功，而不产生其他影响。这种机器并不违反热力学第一定律，因为它在工作过程中能量仍是守恒的，它的经济价值是最高的。例如，它可以利用海洋、土壤和周围大气作为热源，从这些实际是取之不尽的内能库中不断吸取热量而做功。如果能够制成这种把能量百分之百地转化为机械能的热机，机械工程就会创造出比第一类永动机毫不逊色的种种奇迹。因此热力学第二定律也可简述为，第二类永动机是不可能制成的。

二、卡诺定理

热力学第二定律断言，热机要能做功，必须工作于至少两个具有不同温度的热源之间，热机效率小于 100%。那么，在两个热源之间工作的热机所能达到的最高效率是多少呢？这种热机又有什么特性？1824 年卡诺提出可逆循环热机的概念，从理论上回答了上述问题，即为卡诺定理。

定理 1：在相同的高温热源和低温热源之间工作的任意工作物质的可逆热机，都具有相同的效率。

定理 2:工作在相同的高温热源和低温热源之间的一切不可逆热机的效率都不可能大于可逆热机的效率。

数学表达为

$$\eta \leqslant 1-\frac{T_2}{T_1} \tag{13-32}$$

式中,“＝”适用于可逆热机,而“＜”则适用于不可逆热机。

习　　题

13-1　如图 13-14 所示,一定量的理想气体,由平衡态 A 变化到平衡态 B,则无论经过什么过程,系统必然(　　)。

A. 对外做正功　　B. 内能增加　　C. 从外界吸热　　D. 向外界放热

13-2　一物质系统从外界吸收一定的热量,则(　　)。

A. 系统的内能一定增加

B. 系统的内能一定减少

C. 系统的内能一定保持不变

D. 系统的内能可能增加,也可能减少或保持不变

13-3　两个相同的刚性容器,一个盛有氢气,一个盛有氦气(均视为刚性分子理想气体)。开始时它们的压强和温度都相同,现将 3 J 热量传给氦气,使之升高到一定的温度。若使氢气也升高同样的温度,则应向氢气传递的热量为(　　)。

A. 6 J　　B. 3 J　　C. 5 J　　D. 10 J

13-4　如图 13-15 所示,一定量理想气体从体积 V_1 膨胀到体积 V_2,分别经历如下过程:$A\to B$ 等压过程,$A\to C$ 等温过程,$A\to D$ 绝热过程,其中吸热量最多的过程(　　)。

A. 是 $A\to B$　　B. 是 $A\to C$　　C. 是 $A\to D$

D. 既是 $A\to B$ 也是 $A\to C$, 两过程吸热一样多

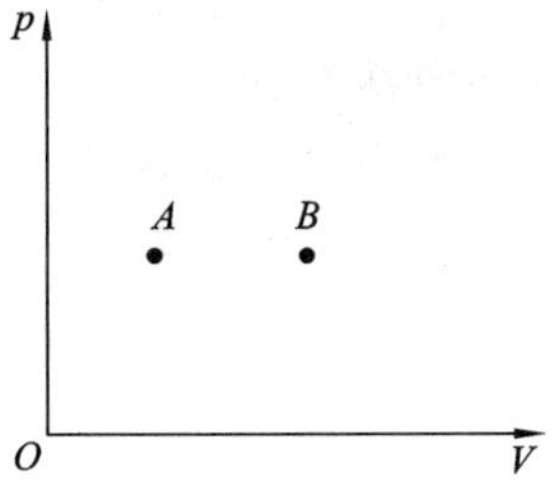

图 13-14　题 13-1 图

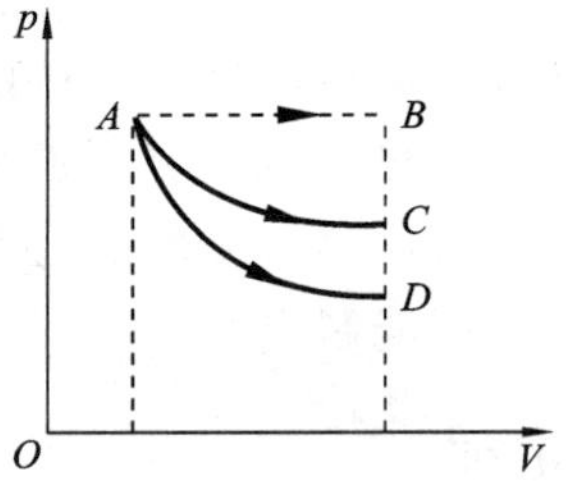

图 13-15　题 13-4 图

13-5　一台工作于 327 ℃和27 ℃的高温热源与低温热源之间的卡诺热机,每经历一个循环过程吸热 2000 J,则它对外做功(　　)。

A. 2000 J　　B. 1000 J　　C. 4000 J　　D. 500 J

13-6　根据热力学第二定律,下列说法正确的是(　　)。

A. 自然界中的一切自发过程都是不可逆的

B. 不可逆过程就是不能向相反方向进行的过程

C. 热量能从高温物体传到低温物体，但不能从低温物体传到高温物体

D. 任何过程总是沿着熵增加的方向进行

13-7　根据热力学第二定律，下列说法正确的是(　　)。

A. 热量能从高温物体传到低温物体，但不能从低温物体传到高温物体

B. 功可以全部变为热，但热不能全部变为功

C. 气体能够自由膨胀，但不能自动收缩

D. 有规则热运动的能量能够变为无规则热运动的能量，反之则不行

13-8　位于委内瑞拉的安赫尔瀑布是世界上落差最大的瀑布，它高 979 m，如果在水下落的过程中，重力对它所做的功中有 50%转化为热量并使水温升高，求水由瀑布顶部落到底部而产生的温差。(水的比热容 c 为 $4.18\times10^3\ \mathrm{J\cdot kg^{-1}\cdot K^{-1}}$)

13-9　一定量的理想气体，从 A 态出发，经图 13-16 所示的过程到达 D 态，求在这过程中该气体吸收的热量。

13-10　一定量的空气，吸收了 1.7×10^3 J 的热量，并保持在 1.0×10^5 Pa 下膨胀，其体积从 $1.0\times10^{-2}\ \mathrm{m^3}$ 增加到 $1.5\times10^{-2}\ \mathrm{m^3}$，求：

(1) 空气对外做了多少功？

(2) 它的内能改变了多少？

13-11　如图 13-17 所示，1 mol 双原子理想气体(刚性)，从状态 $A(p_1、V_1)$沿直线到状态 $B(p_2、V_2)$，求此过程中的 ΔE、W、Q 分别为多少？

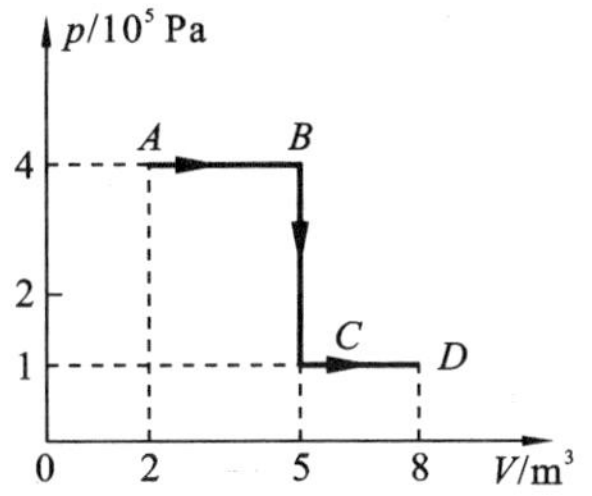

图 13-16　题 13-9 图

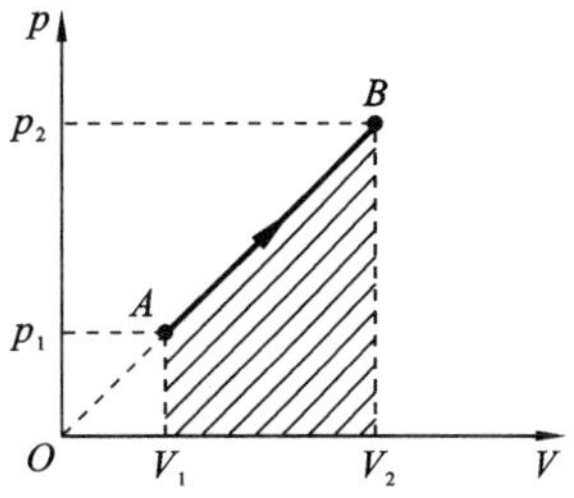

图 13-17　题 13-11 图

13-12　已知，一定量的单原子理想气体经历如图 13-18 所示的过程，求全部过程中的 W、Q、ΔE 分别为多少？

13-13　如图 13-19 所示，讨论理想气体在Ⅰ、Ⅲ两个过程中是吸热还是放热？其中，Ⅱ为绝热过程。

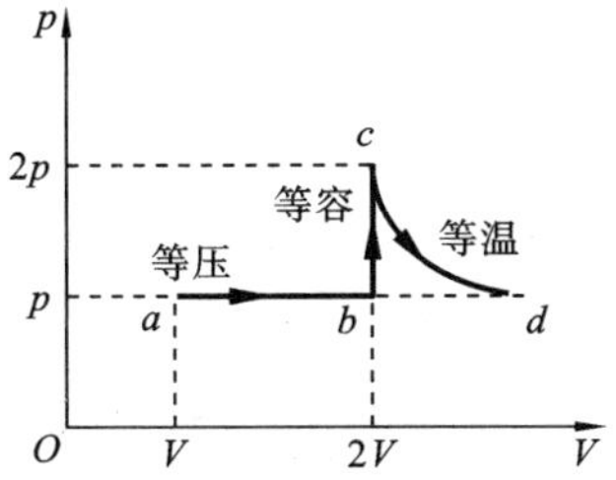

图 13-18　题 13-12 图

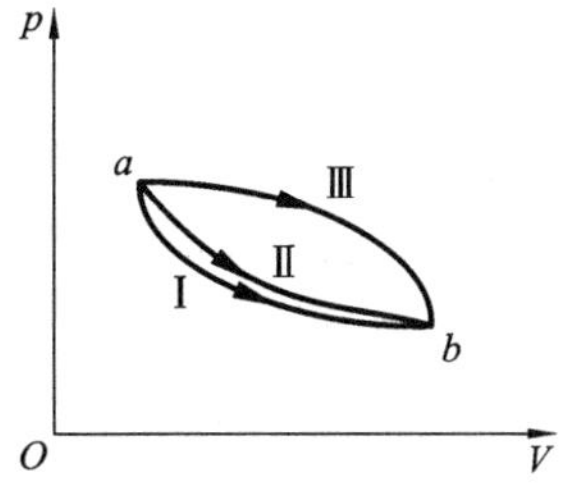

图 13-19　题 13-13 图

13-14 1.0 g氮气的温度和压强分别为423 K和5.066×10^5 Pa,经准静态绝热膨胀后体积变为原来的两倍,求在这过程中气体对外所做的功。

13-15 1.0 mol单原子理想气体,作如图13-20所示的可逆循环过程,其中ab和cd是绝热过程,bc和da为等体过程,已知$V_1=16.4$ L,$V_2=32.8$ L,$p_a=1.0$ atm,$p_b=3.18$ atm,$p_c=4.0$ atm ,$p_d=1.26$ atm,求:

(1) 各状态下氦气的温度;

(2) 在c状态下氦气的内能;

(3) 在一循环过程中氦气所做的净功。($1\ \text{atm}=1.013\times10^5$ Pa,气体常量$R=8.31\ \text{J}\cdot\text{mol}^{-1}\cdot\text{K}^{-1}$)

13-16 如图13-21所示,1 mol单原子理想气体,经过一平衡过程abc,其中ab、bc均为直线。求:

(1) a到b和b到c过程中,ΔE、W、Q分别为多少?

(2) abc中温度最高状态是哪个?

(3) b到c过程中是否均吸收热量?

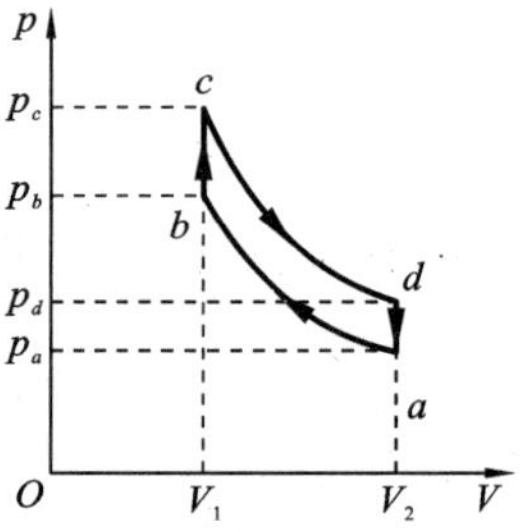

图13-20 题13-15图

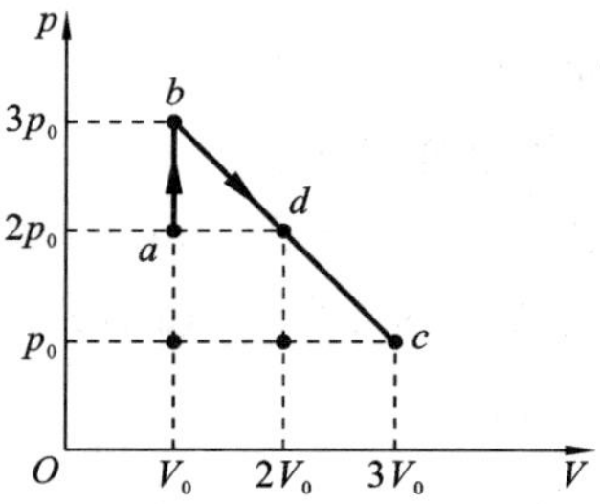

图13-21 题13-16图

13-17 一定量的刚性双原子分子的理想气体,处于压强$p_1=10$ atm、温度$T_1=500$ K的平衡态。经历一绝热过程达到压强$p_2=5$ atm、温度为T_2的平衡态,求T_2。

13-18 如图13-22所示,一定量的理想气体经历ACB过程时吸热700 J,则经历$ACBDA$过程时吸热又为多少?

13-19 空气由压强为1.52×10^5 Pa,体积为5.0×10^{-3} m^3,等温膨胀到压强为1.01×10^5 Pa,然后经等压过程压缩到原来的体积。求空气所做的功。

13-20 一卡诺热机(可逆的),当高温热源的温度为400 K、低温热源温度为300 K时,其每次循环对外做净功8 000 J。今维持低温热源的温度不变,提高高温热源温度,使其每次循环对外做净功10 000 J。若两个卡诺循环都工作在相同的两条绝热线之间,求:

(1) 第二个循环的热机效率;

(2) 第二个循环的高温热源的温度。

13-21 一定量的双原子理想气体(刚性)做如图13-23所示的循环,求η。

13-22 有两个全同的物体,其内能为$U=CT$(C为常数),初始时两物体的温度分别为T_1、T_2,现将两物体分别作为高、低温热源驱动一卡诺热机运行,最后两物体达到一共同温度T_f。求:

(1) T_f;

（2）卡诺热机所做的功。

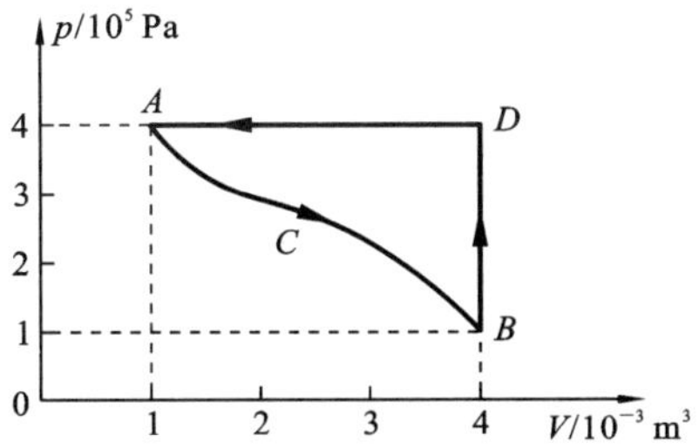

图 13-22　题 13-18 图

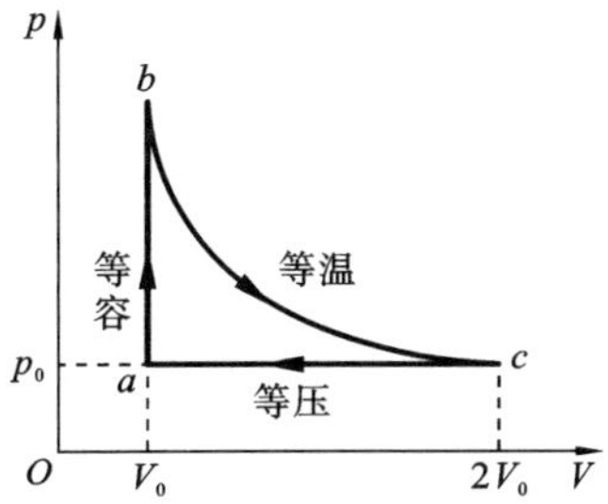

图 13-23　题 13-21 图

13-23　一定量理想气体经历如图 13-24 所示的循环过程，其中 AB 和 CD 是等压过程，BC 和 DA 是绝热过程。已知 B 点和 C 点的温度分别为 T_2 和 T_3，求循环效率 η。

13-24　0.32 kg 的氧气做如图 13-25 所示的 $ABCDA$ 循环，其中 AB、CD 为等温过程，AB 过程温度 $T_1=300\ \mathrm{K}$，CD 过程温度 $T_2=200\ \mathrm{K}$，BC、DA 为等体过程，设 $V_2=2V_1$，$T_1=300\ \mathrm{K}$，$T_2=200\ \mathrm{K}$，求循环效率 η。

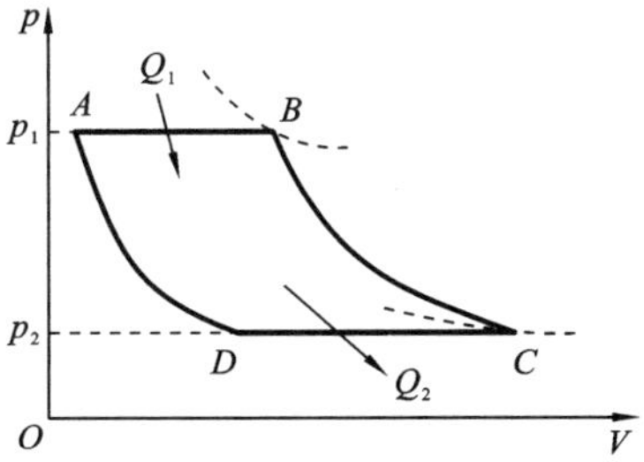

图 13-24　题 13-23 图

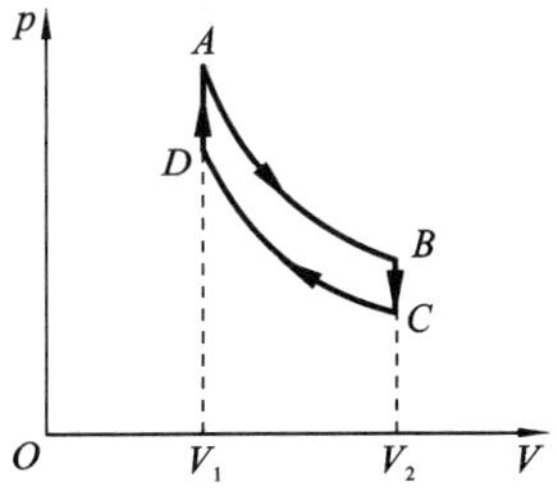

图 13-25　题 13-24 图

13-25　在夏季，假定室外温度恒定为 37 ℃，启动空调使室内温度始终保持在 17 ℃。如果每天有 $2.51\times10^8\ \mathrm{J}$ 的热量通过热传导等方式自室外流入室内，则空调一天耗电多少？（假设该空调致冷机的制冷系数为同条件下的卡诺致冷机制冷系数的 60%）

第 6 篇　近代物理学

第 14 章　狭义相对论

1905 年 9 月，德国的《物理学年鉴》第十卷上发表了一篇划时代的论文——《论运动物体的电动力学》。这篇文章的作者是当时瑞士伯尔尼专利局的一名技术员——狭义相对论和广义相对论的创始人、伟大的物理学大师爱因斯坦。他生于 1879 年 3 月 14 日，祖籍德国，1900 年毕业于苏黎世瑞士联邦理工大学，因是犹太人而一度失业。1901 年，他加入瑞士籍，后来到伯尔尼专利局当技术员。1905 年 3 月到 6 月，他连续完成了《关于光的产生和转化的一个启发性观点》《论运动物体的电动力学》《物质的惯性同所含的能量有关吗?》《分子体积的新的测定方法》《热的分子运动论所要求的静液体中悬浮粒子的运动》五篇论文，在光的本性、分子运动、力学和电动力学等方面都取得了有历史意义的成就。1909 年以后，他先后在苏黎世大学、布拉格大学任物理学教授。1914 年，他被选为普鲁士科学院院士，1915—1916 年又把他 1905 年创立的狭义相对论发展成广义相对论。1933 年 10 月移居美国普林斯顿，1940 年取得美国国籍，从 20 世纪 30 年代开始，致力于统一场论的研究。

这一章，我们仅仅对狭义相对论做一简单的介绍。

14-1　伽利略变换式　经典力学的相对性原理

为简单起见，我们取两个参考系 S 系和 S' 系，它们的对应坐标轴都相互平行，并且设 S' 系相对于 S 系以速度 v 沿 Ox 轴正方向运动，如图 14-1 所示。设开始时两个参考系重合在一起。

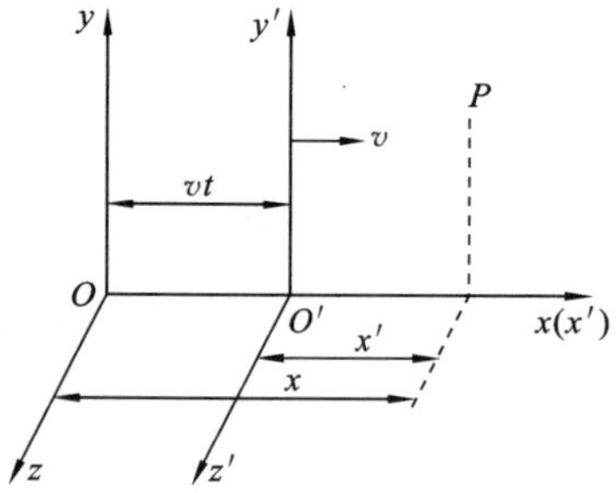

图 14-1　伽利略变换

由经典力学可知，在时刻 t，质点 P 在这两个参考系中的坐标有如下对应关系。

$$\begin{cases} x' = x - vt \\ y' = y \\ z' = z \end{cases} \tag{14-1}$$

这就是经典力学(牛顿力学)坐标交换式，又叫伽利略坐标交换式。

经典力学认为：① 由 S 系和 S' 系来量度物体的长度时所得到的量值是相等的，即 $x' = x - vt$。② S' 系中时间的量度与 S 系中时间的量度相同，即 $t' = t$，也就是说时间是绝对的。

此时有

$$\begin{cases} x' = x - vt \\ y' = y \\ z' = z \\ t' = t \end{cases} \quad 或 \quad \begin{cases} x = x' + vt \\ y = y' \\ z = z' \\ t = t' \end{cases} \tag{14-2}$$

这就是伽利略时空变换式，它反映了经典力学的时空观。

求式(14-2)对 t 的一阶导数可得

$$\begin{cases} u'_x = u_x - v \\ u'_y = u_y \\ u'_z = u_z \end{cases} \quad 或 \quad \begin{cases} u_x = u'_x + v \\ u_y = u'_y \\ u_z = u'_z \end{cases} \tag{14-3}$$

这就是伽利略速度变换式。

同理，可得

$$\begin{cases} a'_x = a_x \\ a'_y = a_y \\ a'_z = a_z \end{cases} \tag{14-4}$$

这就是伽利略加速度变换式。

其矢量式为

$$\boldsymbol{a}' = \boldsymbol{a}$$

所以有

$$\boldsymbol{F} = m\boldsymbol{a}, \quad \boldsymbol{F}' = m\boldsymbol{a}', \quad \boldsymbol{F} = \boldsymbol{F}' \tag{14-5}$$

即牛顿运动方程对伽利略变换式来说是不变式。也可以说对于一切惯性系，牛顿力学的规律具有相同的形式。

伽利略相对性原理表明，凡是相对于某一惯性系做匀速直线运动的参考系都是惯性系，不可能判明哪个惯性系处于绝对静止状态或绝对运动状态。我们知道，每个惯性系就是一个特定的、无限延伸的空间。所以伽利略相对性原理实质上指出了在惯性运动范围内是不存在绝对空间和绝对运动的。

为了确定动力学的有效参考系，牛顿引进了绝对空间和绝对时间。他为了证明以绝对空间为背景的绝对运动是存在的，曾经提出一个著名的水桶实验。

使一个盛有水的水桶旋转，当水桶开始旋转而水未动时，水面依然与静止时相同，是一平面。然后当水和水桶一起旋转时，水面则呈凹形曲面，最后当水桶静下来时，水由于继续做高速旋转，水面仍然呈凹形曲面。由此看到，水面呈平面或凹形曲面的状态与水和水桶之间的相对运动无关，由于水的转动或静止状态，水面所呈状态与第三物体有关。牛顿认为，这第三物体就是绝对空间，根据水面的平凹状况，就可以判断水对绝对空间是绝对静止的还是绝对转动的。

在牛顿那里，绝对空间和绝对时间是完全离开物质而独立存在的。牛顿的绝对空间是一个欧几里得无限空间，它是均匀的、各向同性的，没有特殊的点和特殊的方向。它是一个“容器”，是空的，物质存放在其中。

牛顿的绝对空间一开始就受到与他同时代的人的反对，其中包括莱布尼茨、惠更斯以及后来的贝克莱。莱布尼茨坚持空间来自并存的各物体之间的关系。他断然拒绝与物质相分离的空间概念，他指出，绝对空间纯粹是为达到某种目的而制造出来的，是无意义的。

19 世纪后半叶的马赫(1938—1916)对牛顿绝对时空观给出了最有影响的批判。

马赫认为，牛顿力学的绝对时空观缺乏经验事实的根据，是站不住脚的。他说，如果立足于事实，我们会发现，只存在相对的空间和运动，绝对时间是一个没有用处的形而上学的概念。又说，一种运动只能相对另一种运动来说是匀速的，而一种运动自身是否是匀速的问题，是毫无意义的。

马赫认为一切运动都是相对的,同“绝对空间”相联系的惯性系、惯性质量、惯性力等都是无数遥远天体对一个物体作用的结果。马赫的这一观点对后来爱因斯坦创立相对论起了积极的作用。

14-2 迈克耳孙-莫雷实验

19 世纪物理学家们为了确定有一个绝对静止的参考系,曾经设想,光既然是一种电磁波,那么也需要一种弹性介质,物理学家们称这种介质为以太。他们认为以太充满整个空间,即使真空也不例外。它可以渗透到一切物质的内部去,在遥远的天体范围内,这种以太是绝对静止的,因而可以用它来作为绝对参考系。

许多物理学家做了无数个实验企图寻求绝对参考系,但最后都认为绝对参考系不存在。

其中最著名的实验就是 1881 年迈克耳孙探测地球在以太中运动速度的实验,以及后来迈克耳孙-莫雷在 1887 年做的更为精确的实验。该实验的原理如图 14-2 所示。

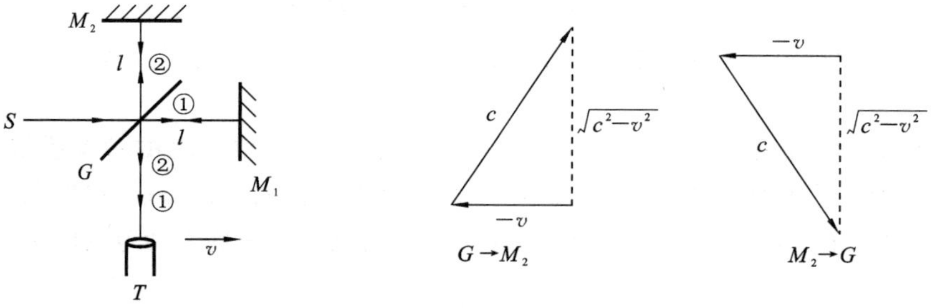

(a) S系　　(b) S′系

图 14-2　迈克耳孙-莫雷干涉实验

从光源 S 发出波长为 λ 的光,入射到半镀银片 G 后,一部分光线反射到平面镜 M_2,再由 M_2 反射回来透过 G 到达望远镜 T,另一部分则透过 G 到达 M_1,再由 M_1 反射到 G 后也到达 T。

若 $GM_1=GM_2=l$,且 M_1 和 M_2 不严格垂直,那么在望远镜的目镜中将看到干涉条纹。

我们假设整个装置(即地球)相对于以太参考系沿 GM_1 方向以速度 v 运动,也可以说以太以 $-v$ 的速度相对于实验室参考系运动。

而光在以太中不论沿哪个方向的速度均为 c,现取以太参考系为 S 系,实验室参考系为 S' 系,那么根据速度合成法则,从 S' 系来看,光沿 GM_1 的速度为 $c-v$;而光沿 M_1G 的速度为 $c+v$。

因此,从 S' 系来看,光从 G 到 M_1,然后由 M_1 回到 G 所需的时间为

$$t_1=\frac{l}{c-v}+\frac{l}{c+v}=\frac{2l}{c\left(1-\frac{v^2}{c^2}\right)} \tag{14-6}$$

此外,如图 14-2(b)所示,从 S' 系来看,光沿 GM_2 和 M_2G 方向的速度均为 $\sqrt{c^2-v^2}$,所以光从 G 到 M_2,然后由 M_2 回到 G 所需的时间为

$$t_2=\frac{2l}{\sqrt{c^2-v^2}}=\frac{2l}{c\sqrt{1-\frac{v^2}{c^2}}} \tag{14-7}$$

$$\Delta t=t_1-t_2=\frac{2l}{c\left(1-\frac{v^2}{c^2}\right)}-\frac{2l}{c\sqrt{1-\frac{v^2}{c^2}}}=\frac{2l}{c}\left[\left(1+\frac{v^2}{c^2}+\cdots\right)-\left(1+\frac{v^2}{2c^2}+\cdots\right)\right]$$

当 $v \ll c$ 时，

$$\Delta t \approx \frac{l}{c}\cdot\frac{v^2}{c^2} \tag{14-8}$$

所以，两光束的光程差为 $\delta=c\Delta t \approx l\frac{v^2}{c^2}$。

再把整个仪器一起旋转 90°，则前后两次的光程差为 2δ，在此过程中，望远镜的视场内应看到干涉条纹移动，即

$$\Delta N=\frac{2\delta}{\lambda}=\frac{2lv^2}{\lambda c^2} \tag{14-9}$$

式中，λ、c、l 均为已知，如能测出 ΔN 即可由上式算出地球相对以太的绝对速度 v，从而就可以把以太作为绝对参考系。

然而无论该实验装置如何精确，以至于可以观察到 $\frac{1}{100}$ 条条纹移动，他们还是没有观察到这个预期的条纹移动数——即结果为零，又叫零结果。

迈克耳孙-莫雷的实验结果，对企图寻求作为绝对参考系的以太，看来是十分令人失望的，也是“失败”的。

但不幸中之万幸，他们因进行这个实验而创造了干涉仪，并于 1907 年获得了诺贝尔物理学奖。

因此我们得出如下两条结论：宇宙中充满以太的假说不能采用，也就是说无相对于以太的绝对运动；地球上各个方向的光速都是相同的，它与地球的运动状态无关。

14-3　狭义相对论的基本原理 洛伦兹变换

一、狭义相对论的基本原理

1905 年爱因斯坦在《论运动物体的电动力学》一文中完全抛弃以太学说和绝对参考系，提出了狭义相对论的两条基本原理。

1. 相对性原理

一切物理定律在所有惯性系中都是相同的，即一切惯性参考系都是等价的。

相对性原理的物理描述是，描述物理现象的定律对所有惯性参考系都应取相同的数学形式，无论在哪一个惯性系中做实验都不能确定该惯性系的绝对运动，实验对运动的描述只有相对的意义，绝对静止的参考系是不存在的。

2. 光速不变原理

在真空中，光速总是等于恒定量 c，它不依赖于惯性系之间的运动，也与光源、观察者的运动无关。

有两点值得注意：

① 狭义相对论原理与伽利略变换(或牛顿力学的时空观)是相互矛盾的。

例如,光速不变原理和伽利略速度变换式矛盾。

考虑光相对于地球以速度 c 传播的情况,从相对于地球以速度 v 运动的飞机上看,按光速不变原理,光仍以速度 c 传播。但按伽利略变换,当飞机飞行方向和光传播方向一致时,从飞机上测得的光速应为 $c-v$;当光传播方向与飞机飞行方向相反时,从飞机上测得的光速则应为 $c+v$。

② 绝对时间和绝对空间一样是不正确的。

假设有一列火车以速度 v 匀速前进,火车的正中间放一盏灯 P,把灯点亮,光将同时向火车的两端 A 和 B 传去。

我们来讨论一下分别从地面上静止的参考系 S 和随火车一起运动的参考系 S' 来看,光到达 A 和 B 的先后顺序怎样。

对 S' 系来说,光速不变,光将同时到达 A 和 B。

可对 S 系来说,火车的 A 端以 v 向着光接近,B 端以 v 离开光,所以光到达 A 端比到达 B 端要早些。即灯 P 发出的光到达 A 和 B 这两个事件的同时性与所取参考系有关。所以我们说没有与参考系无关的绝对时间,也就是说绝对时间的概念是不正确的。

二、洛伦兹变换式

为简单起见,取两个相互做匀速直线运动的坐标系 S 和 S'。我们先推导 x 和 x' 的变换关系。

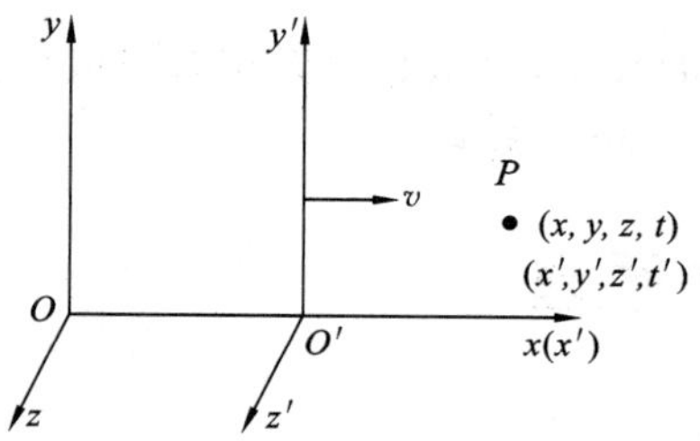

图 14-3　洛伦兹变换

如图 14-3 所示,对于 S 坐标系的原点 O,由 S 坐标系来观察时,任何瞬时满足 $x=0$。

但由 S' 坐标系来观察,则在瞬时 t' 时刻,原点 O 的坐标为 $x'=-vt'$,或 $x'+vt'=0$(即 $x=0$)。

可见,在同一空间点上,数值 t 和 $x'+vt'$ 同时为 0,所以我们可以假设在任何瞬时,x 和 $x'+vt'$ 满足线性关系,即

$$x=k(x'+vt') \tag{14-10}$$

同理,对 S' 坐标系的原点 O',也可得

$$x'=k'(x-vt)$$

由狭义相对论的原理,坐标系 S 和 S' 是等价的,所以上面两式除了把 v 改为 $-v$ 以外,应有相同的形式,这就要求 $k'=k$。

所以有

$$x'=k(x-vt) \tag{14-11}$$

对于 y 和 y'、z 和 z' 有

$$y'=y,\quad z'=z$$

关键在于得出 t 和 t' 的关系。

将式(14-11)代入式(14-10),得

$$x=k^2(x-vt)+kvt'$$

即

$$t'=kt+\left(\frac{1-k^2}{kv}\right)x \tag{14-12}$$

又由狭义相对论可知光速恒为 c，所以对坐标系 S 和 S' 来说，光信号到达点的坐标分别为

$$x=ct,\quad x'=ct'$$

将式(14-11)和式(14-12)代入 $x'=ct'$，得

$$k(x-vt)=ckt+\left(\frac{1-k^2}{kv}\right)cx$$

解出

$$x=ct\cdot\frac{1+\frac{v}{c}}{1-\left(\frac{1}{k^2}-1\right)\frac{c}{v}}$$

将此式和 $x=ct$ 相比较，可知

$$\frac{1+\frac{v}{c}}{1-\left(\frac{1}{k^2}-1\right)\frac{c}{v}}=1$$

令 $\beta=\frac{v}{c}$，解出

$$k=\frac{1}{\sqrt{1-\frac{v^2}{c^2}}}=\frac{1}{\sqrt{1-\beta^2}} \tag{14-13}$$

令 $\gamma=\frac{1}{\sqrt{1-\beta^2}}$，有

$$\begin{cases} x'=\dfrac{x-vt}{\sqrt{1-\beta^2}}=\gamma(x-vt) \\ y'=y \\ z'=z \\ t'=\dfrac{t-\frac{vx}{c^2}}{\sqrt{1-\beta^2}}=\gamma\left(t-\frac{v}{c^2}x\right) \end{cases} \tag{14-14}$$

其逆变换式为

$$\begin{cases} x=\dfrac{x'+vt'}{\sqrt{1-\beta^2}}=\gamma(x'+vt') \\ y=y' \\ z=z' \\ t=\dfrac{t'+\frac{v}{c^2}x'}{\sqrt{1-\beta^2}}=\gamma\left(t'+\frac{v}{c^2}x'\right) \end{cases} \tag{14-15}$$

式(14-14)和式(14-15)叫作洛伦兹变换式。

三、洛伦兹速度变换式

我们很容易推出：

$$
\begin{cases}
u_x{}'=\dfrac{u_x-v}{1-\dfrac{v}{c^2}u_x}\\[2ex]
u_y{}'=\dfrac{u_y}{\gamma\left(1-\dfrac{v}{c^2}u_x\right)}\\[2ex]
u_z{}'=\dfrac{u_z}{\gamma\left(1-\dfrac{v}{c^2}u_x\right)}
\end{cases}
\quad 或 \quad
\begin{cases}
u_x=\dfrac{u_x{}'+v}{1+\dfrac{v}{c^2}u_x{}'}\\[2ex]
u_y=\dfrac{u_y{}'}{\gamma\left(1+\dfrac{v}{c^2}u_x{}'\right)}\\[2ex]
u_z=\dfrac{u_z{}'}{\gamma\left(1+\dfrac{v}{c^2}u_x{}'\right)}
\end{cases}
\tag{14-16}
$$

这就是洛伦兹速度变换式。

14-4 狭义相对论的时空观

一、同时的相对性

这一问题，上节我们已经讨论过了。

二、长度的收缩

根据洛伦兹变换，对于图 14-4 的两个坐标系来说，有

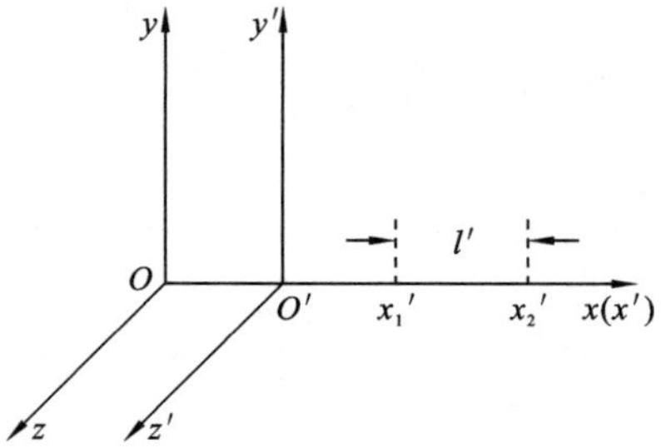

图 14-4 洛伦兹收缩

$$x_1{}'=\frac{x_1-vt_1}{\sqrt{1-\beta^2}},\quad x_2{}'=\frac{x_2-vt_2}{\sqrt{1-\beta^2}}$$

显然，棒长是指同一时刻两端点的距离，所以在 S 系中 $t_1=t_2$，有

$$x_2{}'-x_1{}'=\frac{x_2-x_1}{\sqrt{1-\beta^2}}=\frac{l}{\sqrt{1-\beta^2}}$$

即

$$l'=\frac{l}{\sqrt{1-\beta^2}}\quad 或 \quad l=l'\sqrt{1-\beta^2} \tag{14-17}$$

即从 S 系来看，静止于 S' 系中的长度要缩短，这种长度的收缩只出现在沿着运动方向，所以又叫洛伦兹收缩。

当 $v\ll c$ 时，$\beta=\dfrac{v}{c}\to 0$，所以 $l'=l$。地球上的物体的速度一般都远小于光速 c，因此这种收缩常常可以忽略不计。

例 14-1 设想有一光子火箭，相对地球以速率 $v=0.95c$ 做直线运动，若以火箭为参考系测得火箭长为 15 m，问以地球为参考系，此火箭有多长？

解 $$l=15\sqrt{1-0.95^2}\ \text{m}=4.68\ \text{m}$$

三、时间的延缓

同样，我们可以根据洛伦兹变换：

$$t=\frac{t'+\frac{v}{c^2}x'}{\sqrt{1-\beta^2}}=\gamma\left(t'+\frac{v}{c^2}x'\right)$$

可得

$$t_1=\gamma\left(t_1{}'+\frac{v}{c^2}x'\right),\quad t_2=\gamma\left(t_2{}'+\frac{v}{c^2}x'\right)$$

所以有

$$\Delta t=t_2-t_1=\frac{\Delta t'}{\sqrt{1-\beta^2}}=\gamma(t_2{}'-t_1{}')=\gamma\Delta t' \tag{14-18}$$

一般 $\sqrt{1-\beta^2}<1$，所以 $\gamma>1$，所以 $\Delta t>\Delta t'$。

这就说，S 系的钟记录 S' 系内某一点发生的两个事件的时间间隔比 S' 系的钟所记录的时间要长些，也就是说运动着的钟走得慢些。

当 $v\ll c$ 时，$\beta\ll 1$，上式可化简为 $\Delta t'=\Delta t$。

四、马赫、洛伦兹、彭加勒等人的贡献

上次我们曾经说过马赫对牛顿的绝对时空观进行了尖锐的批判，但受历史条件的限制，他的观点没有形成定量的理论，因而也没有引起人们的重视。

为了解释迈克耳孙-莫雷关于"以太漂移"实验的"零结果"，1889 年，爱尔兰物理学家菲茨杰拉德提出了"收缩"假说，这个假说保持静止以太的观念，而认为物体在以太中向上运动时，其长度会发生"收缩"，即 $l=l'\sqrt{1-\beta^2}$。因此"零结果"就可用由于"长度收缩"抵消了地球在以太中运动所造成的光程差来解释。这个假说发表在英国 1889 年《科学》杂志上，论文的题目是《以太和地球的大气层》。

1892 年，洛伦兹也独立地提出了"收缩"假说，他是从洛伦兹变换直接推出来的，所以洛伦兹的时空变换式实际上已跨入了相对论。然而，由于受绝对时空观的影响太深，他面对已发现的相对时空表示式无法做出正确的解释。他甚至认为 $t'=\frac{1}{\sqrt{1-\beta^2}}\left(t-\frac{v}{c^2}x\right)=\gamma\left(t-\frac{v}{c^2}x\right)$ 中的 t' 不代表真正的时间，只是为了数学方便而引入的，他称 t' 为 local time（地方时），他认为只有 t 才是真正的时间。

彭加勒为了解释"零结果"，早在 1899 年就认为不可能发现"以太风"，也不可能确定任何物体相对于以太的绝对运动，他在《时间的测量》一文中，第一次提出了光速不变原理的必要性。在 1902 年出版的《科学与假设》中他提出"没有绝对的空间"，只能考虑相对运动，也没有"绝对时间"，等等。1904 年彭加勒卓有远见地预言"从所有这些结果来看，我们应该建立一种全新的力学，其中惯性随速度增加，而光速将成为不可逾越的界线"。

从以上可见，彭加勒在探索新力学的道路上已经走得很远了。遗憾的是，他也没能最终摆脱绝对时空观的束缚，没有看出摒弃以太的必要性，因而没有能够取得理论上根本性的突破。

五、爱因斯坦的狭义相对论的时空观

爱因斯坦的狭义相对论的时空观是时空观发展史上的一次伟大变革，这个时空观与经典物理学的时空观之间的区别主要有以下三个方面：

第一，狭义相对论把原来认为毫无联系的时间、空间和物质的运动密切联系起来了，揭示了它们之间的依赖关系。

牛顿的绝对时空观认为两个事件的时间间隔、物体的长度等都与参考系的选择无关，是绝对不变的。

狭义相对论表明“长度的收缩”“时间的延缓”效应都是运动引起的，与参考系的选择有关。

第二，狭义相对论的时空观把原来认为独立存在的时间和空间密切联系起来了，并且揭示了它们之间的联系的具体形式。

牛顿的绝对时空观认为，时间和空间是相互独立的互不相关的连续体，时间可以离开空间而存在，空间也可以离开时间而存在。

相对论认为时间和空间是相互联系、相互制约的不可分割的一个整体。

就时空而言，自然是四维的，因为物理现象的世界是由各个事件组成的，而每一个事件又是由四个数来描述的，这四个数就是三个空间坐标 x、y、z 和一个时间坐标 t。

狭义相对论通过光速把空间和时间联结为一个统一的“世界”——四维时空连续区。

第三，狭义相对论表明了时空的相对性与绝对性的辩证统一。

例 14-2 设想有一光子火箭以 $v=0.95c$ 的速率相对于地球做直线运动，若火箭上宇航员的计时器记录他观测星云用了 10 min，则地球上的观察者测得此事用去了多少时间？

解

$$\Delta t=\frac{\Delta t'}{\sqrt{1-\beta^2}}=\frac{10}{\sqrt{1-0.95^2}}\ \text{min}=32.01\ \text{min}$$

说明运动的钟走得慢了。

14-5 相对论动力学——相对论性动量和能量

一、质量与速度的关系

我们已知长度和时间都与物体运动速度有关，同样我们也可以证明此时物体的质量 m 也与速度 v 有关。即

$$m=\frac{m_0}{\sqrt{1-\beta^2}}=\gamma m_0 \tag{14-19}$$

式中，m_0 是静止质量；m 是相对论性质量，又叫动质量。

当 $v\ll c$ 时，$\gamma\approx 1$，$m\approx m_0$。例如，当质子被加速到 $v=2.7\times 10^8$ m/s 时，动质量 $m=\dfrac{m_0}{\sqrt{1-\left(\dfrac{2.7\times 10^8}{3.0\times 10^8}\right)^2}}=\dfrac{m_0}{\sqrt{1-0.81}}=2.3m_0$。

二、动量和速度的关系

显然，动量满足：

$$\boldsymbol{p}=m\boldsymbol{v}=\frac{m_0\boldsymbol{v}}{\sqrt{1-\beta^2}}=\gamma m_0\boldsymbol{v}$$

三、狭义相对论力学的基本方程

当有外力作用于质点时，有

$$\boldsymbol{F}=\frac{\mathrm{d}\boldsymbol{p}}{\mathrm{d}t}=\frac{\mathrm{d}}{\mathrm{d}t}\left[\frac{m_0\boldsymbol{v}}{\sqrt{1-\beta^2}}\right] \tag{14-20}$$

当 $v\ll c$ 时，有 $\beta=\frac{v}{c}\ll 1$，相对论力学的基本方程(14-20)可写成

$$\boldsymbol{F}=\frac{\mathrm{d}(m_0\boldsymbol{v})}{\mathrm{d}t}=m_0\frac{\mathrm{d}\boldsymbol{v}}{\mathrm{d}t}=m_0\boldsymbol{a}$$

即牛顿第二定律。

同理，当 $\beta=\frac{v}{c}\ll 1$ 时，有

$$\sum\boldsymbol{p}_i=\sum m_i\boldsymbol{v}_i=\sum\frac{m_{0i}}{\sqrt{1-\beta^2}}\boldsymbol{v}_i=\sum m_{0i}\boldsymbol{v}_i=\text{常矢量}$$

这就是经典力学的动量守恒定律。

四、质量与能量的关系

设一质点在变力作用下，由静止开始沿 Ox 轴做一维运动，当质点的速率为 v 时，它的动能等于外力所做的功，即

$$E_k=\int F_k\mathrm{d}x=\int\frac{\mathrm{d}p}{\mathrm{d}t}\mathrm{d}x=\int v\mathrm{d}p$$

因为 $\mathrm{d}(pv)=p\mathrm{d}v+v\mathrm{d}p$，所以上式可改写成

$$E_k=\int\mathrm{d}(pv)-\int_0^v p\mathrm{d}v=pv-\int_0^v p\mathrm{d}v$$

将 $p=\frac{m_0 v}{\sqrt{1-\beta^2}}$代入上式，可得

$$E_k=\frac{m_0 v^2}{\sqrt{1-\beta^2}}-\int_0^v\frac{m_0 v}{\sqrt{1-\beta^2}}\mathrm{d}v$$

积分后得

$$\begin{aligned}E_k&=\frac{m_0 v^2}{\sqrt{1-\beta^2}}+m_0c^2\sqrt{1-\beta^2}-m_0c^2\\&=mc^2\left[\frac{v^2}{c^2}+(\sqrt{1-\beta^2})^2\right]-m_0c^2\\&=mc^2\left[\frac{v^2}{c^2}+(1-\beta^2)\right]-m_0c^2\\&=mc^2\left[\frac{v^2}{c^2}+\left(1-\frac{v^2}{c^2}\right)\right]-m_0c^2\\&=mc^2-m_0c^2\end{aligned}$$

即

$$E_k=mc^2-m_0c^2 \tag{14-21}$$

爱因斯坦从这里引入了经典力学中从未有过的独特见解，他把 m_0c^2 叫作物体的静止能量，

把 mc^2 叫作物体运动时的能量。

即

$$\begin{cases} E_0 = m_0 c^2 \\ E = mc^2 \end{cases}$$

这就是质能关系式。所以

$$E_k = E - E_0 \quad 或 \quad E_0 = E - E_k$$

改变一下，即

$$\begin{aligned} E_k &= E - E_0 = mc^2 - m_0 c^2 \\ &= m_0 c^2 \left(\frac{1}{\sqrt{1-\left(\frac{v}{c}\right)^2}} - 1 \right) \end{aligned}$$

式中，

$$\frac{1}{\sqrt{1-\left(\frac{v}{c}\right)^2}} = 1 + \frac{1}{2}\frac{v^2}{c^2} + \frac{3}{8}\frac{v^4}{c^4} + \cdots$$

所以有

$$E_k = \frac{1}{2} m_0 v^2 + \frac{3}{8} m_0 \frac{v^4}{c^2} + \cdots$$

当 $v \ll c$ 时，上式可以简化为 $E_k = \frac{1}{2} m_0 v^2$，这就是经典力学的结果。

五、动量和能量的关系

在经典力学中适用的公式 $E_k = \frac{p^2}{2m_0}$，并不适用于高速运动。

由 $E = mc^2 = \frac{m_0 c^2}{\sqrt{1-\left(\frac{v}{c}\right)^2}}$，得 $\frac{E}{c} = \frac{m_0 c}{\sqrt{1-\left(\frac{v}{c}\right)^2}}$，两边平方后减去 p^2，即

$$\frac{E^2}{c^2} - p^2 = \frac{m_0^2 c^2}{1-\left(\frac{v}{c}\right)^2} - p^2$$

又有 $p = mv$，故

$$\begin{aligned} \left(\frac{E}{c}\right)^2 - p^2 &= \frac{m_0^2 c^2}{1-\left(\frac{v}{c}\right)^2} - m^2 v^2 \\ &= \frac{m_0^2 c^2}{1-\left(\frac{v}{c}\right)^2} - \frac{m_0^2 v^2}{1-\left(\frac{v}{c}\right)^2} \\ &= m_0^2 c^2 \end{aligned}$$

即

$$E^2 = c^2 p^2 + m_0^2 c^4 \tag{14-22}$$

这个关系式有着极为重要的意义。

对上式两边开方，得

$$E=\pm\sqrt{c^2p^2+m_0^2c^4}$$

此式中包含有负号，即表示自由粒子存在着负能量的状态，即预示着有反粒子存在。该等式可用勾股定理形式帮助记忆（见图 14-5）。

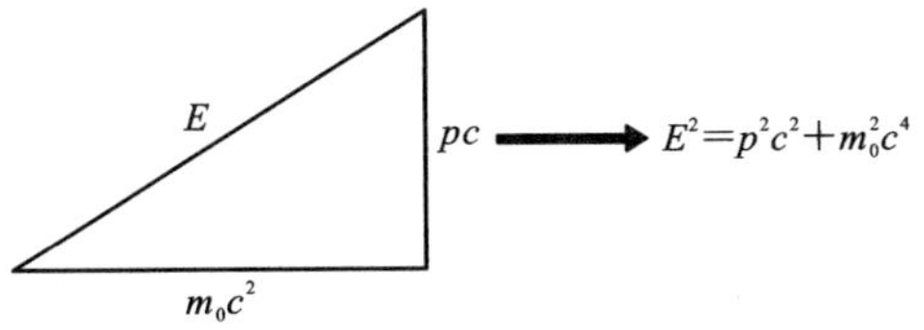

图 14-5　动量与能量的勾股定理形式

当 $E\gg E_0$ 时，$E\approx pc$。

假如设光子的静止质量 $m_0\approx0$，能量为 $h\nu$，则

光子的质量为 $m=\dfrac{E}{c^2}=\dfrac{h\nu}{c^2}$；

光子的动量为 $p=\dfrac{E}{c}=\dfrac{h\nu}{c}=\dfrac{h}{\lambda}$。

因此对光的本质有了更深入的了解。

爱因斯坦在《相对性，狭义相对论的本质》一文中对狭义相对论取得的成果做了一个概括的说明。他写道：狭义相对论导致了对空间和时间的物理概念的清楚理解，而且由此认识到运动着的量杆和时钟的行为，它在原则上取消了绝对同时性概念，它指出在处理同光速相比不是小到可以忽略的运动时，运动定律必须加以怎样的修改。

它在形式上澄清了麦克斯韦电磁场方程，特别是对电场和磁场的本质做出了同一性的解释。它把动量守恒和能量守恒这两条定律统一成一条定律，而且指出了质量同能量的等效性。

从形式的观点来看，狭义相对论的成就可以表征如下：它一般地指出了普适常数 c（光速）在自然规律中的作用，并且表明以时间作为一方，空间坐标作为另一方，两者进入自然规律的形式之间存在着密切的联系。

1916 年，爱因斯坦发表了《广义相对论》，到此爱因斯坦的科学水平达到了顶峰。

习　　题

14-1　下列说法中，

(1) 两个相互作用的粒子系统对某一惯性系满足动量守恒，对另一个惯性系来说，其动量不一定守恒；

(2) 在真空中，光的速度与光的频率、光源的运动状态无关；

(3) 在任何惯性系中，光在真空中沿任何方向的传播速率都相同。

其中哪些说法是正确的？（　　）。

A. 只有(1)(2)是正确的　　　　B. 只有(1)(3)是正确的

C. 只有(2)(3)是正确的　　　　D. 三种说法都是错的

14-2 一列 0.5 km 长(本征长度)的高速火车,以 2.78×10^{-2} km·s^{-1}的速度行驶。按地面上观察者测定,有两个闪电同时击中火车的前后两端。问按照火车上的观察者测定,这两个闪电同时吗?若不同时,其时间间隔是多少?

14-3 设 S'系相对于 S 系的速度为 $0.6c$,方向沿 Ox 轴正方向,并设两惯性系中的钟的读数在两坐标系的原点 O 与 O'重合时均为零。

(1) 在 S 系中测得的时空坐标为 $x=50$ m,$y=z=0$,$t=2\times10^{-7}$ s,求 S'系中该事件的时空坐标;

(2) 在 S'系中测得另一事件的时空坐标为 $x'=10$ m,$y'=z'=0$,$t'=3\times10^{-7}$ s,求 S 系中该事件的时空坐标。

14-4 一米尺相对于你以 $v=0.6c$ 的速度平行于尺杆方向运动。

(1) 求出你所测得的米尺长度;

(2) 米尺通过你得花费多少时间?

14-5 静止长度为 1200 m 的火箭车,相对于车站以匀速率 v 做直线运动。已知车站站台长 900 m,站台上观察者看到车尾通过站台进口时,车头正好通过站台出口。试问车的速率是多少?车上乘客看车站是多少米?

14-6 A、B 两飞船的相对速率 $v=2.4\times10^{8}$ m/s,飞船 B 中飞行员向前发射了一枚火箭,如图 14-6 所示,测得火箭相对飞船 B 的速率为 1.8×10^{8} m/s,试求:

(1) 火箭相对飞船 A 的速率;

(2) 假定飞船 B 发射的是一激光脉冲,求此脉冲相对飞船 A 的速率。

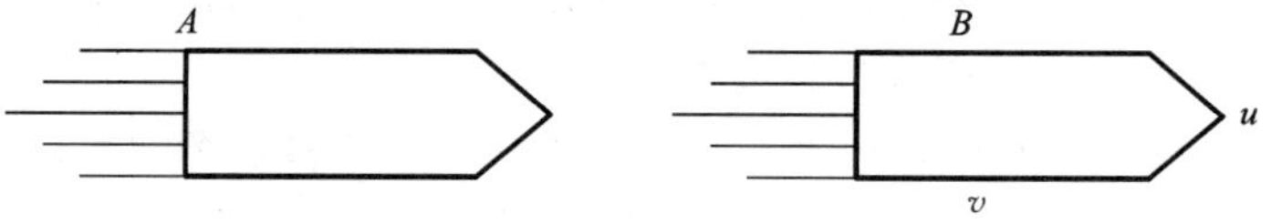

图 14-6 题 14-6 图

14-7 粒子的速率多大时,其质量恰好是静止质量的 2 倍、5 倍和 10 倍?

14-8 静止质量为 m_0 的粒子,速度为 $Kc(K<1)$,求粒子的质量增到多少倍?当 $v=0.99c$ 及 $v=10^{-6}c$ 时,求动质量与静止质量之比。

14-9 把质量为 m_0 的粒子从静止加速到(1) $0.5c$、(2) $0.9c$、(3) $0.99c$ 时,各需要多少能量(把答案表示成静止能量的倍数)。

14-10 有一只静止的长方体匣子,边长为 a、b、c,它的静止质量为 m_0,静止质量密度 $\rho_0=\dfrac{m_0}{abc}$,当一观察者相对于匣子以速度 v 沿匣子 a 边移动时,求:

(1) 此观察者测得匣子的质量是多少?

(2) 此观察者测得匣子的密度是多少?(以 ρ_0 表示)

(3) 指出当 $v\ll c$ 时,由观察者测得上述结果,是否就是经典结果?

第 15 章　量子物理简介

在 19 世纪初，光的电磁理论揭示了光的电磁波的本质，并很好地解释了光在传播过程中的干涉、衍射和偏振等波动现象。从 19 世纪末到 20 世纪初，人们在研究辐射和物质相互作用(吸收和发射)过程中，发现了一系列如黑体辐射、光电效应、康普顿效应以及原子的光谱线系等并不能由光的电磁学理论来解释的新现象。1900 年，普朗克为了解释黑体辐射而提出的能量子概念，开创了量子理论的新纪元，随后为了解释光电效应、康普顿效应等建立的光的量子概念，以及通过氢原子光谱等实验所得出的玻尔理论和能量子概念共同构成了初期量子理论。

在实物粒子具有波粒二象性的基础上建立的量子力学，是研究微观粒子运动规律的理论，是一种崭新而富有成效的理论。它用波函数描述微观粒子的运动状态，以波函数的时空变化表示微观粒子运动状态的变化。波函数时空变化所必须满足的方程是薛定谔方程，它是量子力学的核心内容。在一定条件下，求解薛定谔方程就能够获得确定的波函数，也就获得了微观粒子运动状态及其变化规律。

本章简要介绍有关初期量子理论的必要知识和量子力学的实验基础、主要概念和方法。

15-1　黑体辐射　普朗克能量子假设

一、黑体热辐射

物体的热辐射在不停地进行着，久而久之，其内部的能量岂不枯竭？实际上物体在辐射能量的同时，也在吸收其他物体的辐射能量。每个物体从外界获得的能量恰好等于该物体因热辐射而损失的能量，这种情况下的辐射称为平衡热辐射。

在同一温度下，不同物体的辐射能力各不相同，辐射本领大的物体，其吸收辐射能的能力也强。一般来说，颜色越深的物体，辐射和吸收的能力越强，例如，黑色的煤炭对辐射能的吸收率为 90%，煤烟对辐射能的吸收率可达 99%。对辐射能的吸收率为 100%的物体称为绝对黑体，简称黑体。在一密闭的空腔上开一小孔，如图 15-1 所示，当外界辐射由小孔进入空腔后，经腔壁若干次反射，能量的大部分将被腔壁吸收。若将腔壁做粗糙些，进入小孔的辐射将全部被吸收，这样的空腔小孔便具有黑体的性质。

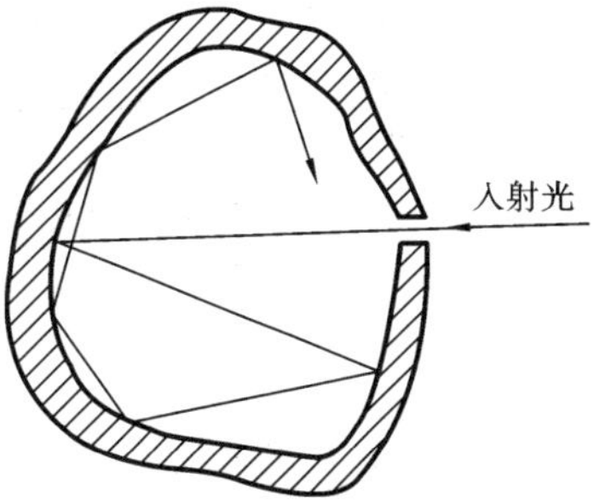

图 15-1　黑体模型

热辐射现象除了与温度有关外，还与材料及其表面的情况有关。实验表明，对于黑体，不论其腔壁由何种材料做成，只要腔壁和腔内辐射场处于平衡状态，温度一定，从小孔射出的辐射的性质及实验规律就总是相同的。因此对于黑体热辐射规律的研究就具有普遍的意义。

二、黑体热辐射的实验规律

在不同温度下,物体辐射的能量不同,在同一温度下物体对各种波长的电磁波的辐射能量也不相同。对此,人们引入作为温度和波长的函数的物理量——单色辐射出射度 $M_\lambda(T)$,简称单色辐出度,用它来表示物体从单位表面积上辐射的波长在 λ 附近的单位波长间隔内的电磁波功率。包括所有波长在内的电磁波的总辐射功率用 $M(T)$表示,称为总辐出度。应有

$$M(T)=\int_0^\infty M_\lambda(T)\mathrm{d}\lambda \tag{15-1}$$

图 15-2 所示是测量空腔黑体热辐射的示意图。图 15-3 给出了不同温度下黑体辐射的单色辐出度与波长的关系。横坐标表示波长,以 nm 为单位,纵坐标表示 $M_\lambda(T)$的值。

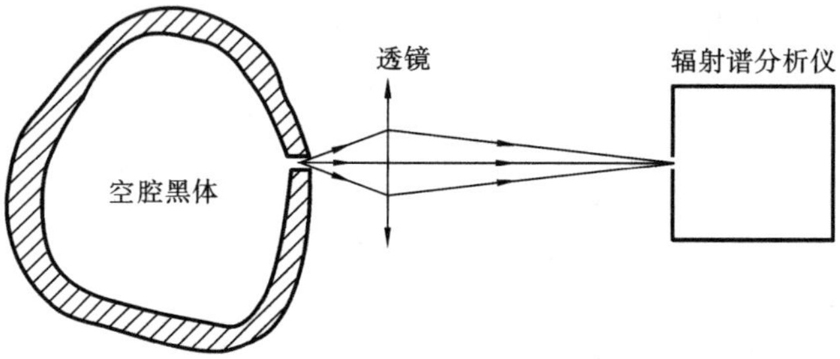

图 15-2 测量空腔黑体热辐射的示意图

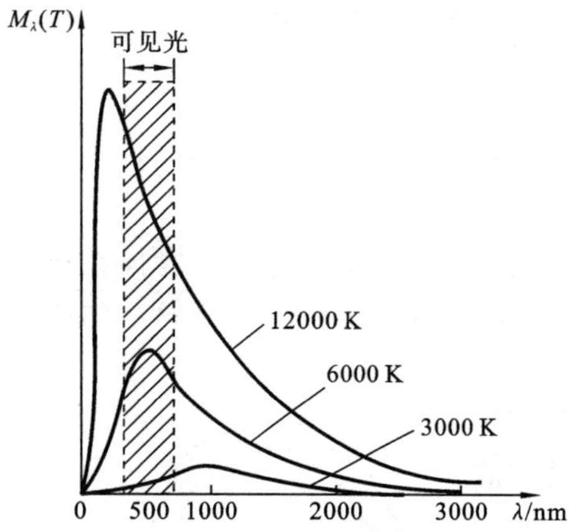

图 15-3 黑体辐射的单色辐出度与波长的关系

根据实验曲线,得出了有关黑体热辐射的两条重要定律。

1. 维恩位移定律

图 15-3 中每一条曲线都有一个极大值,即最大的单色辐出度。与极大值对应的波长 λ_m 随温度 T 的升高而减小,就是说当温度升高时,λ_m 将向短波方向移动。这和将铁块(或其他物体)加热时,随着温度的升高,其颜色由暗红逐渐变成蓝白色的事实是相符的。

实验表明,曲线极大值处的波长 λ_m 与相应的温度 T 有一简单关系:

$$\lambda_m T=b \tag{15-2}$$

式中,b 是一个常数,其值为

$$b=2.898\times10^{-3}\ \mathrm{m\cdot K}$$

式(15-2)表示的关系称为维恩位移定律。

2. 斯特藩-玻尔兹曼定律

实验测得黑体的总辐出度 $M(T)$与热力学温度的四次方成正比,即

$$M(T)=\sigma T^4 \tag{15-3}$$

式中,σ 是另一个常数,其值为

$$\sigma=5.67\times10^{-8}\ \mathrm{W\cdot m^{-2}\cdot K^{-4}}$$

σ 称为斯特藩-玻尔兹曼常量。式(15-3)称为斯特藩-玻尔兹曼定律。

例 15-1　假定恒星表面的行为和绝对黑体表面一样，并测得太阳辐射波谱为 $\lambda_m=5.1\times10^{-7}$ m，试估计太阳的表面温度及每单位表面积上的总辐出度。

解　根据维恩位移定律 $\lambda_m T=b$，得太阳表面温度为

$$T=\frac{b}{\lambda_m}=\frac{2.898\times10^{-3}}{5.1\times10^{-7}}\ \mathrm{K}=5700\ \mathrm{K}$$

再根据斯特藩-玻尔兹曼定律可求出太阳的总辐射本领，即单位表面积上的总辐出度为

$$M(T)=\sigma T^4=5.67\times10^{-8}\ \mathrm{W\cdot m^{-2}\cdot K^{-4}}\times5700^4\ \mathrm{K^4}=6.0\times10^7\ \mathrm{W\cdot m^{-2}}$$

三、经典理论的困难

黑体热辐射研究中主要的问题是要找出和图 15-4 中的实验曲线相符合的函数 $M_\lambda(T)$ 的具体形式。

1896 年，维恩从热力学出发，并假设辐射能按波长的分布类似于麦克斯韦速率分布律，从而得出了单色辐出度 $M_\lambda(T)$ 的维恩理论公式。

然而，这一理论结果只在波长较短的区域与实验相符，在波长较长的区域与实验曲线相差较大，图 15-4给出了理论曲线与实验曲线的比较结果。

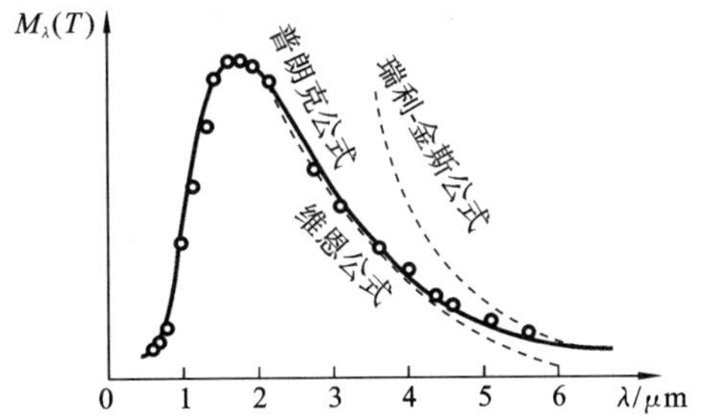

图 15-4　理论曲线与实验曲线的比较

1900 年，瑞利和金斯对黑体热辐射的实验结果做了另一种理论计算，他们根据经典电磁理论的能量按自由度均分定律得出另一个理论。

和维恩理论曲线的情况相反，瑞利-金斯理论曲线在长波方面和实验曲线相符，在短波方面则相差甚远，如图 15-4 所示。

这样，人们在试图用经典物理学理论解释黑体辐射的问题上便遇到了很大的困难。汤姆逊在总结这一时期的物理学的发展时，称这一困难为“使得物理学的晴朗天空变得阴沉起来的一朵乌云”。

四、普朗克的量子理论

人们一直在努力探索与实验曲线相吻合的黑体热辐射的理论公式。到 1900 年，普朗克终于找到了一个与实验结果符合的黑体热辐射公式。为了从理论上导出这个公式，他认为在研究分子、原子的微观运动规律(这里研究微观的振动)时，必须抛弃上述对能量连续取值的经典概念，并提出与经典理论不一样的新假设：

(1) 简谐振子只能处于某些特殊的状态，在这些状态中它们的能量是某个最小能量单元 ε 的整数倍(即只能处于能量为 $\varepsilon,2\varepsilon,3\varepsilon,\cdots,n\varepsilon$ 的这些状态，n 为正整数，称为量子数)。这种最小的能量单元 ε 称为能量子，或简称量子。

(2) 频率为 ν 的简谐振子的最小能量单元 ε 正比于频率，写作

$$\varepsilon=h\nu \tag{15-4}$$

式中，h 是一个普适常量，称为普朗克常量。

以上就是普朗克的量子理论。

按照普朗克量子理论,简谐振子的能量是不连续的,存在着能量的最小基本单元;简谐振子和电磁场交换能量的过程也是不连续的,即简谐振子发射或吸收辐射时,按照它自己的频率,以一个与频率成正比的能量子($\varepsilon=h\nu$)为基本单位来发射或吸收电磁辐射能量,它所发射或吸收的能量只能是这个能量子的整数倍,即 $E=h\nu,2h\nu,3h\nu,\cdots,nh\nu$。

普朗克把空腔黑体腔壁的原子看作带电的简谐振子,根据上述量子假设,认为腔壁的简谐振子只能按能量子 $h\nu$ 的整数倍不连续地吸收或辐射能量。由此推得的绝对黑体单色辐出度的分布理论公式,称为普朗克公式,即

$$M_{\lambda}(T)=\frac{2\pi hc^2}{\lambda^5}\cdot\frac{1}{e^{\frac{hc}{k\lambda T}}-1} \tag{15-5}$$

式中,λ 和 T 分别为波长和热力学温度,k 和 c 分别为玻尔兹曼常量和光速,e 为自然对数的底。与实验结果相比较,可求得普朗克常量,其值为

$$h=6.63\times10^{-34}\ \mathrm{J\cdot s}$$

还可由普朗克公式导出斯特藩-玻尔兹曼定律和维恩定律,因此用它能圆满地解释黑体热辐射现象。

普朗克的能量量子化假设,不仅圆满地解释了黑体辐射现象,而且成为现代量子理论的开端,开辟了物理学研究的广阔前景。

15-2　光电效应　光的波粒二象性

一、光电效应

光电效应是指当光照射在金属表面上时,金属表面有电子逸出的现象。金属表面所逸出的电子称为光电子,它与通常所指的电子没有区别,光电子定向运动所形成的电流称为光电流。图 15-5 所示是用于研究光电效应的实验原理图。在真空的玻璃容器中,A 为一块电极,K 为被光照射的金属,A、K 间的电压和电流分别由伏特计 V 和电流计 G 读出。当单色光通过石英玻璃窗 M(石英对紫外线吸收很小)照射到金属 K 上时,金属表面就有光电子逸出。

当所接电源使得 $U_1-U_2=U_{AK}>0$ 时,光电子将在加速电势差 U_{AK} 的作用下飞向 A 极,形成光电流 I。I 随 U_{AK} 的增加而增加,当 U_{AK} 增至某一值后,I 达到饱和(见图 15-6)。这时的电流称为饱和光电流,用 I_S 表示。I_S 的意义在于它测定了 K 极在单位时间内逸出的光电子数 $N_{电}$,从而有

$$I_S=N_{电}\,e \tag{15-6}$$

实验指出,当 $U_{AK}=0$ 时,光电流 I 并不为零,只有加上一定的反向电势差,即 $U_{AK}<0$ 时,光电流 I 才为零。I 刚为零时所加的反向电势差,称为遏止电势差,用 U_a 表示。U_a 的意义在于它使具有最大初动能的光电子刚好不能到达 A 极。因此可根据 U_a 来确定光电子的最大初动能为

$$\frac{1}{2}mv^2=eU_a \tag{15-7}$$

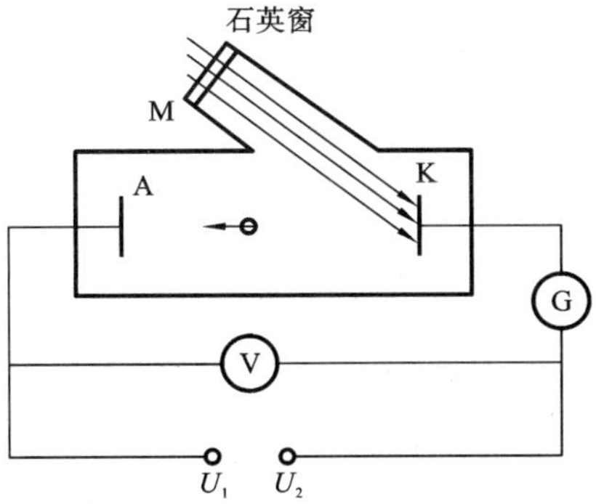

图 15-5　研究光电效应的实验原理图

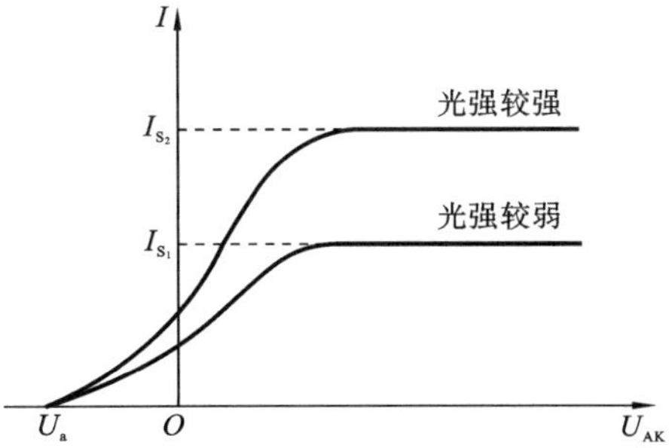

图 15-6　光电效应的 U-I 曲线

通过对光电效应的研究，可归纳出如下四条实验规律：

(1) 对于给定的金属，入射光的频率 ν 必须大于或等于某一定值 ν_0 时，才能产生光电效应。定值 ν_0 称为该金属的红限频率，不同的金属具有不同的红限频率。

(2) 光电子的初动能与光的频率成正比，而与光的强度无关。

(3) 光电子发射时间不超过 10^{-9} s，亦与光的强度无关。

(4) 饱和光电流与光的强度成正比。

按照光的电磁理论，光电子的逸出是由于照射到金属表面的光波强迫金属中的电子振动，光波的能量便转化为电子的能量，当电子吸收到一定的能量，便摆脱金属对它的束缚而从金属表面逸出来成为光电子。由波动说，光强越大，光波在单位时间内提供给电子的能量越多。因此不管光的频率如何，只要有足够的光强或足够的照射时间，就应该产生光电效应。另外，光电子的初动能应随光强的增加而增大。但实验证明，只要入射光的频率低于金属的红限频率，不论光强有多大，照射时间有多久，也不能产生光电效应；而频率大于红限频率的光，一照射立即引起光电效应，并且光电子的初动能与光强无关。显然，光的经典理论在解释光电效应的前三条规律时，遇到了不可克服的困难。

为了解释光电效应，1905 年爱因斯坦在普朗克能量子概念的基础上，提出了光量子概念，圆满地解释了光电效应的全部实验规律。

爱因斯坦光量子概念：光(或电磁辐射)不仅在发射或吸收时具有微粒性(即普朗克所提出的能量子)，而且在空间传播时也具有粒子性，即频率为 ν 的光束是由能量均为 $h\nu$、以光速 c 运动的粒子(光量子或光子)流构成的。对于给定频率的光束来说，光强越强，表示单位时间内通过单位横截面积的光子数 $N_{光}$ 越大。显然，频率为 ν 的光束的强度为

$$S = N_{光} h\nu \tag{15-8}$$

根据光量子概念，光电效应可解释如下：当物质原子中的束缚电子从入射光中吸收了一个能量为 $h\nu$ 的光子时，光子一部分能量消耗于光电子脱离金属所需要做的逸出功 A 上，另一部分能量转换为光电子的动能。因为束缚电子绕核运动的速度远小于入射光子的速度，所以电子在被吸收前与光子相比可视为静止的。按照能量守恒与转换定律，得

$$h\nu + m_0 c^2 = A + mc^2 \tag{15-9}$$

或

$$h\nu = A + (mc^2 - m_0 c^2) \tag{15-10}$$

式中,m_0c^2 和 mc^2 分别为吸收前后电子的能量。因为 $h\nu$ 与 A 为同一数量级,所以光电子的发射速度 v 远小于光速,因此,$mc^2-m_0c^2\approx\frac{1}{2}m_0v^2$,从而得

$$h\nu=A+\frac{1}{2}m_0v^2 \tag{15-11}$$

式(15-11)称为爱因斯坦光电效应方程。该方程直接表明了光电效应中存在红限频率 ν_0(当光电子的初动能$\frac{1}{2}m_0v^2=0$ 时,可得 $\nu_0=\frac{A}{h}$)以及光电子的初动能与光的频率呈正比例关系。按光量子概念,当光照射金属时,一个光子的全部能量将一次性被一个束缚电子吸收,不需要积累能量的时间。另外,当光的强度增加时,单位时间内通过单位横截面积的光子数增加,因此,单位时间内逸出的光电子数也随之增加。综上所述,爱因斯坦的光量子概念成功地解释了光电效应的各个实验规律,所以光电效应表明了光具有粒子的性质。

光电效应不仅有极重要的理论意义,而且有着广泛的应用价值。例如,利用光电效应可以制成光电管、光电倍增管、电视摄像管等多种光电器件,它们能把光信号转换成电信号,常用于自动控制等。

必须指出,自由电子(非束缚电子)不能吸收入射光子能量而成为光电子。这是因为动量守恒要求在光电效应过程中,除了入射光子和光电子外,还需要发射光电子之后剩余下来的整个原子参加。由于它的参加,动量守恒定律和能量守恒定律才能满足。因原子质量大,反冲能量很小,原子动量可忽略不计,故式 $h\nu=A+\frac{1}{2}m_0v^2$ 成立。

例 15-2 已知钠的电子逸出功为 2.486 eV,求:

(1) 钠的光电效应红限波长;

(2) 波长为 4.00×10^{-10} m 的光照射在钠上时,钠所发出的光电子的最大初速度。

解 (1) 由 $\nu_0=A/h$ 和 $\lambda_0=c/\nu_0$,可得

$$\lambda_0=\frac{c}{\nu_0}=\frac{hc}{A}=5.00\times10^{-7}\ \text{m}$$

(2) 根据爱因斯坦方程,将 $\nu=c/\lambda$ 代入,整理后得光电子的最大初速度为

$$v=\sqrt{\frac{2}{m_e}\left(\frac{hc}{\lambda}-A\right)}=3.30\times10^7\ \text{m}\cdot\text{s}^{-1}$$

二、光的波粒二象性

先讨论一下光子的质量、动量和能量。我们知道,光在真空中的传播速度为 c,即光子的速度应为 c。所以,需用相对论来处理光子问题。

由狭义相对论的动量和能量的关系式

$$E^2=p^2c^2+E_0^2 \tag{15-12}$$

可知,由于光子的静能量 $E_0=0$,因此光子的能量和动量的关系可写成

$$E=pc \tag{15-13}$$

其动量也可写成

$$p=\frac{E}{c}=\frac{h\nu}{c}=\frac{h}{\lambda} \tag{15-14}$$

因此，对于频率为 ν 的光子，其能量和动量分别为

$$E=h\nu,\quad p=\frac{h}{\lambda} \tag{15-15}$$

这里，大家看到，描述光子粒子性的量（E 和 p）与描述光的波动性的量（ν 和 λ）通过普朗克常量 h 被联系起来。

光电效应实验表明，光由光子组成的看法是正确的，体现出光具有粒子性。而光的干涉、衍射和偏振现象，又明显地体现出光的波动性。所以说，光既具有波动性，又具有粒子性，即光具有波粒二象性。一般来说，光在传播过程中，波动性表现得比较显著；当光和物质相互作用时，粒子性表现得比较显著。光所表现的这两重性质，反映了光的本性。应当指出，光子具有粒子性并不意味着光子一定没有内部结构，光子也许由其他粒子组成，只是迄今为止，尚无任何实验显露出光子存在内部结构的迹象。光的粒子性在下一节讨论康普顿效应时，将得到进一步的体现。

15-3 康普顿效应

在 1922—1923 年间，康普顿研究了 X 射线经过石蜡、金属、石墨等物质散射后的波长成分，实验原理如图 15-7 所示。

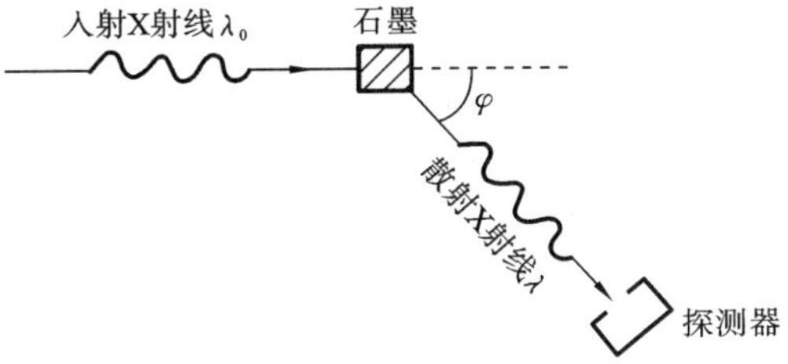

图 15-7 康普顿散射实验

康普顿让一束波长为 λ_0 的 X 射线投射在一块石墨上，并以各种散射角 φ 测量散射 X 射线波长随强度的变化关系，如图 15-8 所示。从这一实验发现有下述规律：

（1）在散射光中有 $\lambda>\lambda_0$ 的波长成分出现（这种波长改变的散射，称为康普顿效应），并且波长的改变量 $\Delta\lambda=\lambda-\lambda_0$ 与入射光波长 λ_0 及散射物质无关，而仅与散射角 φ 有关，即

$$\Delta\lambda=\lambda_C(1-\cos\varphi) \tag{15-16}$$

式中，$\lambda_C=2.43\times10^{-12}$ m，称为康普顿波长，如图 15-8(a)所示。

（2）原子量较小的物质，其康普顿效应较强，反之较弱，如图 15-8(b)所示。

（3）在散射光中仍有 λ_0 的波长成分。

对于波长不变的散射光，光的电磁理论能很好地给出解释。按照光的电磁理论，入射的电磁波使散射物质中的带电粒子做受迫振动，受迫振动的频率等于入射波的频率，这些受迫振动的带电粒子将在各个方向上发射与振动频率相同的电磁波。然而，经典理论无法解释康普顿效应。

康普顿以爱因斯坦的光量子概念作为出发点，把光子与散射物质之间的相互作用，看成是

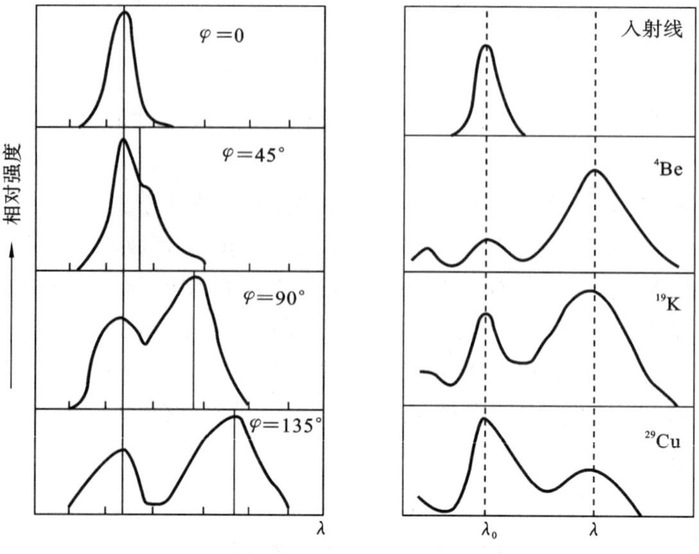

图 15-8　康普顿散射实验结果

光子与原子中静止的自由电子的弹性碰撞。在碰撞前后,光子与电子之间保持能量守恒和动量守恒,就可以对 X 射线散射规律给予以下圆满的解释。

原子中束缚较弱的电子可近似地视为静止的自由电子。这是由于所用散射物质中部分电子束缚较弱,其电离能为几电子伏,而 X 射线光子的能量为 $10^4 \sim 10^5$ eV,因此当 X 射线光子与这些电子碰撞时,可忽略其电离能,而把它视为自由电子。又因为电子绕核运动的速度远小于光子的速度,所以可把原子中束缚较弱的电子看作是静止的自由电子。

图 15-9 给出了光子散射的物理过程。波长为 λ_0 的入射光中的一个光子与散射物质中的一个静止自由电子发生弹性碰撞,并把一部分能量转移给电子使其离开物质(该电子称为反冲电子),从而使散射光子的能量减少,频率变小,波长变长。由于碰撞前后满足能量守恒定律和动量守恒定律,可写出

$$m_0 c^2 + \frac{hc}{\lambda_0} = mc^2 + \frac{hc}{\lambda} \tag{15-17}$$

式中,$m_0 c^2$ 和 mc^2 分别为碰撞前、后电子的能量,$\frac{hc}{\lambda_0}$和$\frac{hc}{\lambda}$分别为碰撞前、后光子的能量。

$$\frac{h}{\lambda_0}\boldsymbol{n}_0 = m\boldsymbol{v} + \frac{h}{\lambda}\boldsymbol{n} \tag{15-18}$$

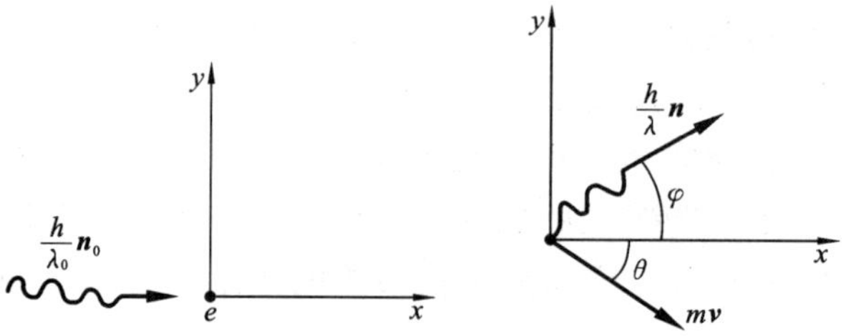

图 15-9　光子散射的物理过程

式中，mv 为碰撞后电子的动量，碰撞前电子的动量为零，$\frac{h}{\lambda_0}\boldsymbol{n}_0$ 和 $\frac{h}{\lambda}\boldsymbol{n}$ 分别为碰撞前、后光子的动量，$\boldsymbol{n}_0$ 和 $\boldsymbol{n}$ 均为单位矢量。由余弦定律可将式(15-18)改写为

$$(mv)^2=\left(\frac{h}{\lambda_0}\right)^2+\left(\frac{h}{\lambda}\right)^2-2\frac{h^2}{\lambda_0\lambda}\cos\varphi \tag{15-19}$$

式中，$m=\dfrac{m_0}{\sqrt{1-\dfrac{v^2}{c^2}}}$。根据式(15-17)和式(15-19)，消去变量 v，进行必要的计算后可得

$$\Delta\lambda=\lambda-\lambda_0=\frac{h}{m_0c}(1-\cos\varphi) \tag{15-20}$$

式(15-20)与实验公式(15-16)在形式上完全一样，并且 $\lambda_C=\dfrac{h}{m_0c}=0.002426$ nm 与实验值非常吻合。

由于近似的自由电子与所在物质的原子联系十分微弱，因此，散射物质的性质不能从式(15-20)中反映出来，即 $\Delta\lambda$ 与散射物质无关。一般说来，轻原子中的电子和核的联系相当弱，而重原子中只有外层电子受束缚较弱，内层电子是被核束缚得非常紧的。可见，重原子的康普顿效应较弱，轻原子的康普顿效应较强。如果光子与原子中被束缚很紧的电子碰撞，则光子将与整个原子交换能量，但原子质量远大于光子质量，按碰撞理论，这时光子不会显著地失去能量，因而散射光子中仍有波长为 λ_0 的散射光。可见，重原子中波长为 λ_0 的散射光强度较大，轻原子中波长为 λ_0 的散射光强度较小，如图 15-8(b)所示。

在康普顿效应中，理论计算和实验结果的符合，说明了两个重要的结论：① 光量子概念是正确的；② 能量守恒定律和动量守恒定律在微观现象中成立。此后，大量其他实验也证实了这些结论是正确的。

例 15-3　如图 15-10 所示，波长 $\lambda_0=0.02$ nm 的 X 射线与自由电子碰撞，现在从与入射方向成 90°的方向去观察散射 X 射线。求：

(1) 散射 X 射线的波长；

(2) 反冲电子获得的能量；

(3) 反冲电子动量的大小及其与 Ox 轴的夹角 θ。

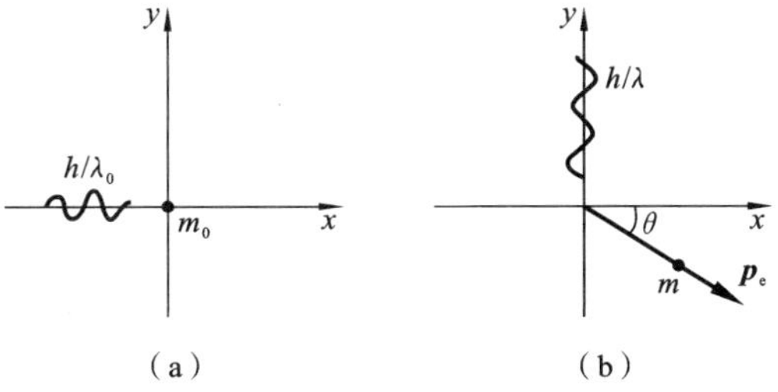

图 15-10　例 15-3 图

解　(1) 设自由电子初速度为零，则散射后波长的变量为

$$\begin{aligned}\Delta\lambda&=\lambda_C(1-\cos\varphi)=2.43\times10^{-12}\times(1-\cos90°)\ \text{m}\\&=2.43\times10^{-12}\ \text{m}=0.00243\ \text{nm}\end{aligned}$$

所以散射后的 X 射线波长为

$$\lambda=\lambda_0+\Delta\lambda=0.02\ \text{nm}+0.00243\ \text{nm}=0.0224\ \text{nm}$$

(2) 根据能量守恒定律,反冲电子获得的能量就是入射光子损失的能量,所以

$$\begin{aligned}\Delta E&=\frac{hc}{\lambda_0}-\frac{hc}{\lambda}=\frac{hc\Delta\lambda}{\lambda_0\lambda}\\&=\frac{6.63\times10^{-34}\times3.00\times10^{8}\times2.43\times10^{-12}}{0.02\times10^{-9}\times2.24\times10^{-11}}\ \text{J}\\&=1.08\times10^{-15}\ \text{J}\\&=6.74\times10^{3}\ \text{eV}\end{aligned}$$

(3) 根据动量守恒定律,有

$$\frac{h}{\lambda_0}=p_e\cos\theta$$

$$\frac{h}{\lambda}=p_e\sin\theta$$

所以

$$p_e=h\left(\frac{\lambda^2+\lambda_0^2}{\lambda^2\lambda_0^2}\right)^{1/2}=4.4\times10^{-23}\ \text{kg}\cdot\text{m}\cdot\text{s}^{-1}$$

又因为

$$\cos\theta=\frac{h}{\lambda_0 p_e}=0.75$$

故

$$\theta=41°12'$$

15-4 氢原子的玻尔理论

玻尔理论是氢原子构造的早期量子理论,玻尔理论是以下述三条假设为基础的。

(1) 电子在原子中,可以在一些特定的圆轨道上运动而不辐射电磁波,这时原子处于稳定状态(简称定态),并具有一定的能量。

(2) 电子以速度 v 在半径为 r 的圆周上绕核运动时,只有电子的角动量 L 等于$\frac{h}{2\pi}$的整数倍的那些轨道才是稳定的,即

$$L=mvr=n\frac{h}{2\pi},\quad n=1,2,3,\cdots \tag{15-21}$$

式中,h 为普朗克常量;n 叫作主量子数。式(15-21)叫作量子化条件,也叫量子条件。

(3) 当原子从高能量的定态跃迁到低能量的定态,即电子从高能量 E_i 的轨道跃迁到低能量 E_f 的轨道上时,要发射频率为 ν 的光子,且

$$h\nu=E_i-E_f \tag{15-22}$$

此式叫作频率条件。

在这三条假设中,第一条虽是经验性的,但它是玻尔对原子结构理论的重大贡献,因为它对经典概念做了巨大的修改,从而解决了原子稳定性的问题。第三条是从普朗克量子假设引申来

的,因此是合理的,它能解释线光谱的起源。至于第二条所表述的角动量量子化,则是人为设定的,后来知道,它可以从德布罗意假设自然得出。

现在我们从玻尔三条假设出发来推导氢原子能级公式,并解释氢原子光谱的规律。设在氢原子中,质量为 m、电荷为 e 的电子在半径为 r_n 的稳定轨道上以速度 v_n 做圆周运动,作用在电子上的库仑力为有心力,因此,有

$$\frac{mv_n^2}{r_n}=\frac{1}{4\pi\varepsilon_0}\frac{e^2}{r_n^2} \tag{15-23}$$

由第二条假设,得

$$v_n=\frac{nh}{2\pi mr_n} \tag{15-24}$$

把式(15-24)代入式(15-23)有

$$r_n=\frac{\varepsilon_0 h^2}{\pi me^2}n^2=r_1 n^2,\quad n=1,2,3,\cdots \tag{15-25}$$

式中,$r_1=\frac{\varepsilon_0 h^2}{\pi me^2}$。由于 ε_0、h、m 和 e 均已知,可算得 $r_1=5.29\times10^{-11}$ m。r_1 其实是电子的第一个(即 $n=1$)轨道的半径,叫作玻尔半径。因此,由式(15-25)可知,电子绕核运动的轨道半径的可能值为 r_1,$4r_1$,$9r_1$,$16r_1$,…人们注意到 r_1 的数量级与经典统计所估计的分子半径是符合的,初步显示玻尔理论的正确性。

电子在第 n 个轨道上的总能量是动能和势能之和,即

$$E_n=\frac{1}{2}mv_n^2-\frac{1}{4\pi\varepsilon_0}\frac{e^2}{r_n}$$

利用式(15-24)和式(15-25),上式可写为

$$E_n=-\frac{me^4}{8\varepsilon_0^2 h^2}\frac{1}{n^2}=\frac{E_1}{n^2} \tag{15-26}$$

其中,$E_1=\frac{-me^4}{8\varepsilon_0^2 h^2}=-13.6$ eV,它表示把电子从氢原子的第一个玻尔轨道上移到无限远处所需的能量值是 13.6 eV。令人高兴的是,由式(15-26)算得的 E_1 值与实验测得的氢的电离能值(13.599 eV)吻合得十分好。进一步由式(15-26)可以看出,对于 n 取 1,2,3,4,…时,氢原子所具有的能量为

$$E_1,\quad E_2=\frac{E_1}{4},\quad E_3=\frac{E_1}{9},\quad E_4=\frac{E_1}{16},\cdots$$

这就是说,氢原子所具有的能量 E 是不连续的。这一系列不连续的能量值,就构成了通常所说的能级。式(15-26)就是玻尔理论的氢原子能级公式。此外,从式中还可看出,原子能量都是负值。这说明原子中的电子如果没有足够的能量,就不能脱离原子核对它的束缚。

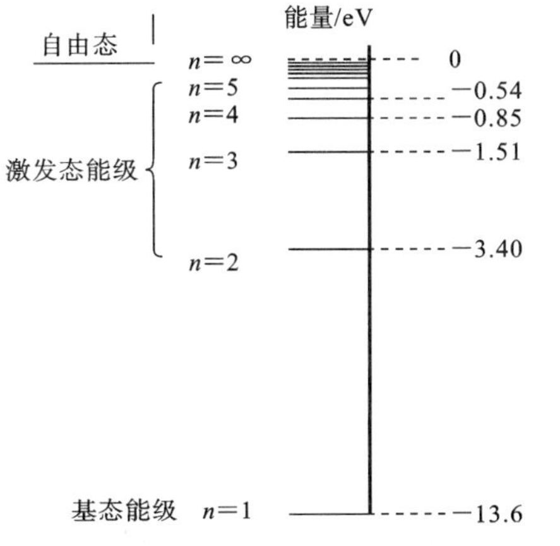

图 15-11　氢原子能级与相应的电子轨道

图 15-11 所示是氢原子能级与相应的电子轨道示意图。在正常情况下,氢原子处于最低能级 E_1,即电子处于第一轨道上。这个最低能级对应的状态叫作基态,或叫作氢原子的正常态。电子受到外界激发时,可从基态跃迁到较高能级的 E_2,E_3,E_4,…上,这些能级对应的

状态叫作激发态。

当电子从较高能级的 E_i 跃迁到较低能级的 E_f 时,由式(15-22)可得,原子辐射的单色光的光子能量 $h\nu=E_i-E_f$。对应不同的量子数,ν 是所辐射单色光光子的频率,把式(15-26)代入式(15-22),有

$$\nu=\frac{me^4}{8\varepsilon_0^2h^3}\left(\frac{1}{n_f^2}-\frac{1}{n_i^2}\right),\quad n_i>n_f$$

因为 $\lambda=c/\nu$,可得

$$\frac{1}{\lambda}=\sigma=\frac{me^4}{8\varepsilon_0^2h^3c}\left(\frac{1}{n_f^2}-\frac{1}{n_i^2}\right),\quad n_i>n_f \tag{15-27}$$

式中,σ 为氢原子由高能级 E_i 跃迁到低能级 E_f 时,原子所辐射单色光的波数。式(15-27)中 $me^4/(8\varepsilon_0^2h^3c)=1.097\times10^7\ \mathrm{m}^{-1}$。于是,由式(15-27)可得出氢原子的线光谱各谱系。$n_f=1$,$n_i=2,3,4,\cdots$ 为莱曼系;$n_f=2$,$n_i=3,4,5,\cdots$ 为巴耳末系;$n_f=3$,$n_i=4,5,6,\cdots$ 为帕邢系……这些由玻尔氢原子理论得出的谱系与实验得出的谱系符合得很好。图 15-11 显示了氢原子能级跃迁的关系。

15-5 德布罗意波

一、德布罗意波假设

将实物粒子和波联系起来似乎是一件很不明确的事,而且,为弄清这一点,按常规也应当先着手进行实验。在 1923 年,法国巴黎大学的博士研究生路易·德布罗意仔细分析了光的微粒说和波动说的发展历史,注意到几何光学与经典粒子力学的相似性,他感到,在实物和辐射之间应该存在某种对称性或平衡,即如果辐射具有波粒二象性,那么实物粒子也应当如此。他意识到:整个世纪以来,在光学中,比起波动的研究方法来,如果说是过于忽略了粒子的研究方法的话,那么在实物理论上,是不是犯了相似的错误呢?是不是我们把粒子的图像想得太多,而过于忽略了波的图像?他把它写进了 1924 年提交的博士学位论文里。当时,爱因斯坦被这篇文章深深地打动了,他后来评论说:它是照在这个最难解的物理学之谜上的第一缕微弱的光线。

按照德布罗意的假设,一个质量为 m 的粒子,以速度 v 做匀速运动时,从粒子性看,可以用能量 E 和动量 p 描述;从波动性方面来看,可以用频率 ν 和波长 λ 描述,而这些量之间的关系,可以用联系光的波粒二象性的公式表示,即

$$E=h\nu=\hbar\omega,\quad p=\frac{h}{\lambda}=\hbar k\quad\left(\hbar=\frac{h}{2\pi}\text{为约化普朗克常量}\right)$$

这一关系称为德布罗意关系。式中和实物粒子相联系的波称为物质波或德布罗意波。在无外力场的情况下,粒子以速度 v 运动,则由上式可知,和该粒子相联系的平面单色波的波长是

$$\lambda=\frac{h}{p}=\frac{h}{mv}=\frac{h}{m_0v}\sqrt{1-\frac{v^2}{c^2}} \tag{15-28}$$

上式也称为德布罗意公式,由它表示的波长又称为粒子的德布罗意波长。

在 $v\ll c$ 的情况下,有

$$\lambda=\frac{h}{m_0 v} \tag{15-29}$$

二、德布罗意波的实验证明

上述物质波假设要得到承认，必须要有实验直接或间接地证实。下面就是几个有名的实验。

1. 戴维孙-革末电子衍射实验

1927 年，C.J.戴维孙和 L.H.革末做了电子衍射实验。实验装置如图 15-12 所示。被加速电压 U 加速后的电子束，投射到镍单晶上，从晶体表面反射出来的电子束进入探测器 B，其电子流强度可由电流计 P 读出，并用 I 表示。

实验发现，当加速电压为 54 V（相当于 $\lambda=0.167$ nm）时，沿 $\theta=50°$ 的出射方向检测到的电子电流具有极大值（见图 15-13）。保持这个 θ 值，转动晶体，则极大峰每 120°重复出现一次。实验时，保持 θ 角不变，改变加速器电压 U，并同时观测反射电子束强度的电流 I，根据观测结果作图，得到如图 15-14 所示曲线。取横轴为 $\sqrt{U}$，纵轴为 I，则图 15-14 表明当加速器电压 U 单调增加时，反射电子束的强度并不单调变化，而是要经历一系列的极大值和极小值。

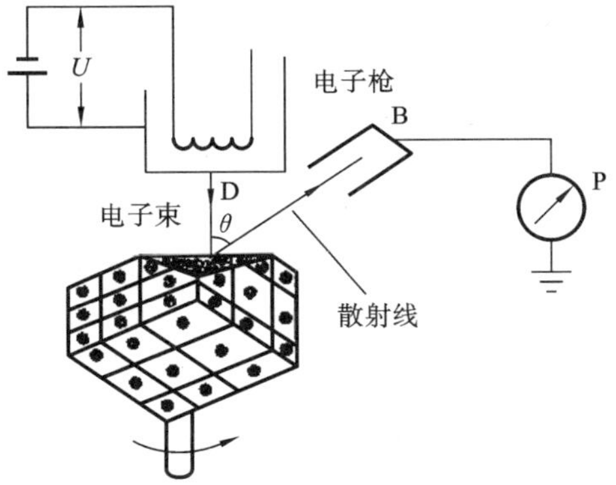

图 15-12 戴维孙-革末电子衍射实验

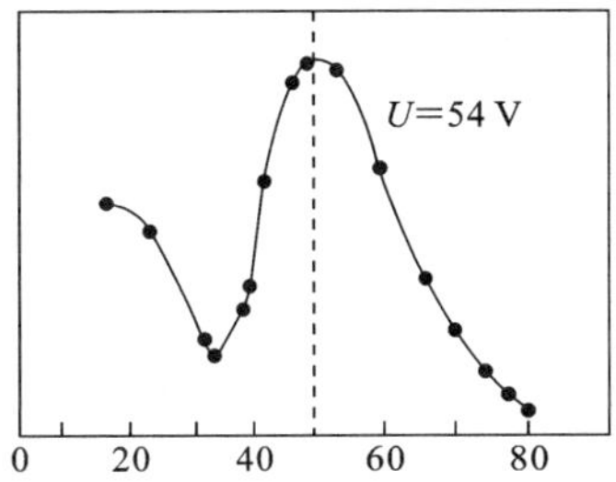

图 15-13 电子衍射实验结果

如果把电子看成单纯的"粒子"，则不论电子的速度如何，在反射方向应该总是有反射；而且当加速电压 U 单调增加时，由于入射电子束单调增强，反射电子束也应单调增强。但是这种论断无法解释上述实验结果。要正确解释实验结果，必须承认电子具有波动性。

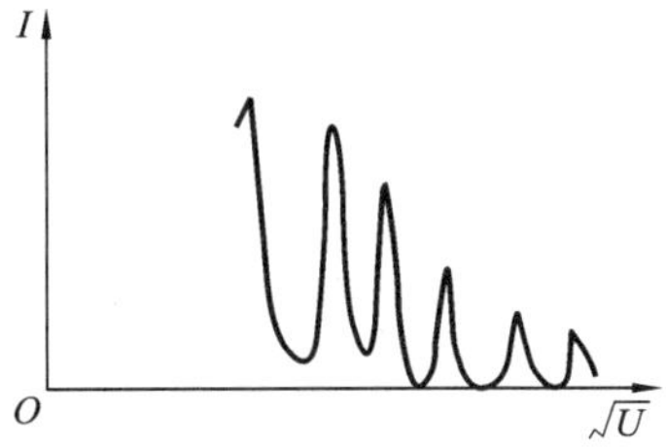

图 15-14 I-$\sqrt{U}$ 曲线

那么，我们如何用电子的波动性解释上述实验现象呢？我们把晶体看成由一系列平行的原子（或分子、离子）层所组成，这些原子层称为晶面。当电子波照射到晶体上时，根据经典光学中的惠更斯-菲涅耳原理，被电子照射的每一个原子都可以看作一个能向各个方向发出衍射线的子波波源，或者说，它们是能向各个方向发出衍射线的衍射中心。由于当电子波照射晶体时，一部分衍射线由表层原子所衍射，其余衍射线由内层各原子面所衍射，因此各衍射线的叠加干涉可以分为两种：同一晶面内各原子所发出子波的叠加和由平行的不同晶面上所发出子波的叠加。下面我们分别讨论。

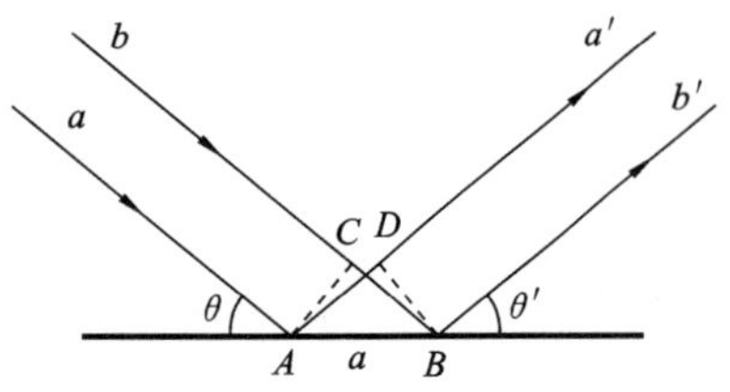

图 15-15　同一晶面内各原子所发出的子波间的干涉

(1) 同一晶面内各原子所发出的子波间的干涉如图 15-15 所示,把晶体设想为由一系列平行的点阵平面构成,图中表示出了等间隔原子的线性排列,我们可以把一个点理解为垂直于图面的一行原子。入射波为该行上每个原子的衍射线。在图面内的某些方向(θ')上来自所有原子的衍射波将彼此加强,而其他方向上的衍射波将趋于抵消。相长干涉的条件是从不同原子到达观察点的光程差等于波长的整倍数。如图 15-15 所示,在满足反射定律的方向上,同一晶面上相邻原子衍射波的光程差为 $\delta=AD-CB=0$ 时,它们相干加强,每个晶面内各个原子发射的衍射波相互干涉的结果是:在晶面的镜面反射方向具有最大的衍射强度,即遵守反射定律。

(2) 平行晶面间反射波的干涉如图 15-16 所示,由于在各原子层所散射的衍射线中,只有沿镜面反射方向的射线的强度最大,因此,若要在该方向上也得到不同晶面上原子衍射光的相干加强,则图中上下两原子层所发出的反射线的光程差必须满足干涉极大的条件:

$$\delta=AC+CB=k\lambda$$

即

$$2a\sin\varphi=k\lambda,\quad k=1,2,\cdots \tag{15-30}$$

此式也称为晶体衍射的布拉格公式(或布拉格条件)。

在戴维孙-革末实验中,可采用布拉格公式(15-30)分析此晶体衍射。由图 15-17 可知,当

$$\delta=2a\sin\frac{\theta}{2}\cos\frac{\theta}{2}=k\lambda$$

即

$$\delta=a\sin\theta=k\lambda,\quad k=1,2,\cdots \tag{15-31}$$

则反射电子束相干加强。利用式(15-29),则式(15-31)可写成

$$a\sin\theta=kh\sqrt{\frac{1}{2emU}}$$

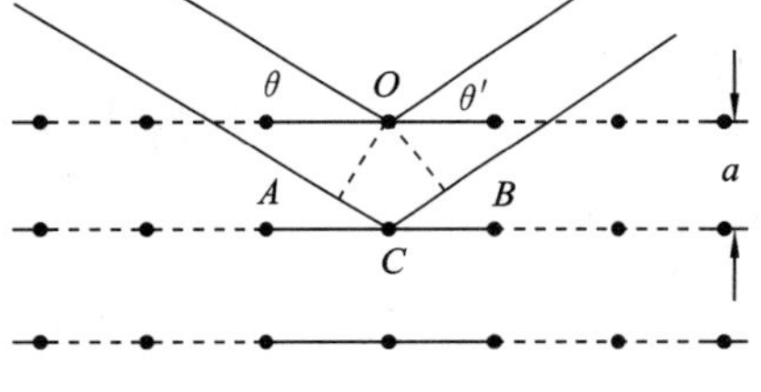

图 15-16　平行晶面间反射波的干涉

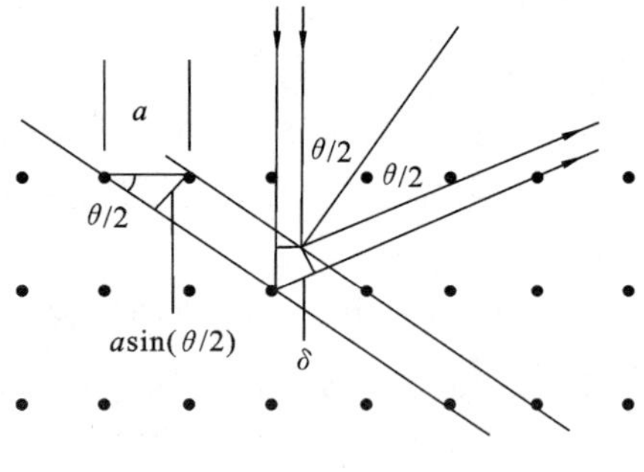

图 15-17　晶体衍射的布拉格公式

已知镍单晶原子间距 $a=0.215$ nm,把 a、e、m、h 和加速器电压 $U=54$ V 的值代入上式得 $\sin\theta=0.777k$。由此可知,只有 $k=1$,才有 $\sin\theta<1$,因此,具有最大散射强度的角度 θ 的理论值为 $\theta=\arcsin0.777=50.9°$。

由实验得出的 $\theta=50°$ 与理论值 50.9°之间的微小差别,表明电子确实具有波动性,德布罗意

关于实物粒子具有波动性的假设是正确的。50°与 50.9°之间的差别，是因为晶体吸引电子，在晶格电场的加速下，电子在晶体中的速率比在真空中的稍大，电子在晶格电场中获得的动能等于晶体表面逸出功，动能增大，动量增大。

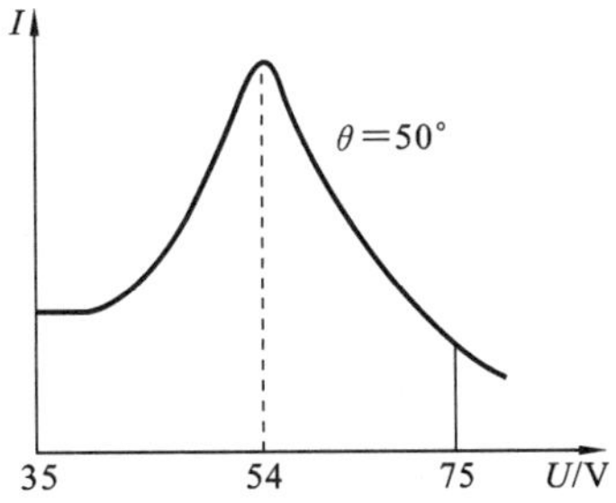

图 15-18　衍射强度随加速器电压的变化关系

图 15-18 给出了在一定角度上衍射强度随加速器电压的变化关系，它表明只有在加速电压 $U=54$ V，且 $\theta=50°$时，探测器中电流才有极大值。图中观察到的峰宽可以这样理解：因为低能电子穿入晶体不深，以致只有少数几层原子平面对衍射波有贡献，所以衍射峰不尖锐。不过，所有实验结果都定性和定量地与德布罗意的预言符合得很好。戴维孙由于发现电子在晶体中的衍射现象，荣获了 1937 年诺贝尔物理学奖。

2. G. P. 汤姆孙电子衍射实验

上面讲述了 1927 年戴维孙和革末利用电子在晶面上的散射，证实了电子的波动性。同一年，英国物理学家 G. P. 汤姆孙独立地从实验中观察到电子透过多晶薄片时的衍射现象，如图 15-19(a)所示，电子从灯丝 K 逸出后，经过电压为 U 的加速电场，再通过小孔 D，成为一束很细的平行电子束，其能量约为数千电子伏。当电子束穿过一多晶薄片 M(如铝箔)后，再射到照相底片 P 上，就获得了如图15-19(b)所示的衍射图样。

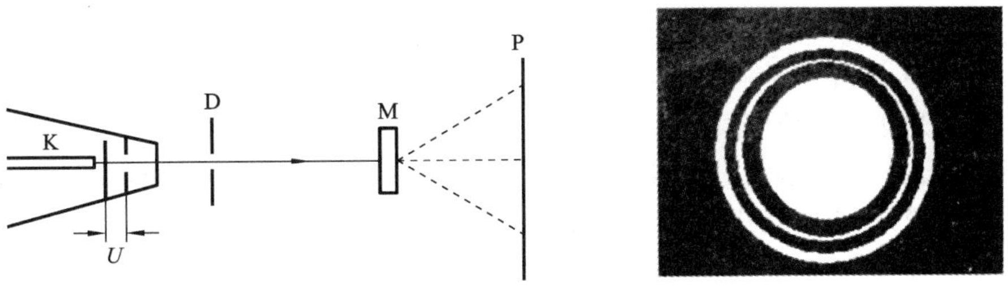

(a)　　(b)

图 15-19　汤姆孙电子衍射实验

应该指出的是，证实电子波动性的最直观的实验是电子通过狭缝的衍射实验。但要将狭缝做得极细是很困难的，直到 1961 年，约恩孙才制出长为 50 μm、宽为 0.3 μm、缝间距为 1.0 μm 的多缝。用 50 kV 的加速电压加速电子，使电子束分别通过单缝、双缝……五缝，均可得到衍射图样，图样与可见光通过双缝的衍射图样相似。

需要特别指明，不仅是电子，其他实物粒子，如质子、中子、氦原子和氢分子等也都已证实有衍射现象，都具有波动性。所以我们可以说，波动性是粒子自身固有的属性，而德布罗意公式是反映实物粒子波粒二象性的基本公式。

3. 德布罗意波的统计解释

为了理解实物粒子的波动性，我们不妨重温一下光的情形。对于光的衍射图样来说，根据光是一种电磁波的观点，在衍射图样的亮处，波的强度大，暗处波的强度小。而波的强度与波幅的二次方成正比，所以图样亮处的波幅的二次方比图样暗处的波幅的二次方要大。同时，根据光子的观点，某处光的强度大，表示单位时间内到达该处的光子数多；某处光的强度小，则表示单位时间内到达该处的光子数少。从统计的观点来看，这就相当于说，光子到达亮处的概率要远大于光子到达暗处的概率。由此可以说,粒子在某处附近出现的概率与该处波的强度是成正比的。

应用上述观点来分析电子的衍射图样,从粒子的观点来看,衍射图样的出现,是由于电子射到各处的概率不同而引起的,电子密集的地方表示波的强度大,电子稀疏的地方表示波的强度小。所以,某处附近电子出现的概率就反映了在该处德布罗意波的强度。对于电子是如此,对于其他微观粒子也是如此。普遍地说,在某处德布罗意波的强度与粒子在该处邻近出现的概率是成正比的,这就是德布罗意波的统计解释。

应该强调指出,德布罗意波与经典物理中研究的波是截然不同的。例如,机械波是机械振动在空间的传播,而德布罗意波则是对微观粒子的运动的统计描述。所以,绝不能把微观粒子的波动性机械地理解为就是经典物理中的波。

例 15-4 一个静止质量为 1×10^{-12} kg 的物体,以速度 3×10^{-8} m·s^{-1}运动,它的静止质量虽然很小,但仍是宏观物体。问该物体的波长是多少?

解

$$\lambda=\frac{h}{m_0 v}=2.2\times10^{-5}\ \text{nm}$$

这是一个比任何可能的小孔或狭缝还要小得多的数字。所以,宏观物体的波动性难以观察。

15-6 不确定关系

在经典力学中,粒子(质点)的运动状态是用位置坐标和动量坐标来描述的,而且这两个量都可以同时准确地予以测定,这就是牛顿力学的确定性。因此,可以说,同时准确地测定粒子(质点)在任意时刻的坐标和动量,是经典力学赖以保持有效的关键。然而,对于具有波粒二象性的微观粒子来说,是否也能用确定的坐标和确定的动量来描述呢?下面我们以电子通过单缝衍射为例来进行讨论。

如图 15-20 所示,设有一束电子垂直于沿 Oy 轴射向屏 AB 上缝宽为 b 的狭缝。于是,在照相底片 CD 上,可以观察到衍射花样。如果仍用坐标 x 和动量 p 来描述这个电子的运动状态,那么,我们不禁要问:一个电子通过狭缝的瞬时,它是从狭缝上的哪一点通过的呢?也就是说,电子通过狭缝的瞬时,其坐标 x 为多少?显然,这一问题,我们无法准确地回答,因为该电子究竟在缝上哪一点通过,我们是无法确定的,即我们不能准确地确定该电子通过狭缝时的坐标。然而,该电子确实通过了狭缝,因此,我们可以认为电子在 Ox 轴上的坐标的不确定范围为 $\Delta x=b$。在同一瞬时,由于衍射,电子动量的大小虽未变化,但是动量的方向有了改变。由图 15-20 可以看到,如果只考虑一级(即 $k=1$)衍射图样,则电子被限制在一级最小的衍射角范围内,有 $\sin\varphi=\lambda/b$。因此,电子动量沿 Ox 轴方向的分量的不确定范围为 $\Delta p_x=p\sin\varphi=p\dfrac{\lambda}{b}$,由德布罗意公式 $\lambda=\dfrac{h}{p}$,上式可写为 $\Delta p_x=\dfrac{h}{b}$。

这样,在电子通过狭缝的瞬时,其坐标和动量都存在着各自的不确定范围。由上面的讨论可以知道,这两个量的不确定度是相互关联的:缝越窄(b 越小),则 Δx 越小,而 Δp_x 越大;反之亦然。不难看出,Δx 和 Δp_x 具有下述关系,即

$$\Delta x\Delta p_x=h \tag{15-32}$$

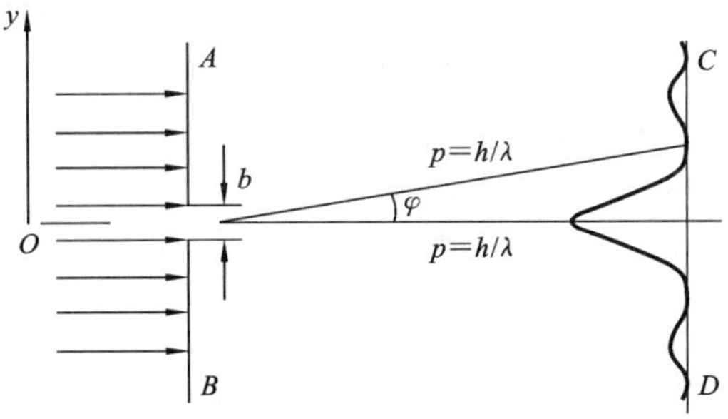

图 15-20　电子的单缝衍射实验

式中，Δx 是在 Ox 轴上电子坐标的不确定范围，Δp_x 是沿 Ox 轴方向电子动量分量的不确定范围。

一般来说，如果把衍射图样的级次考虑在内，上式应该写成

$$\Delta x \Delta p_x \geqslant h \tag{15-33}$$

这个关系式叫作不确定关系，有时人们把这个关系称为不确定原理。容易证明，不确定关系不仅适用于电子，也适用于其他微观粒子。不确定关系表明：对于微观粒子不能同时用确定的位置和确定的动量来描述。

不确定关系式是海森伯于 1927 年提出的。这个关系明确指出，对于微观粒子来说，企图同时确定其位置和动量是办不到的，也是没有意义的。不确定关系对于这种企图给出了定量的界限，即坐标不确定量和动量不确定量的乘积不能小于作用量子 h（普朗克常量）。微观粒子的这个特性，是由于它既具有粒子性，又具有波动性，这是微观粒子波粒二象性的必然表现。

应强调的是，作用量子 h 是一个极小的量，其数量级仅为 10^{-34}。所以，不确定关系只对微观粒子起作用，对宏观物体（质点）就不起作用了，这也说明了为什么经典力学对宏观物体（质点）仍十分有效。

例 15-5　一颗质量为 10 g 的子弹，具有 200 m·s^{-1}的速率。若其动量的不确定范围为动量的 0.01%（这在宏观范围是十分精确的了），则该子弹位置的不确定范围为多大？

解　子弹的动量

$$p = mv = 0.01\ \text{kg} \times 200\ \text{m}\cdot\text{s}^{-1} = 2\ \text{kg}\cdot\text{m}\cdot\text{s}^{-1}$$

动量的不确定范围

$$\Delta p = 0.01\% \times p = 1.0 \times 10^{-4} \times 2\ \text{kg}\cdot\text{m}\cdot\text{s}^{-1} = 2 \times 10^{-4}\ \text{kg}\cdot\text{m}\cdot\text{s}^{-1}$$

由不确定关系式（15-32），得子弹位置的不确定范围为

$$\Delta x = \frac{h}{\Delta p} = \frac{6.63 \times 10^{-34}}{2 \times 10^{-4}}\ \text{m} = 3.3 \times 10^{-30}\ \text{m}$$

我们知道，原子核的数量级为 10^{-15} m，所以，子弹位置的这个不确定范围是微不足道的。可见，子弹的动量和位置都能精确地确定，换言之，不确定关系对宏观物体来说，实际上是不起作用的。

15-7　量子力学简介

从 19 世纪末期到 20 世纪 20 年代，人们从对微观领域的研究工作中，发现微观粒子有着与

宏观物体不同的属性和规律。光和微观粒子的二象性、原子光谱的规律性和原子能级的分立性等,都使经典理论遇到不可克服的困难。旧的理论对微观世界不再适用,必须建立正确反映微观世界客观规律的理论。在一系列实验的基础上,德布罗意、薛定谔、海森伯、波恩和狄拉克等人建立了反映微观粒子属性和规律的量子力学。

本节简要介绍非相对论量子力学的一些最基本的概念和薛定谔方程,详细介绍一维无限深势阱。

一、波函数　概率密度

薛定谔认为像电子、中子、质子等这样具有波粒二象性的微观粒子,也可像声波或光波那样用波函数来描述它们的波动性。只不过电子波函数中的频率和能量的关系、波长和动量关系,应如同光的二象性关系那样,遵从德布罗意提出的物质波关系而已。这就是说微观粒子的波动性与机械波(如声波)的波动性有本质的不同,目前为了较直观地得出电子等微观粒子的波函数,我们不妨先从机械波的波函数出发,当然,如此所得的结果是否可靠,最终还是要由实验来检验的。

在第 10 章中,我们曾得出平面机械波的波函数为

$$y(x,t)=A\cos 2\pi\left(\nu t-\frac{x}{\lambda}\right) \tag{15-34a}$$

以及平面电磁波的波函数为

$$E(x,t)=E_0\cos 2\pi\left(\nu t-\frac{x}{\lambda}\right)$$

$$H(x,t)=H_0\cos 2\pi\left(\nu t-\frac{x}{\lambda}\right) \tag{15-34b}$$

显然,平面机械波和平面电磁波的波函数在形式上是相同的。现在将平面机械波的波函数写成复数形式,有

$$y(x,t)=A\mathrm{e}^{-\mathrm{i}2\pi\left(\nu t-\frac{x}{\lambda}\right)} \tag{15-35}$$

实际上,式(15-34a)是式(15-35)的实数部分。对于动量为 p、能量为 E 的粒子,它的波长 λ 和频率 ν 分别为

$$\lambda=\frac{h}{p},\quad \nu=\frac{E}{h}$$

如果粒子不受外力场的作用,则粒子为自由粒子,其能量和动量将是不变的。因而,自由粒子的德布罗意的波长和频率也是不变的,可以认为它是一平面单色波。若其波函数用 $\Psi(x,t)$ 表示,则有

$$\Psi(x,t)=\Psi_0\mathrm{e}^{-\mathrm{i}2\pi\left(\nu t-\frac{x}{\lambda}\right)}$$

上式也可以写成

$$\Psi(x,t)=\Psi_0\mathrm{e}^{-\mathrm{i}\frac{2\pi}{h}(Et-px)} \tag{15-36}$$

在 15-5 节中论述德布罗意波的统计意义时曾指出,对电子等微观粒子来说,粒子分布多的地方,粒子的德布罗意波的强度大,而粒子在空间分布数目的多少,是和粒子在该处出现的概率成正比的。因此,某一时刻粒子出现在某点附近体积元 $\mathrm{d}V$ 中的概率,与 $\Psi^2\mathrm{d}V$ 成正比。由式(15-36)知,波函数 Ψ 为一复数。而波的强度应为实正数,所以 $\Psi^2\mathrm{d}V$ 应由下式替代:

$$|\Psi|^2\mathrm{d}V=\Psi\Psi^*\mathrm{d}V$$

式中，Ψ^* 是 Ψ 的共轭复数，$|\Psi|^2$ 为粒子出现在某点附近单位体积中的概率，称为概率密度。

总的来说，在空间某处其波函数的二次方与粒子在该处出现的概率成正比，这就是波函数的统计意义，因此，德布罗意波也叫作概率波。如果在空间某处 $|\Psi|^2$ 的值越大，粒子出现在该处的概率也越大；$|\Psi|^2$ 的值越小，则粒子出现在该处的概率越小。然而，无论 $|\Psi|^2$ 如何小，只要它不等于零，那么粒子总有可能出现在该处。波函数的统计意义是波恩在 1926 年提出来的，为此，他与博特（W. W. G. Bothe，德国物理学家）共获 1954 年诺贝尔物理学奖。

因为粒子要么出现在空间的这个区域，要么出现在空间的那个区域，所以某时刻整个空间内发现粒子的概率应为 1，即

$$\int |\Psi|^2 \mathrm{d}V = 1 \tag{15-37}$$

上式叫作归一化条件。满足式（15-37）的波函数，叫作归一化波函数。

二、薛定谔方程

在经典力学中，如果知道质点的受力情况，以及质点在起始时刻的坐标和速度，那么由牛顿运动方程可求得质点在任何时刻的运动状态。在量子力学中，微观粒子的状态是由波函数描述的，如果我们知道它所遵循的运动方程，那么，由其起始状态和能量，就可以求解粒子的状态。下面我们先建立自由粒子的薛定谔方程，然后，在此基础上，建立在势场中运动的微观粒子所遵循的薛定谔方程。

设有一质量为 m、动量 p、能量为 E 的自由粒子，沿 Ox 轴运动，则其波函数可由式（15-36）表示，将该式对 x 取二阶偏导数，对 t 取一阶偏导数，分别得

$$\begin{cases} \dfrac{\partial^2 \Psi}{\partial x^2} = -\dfrac{4\pi^2 p^2}{h^2}\Psi \\ \dfrac{\partial \Psi}{\partial t} = -\dfrac{\mathrm{i}2\pi}{h}E\Psi \end{cases} \tag{15-38}$$

考虑到自由粒子的能量 E 只等于其动能 E_k，且当自由粒子的速度远小于光速时，在非相对论范围内，自由粒子的动量与动能之间的关系为 $p^2 = 2mE_k$。于是，由上两式可得

$$-\frac{h^2}{8\pi^2 m}\frac{\partial^2 \Psi}{\partial x^2} = \mathrm{i}\frac{h}{2\pi}\frac{\partial \Psi}{\partial t} \tag{15-39}$$

这就是做一维运动的自由粒子的含时薛定谔方程。

若粒子在势能为 E_p 的势场中运动，则其能量为 $E = E_k + E_p = p^2/2m + E_p$。将此关系式代入式（15-38），不难得到

$$-\frac{h^2}{8\pi^2 m}\frac{\partial^2 \Psi}{\partial x^2} + E_p\Psi = \mathrm{i}\frac{h}{2\pi}\frac{\partial \Psi}{\partial t} \tag{15-40}$$

这就是在势场中做一维运动的自由粒子的含时薛定谔方程。这个方程描述了一个质量为 m 的自由粒子，在势能为 E_p 的势场中，其状态随时间而变化的规律。

在有些情况下，微观粒子的势能 E_p 仅是坐标的函数，而与时间无关。于是，就可以把式（15-36）所表达的波函数分成坐标函数与时间函数的乘积，即

$$\Psi(x,t) = \Psi(x)\Psi(t) = \Psi(x)\mathrm{e}^{-\mathrm{i}\frac{2\pi}{h}Et} \tag{15-41}$$

其中，

$$\Psi(x) = \Psi_0 \mathrm{e}^{\mathrm{i}\frac{2\pi}{h}px}$$

把式(15-41)代入式(15-40)可得

$$\frac{\mathrm{d}^2\Psi(x)}{\mathrm{d}x^2}+\frac{8\pi^2 m}{h^2}(E-E_p)\Psi(x)=0 \tag{15-42}$$

显然,$\Psi(x)$只是x的函数,与时间无关,所以,式(15-42)称为在势场中一维运动粒子的定态薛定谔方程。此方程之所以被称为定态,不仅是因为粒子在势场中的势能只是坐标的函数,与时间无关,而且系统的能量是一个与时间无关的量,概率密度$\Psi\Psi^*$也不随时间而改变,这是定态所具有的特性。下面,即将讲述的粒子在无限深势阱中的运动,电子在原子内的运动等,都可视为定态下的运动。

假如,粒子是在三维势场中运动的,则可把式(15-42)推广为

$$\frac{\partial^2\Psi(x,y,z)}{\partial x^2}+\frac{\partial^2\Psi(x,y,z)}{\partial y^2}+\frac{\partial^2\Psi(x,y,z)}{\partial z^2}+\frac{8\pi^2 m}{h^2}[E-E_p(x,y,z)]\Psi(x,y,z)=0$$

或简写为

$$\frac{\partial^2\Psi}{\partial x^2}+\frac{\partial^2\Psi}{\partial y^2}+\frac{\partial^2\Psi}{\partial z^2}+\frac{8\pi^2 m}{h^2}(E-E_p)\Psi=0$$

引入拉普拉斯(Laplace)算符$\Delta^2=\frac{\partial^2}{\partial x^2}+\frac{\partial^2}{\partial y^2}+\frac{\partial^2}{\partial z^2}$,上式便可写成

$$\Delta^2\Psi+\frac{8\pi^2 m}{h^2}(E-E_p)\Psi=0 \tag{15-43}$$

这就是一般的定态薛定谔方程,它是具有势能E_p且在仅与坐标有关的力场中运动的粒子的德布罗意波的波动方程。

应当再次指出,式(15-43)不是由任何原理导出的,而是根据自由粒子的含时薛定谔方程推广而得的,在推广时,我们假设在势场中粒子的运动仍可沿用式(15-40)。薛定谔方程和物理学中的其他基本方程(如牛顿力学方程、麦克斯韦电磁场方程等)一样,其正确性只能由实验来验证。下面我们将看到,由薛定谔方程推得的结论确能解释一些实验结果,故而是反映了微观粒子的运动规律的。

由定态薛定谔方程不仅可以解得在定势场中运动的粒子的波函数,从而知道粒子处于空间某一体积内的概率,而且可以得到定态时系统的能量。但要使式(15-43)解得的波函数Ψ是合理的,还需要对Ψ明确如下条件:

(1) $\int_{-\infty<x,y,z<+\infty}|\Psi|^2\mathrm{d}x\mathrm{d}y\mathrm{d}z$应为有限值,$\Psi$可以归一化;

(2) Ψ以及$\frac{\partial\Psi}{\partial x}$、$\frac{\partial\Psi}{\partial y}$、$\frac{\partial\Psi}{\partial z}$应连续;

(3) $\Psi(x,y,z)$应为单值函数。

上述条件常称为标准条件。

三、一维势阱问题

如图15-21所示,设想有一粒子处在势能为E_p的力场中,并沿Ox轴做一维运动。粒子的势能E_p满足下述边界条件:

(1) 当粒子在$0<x<a$的范围内时,$E_p=0$;

(2) 当$x\leqslant 0$及$x\geqslant a$时,$E_p\to\infty$。

这就是说,粒子只能在宽度为a的两个无限高势壁之间做自由运动,就像一小球被限制在

无限深的平底深谷中运动那样。这理想化了的势能曲线被称为无限深方势阱。因为粒子限于沿 Ox 轴方向运动，故这个势阱也称为一维无限深方势阱，简称为一维方势阱。

按照经典理论，处于无限深方势阱中的粒子，其能量可取任意的有限值。那么，从量子力学来看，粒子在此势阱中的能量可否也取任意的有限值呢？此外，从经典理论来看，粒子出现在宽度为 a 的势阱内各处的概率应当是相等的。从量子力学来看，这个问题又当如何呢？下面我们应用定态薛定谔方程，求出被限制在一维无限深势阱中的粒子所能允许具有的能量和粒子的波函数。

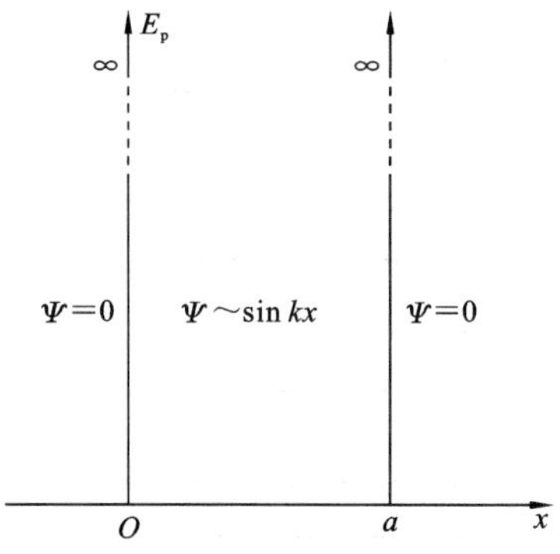

图 15-21　一维势阱

由上述边界条件可知，粒子在势阱中的势能 $E_p(x)$ 与时间无关，且 $E_p=0$。因此，由一维定态薛定谔方程式(15-42)，粒子在一维无限深方势阱中的定态薛定谔方程为

$$\frac{\mathrm{d}^2\Psi}{\mathrm{d}x^2}+\frac{8\pi^2 mE}{h^2}\Psi=0 \tag{15-44}$$

式中，m 为粒子的质量，E 为粒子的总能量。引入参数 k：

$$k=\sqrt{\frac{8\pi^2 mE}{h^2}}$$

则式(15-44)可写成

$$\frac{\mathrm{d}^2\Psi}{\mathrm{d}x^2}+k^2\Psi=0$$

这在数学形式上与经典的简谐运动方程是一样的，只是用 x 代替了 t，故知其通解为

$$\Psi(x)=A\sin kx+B\cos kx$$

式中，A、B 为两个常数，可用边界条件求出。根据边界条件，当 $x=0$ 时，$\Psi(0)=0$。由上式可知，只有 $B=0$，才能使 $\Psi(0)=0$。于是上式为

$$\Psi(x)=A\sin kx \tag{15-45}$$

又根据边界条件，$x=a$ 时，$\Psi(a)=0$。此时式(15-45)为

$$\Psi(a)=A\sin ka=0$$

一般来说，A 不为零，故 $\sin ka=0$，有

$$ka=n\pi,\quad n=1,2,3,\cdots$$

上式也可写成

$$k=\frac{n\pi}{a},\quad n=1,2,3,\cdots$$

将上式与 $k=\sqrt{\frac{8\pi^2 mE}{h^2}}$ 相比较，可得势阱中粒子可能的能量值为

$$E=n^2\frac{h^2}{8ma^2} \tag{15-46}$$

式中，n 为量子数，表明粒子的能量只能取离散的值。由式(15-46)可以看到，$n=1$ 时，势阱中粒子的能量为 $E_1=\frac{h^2}{8ma^2}$；$n=2,3,4,\cdots$时，势阱中粒子的能量则为 $4E_1,9E_1,16E_1,\cdots$，如图 15-22

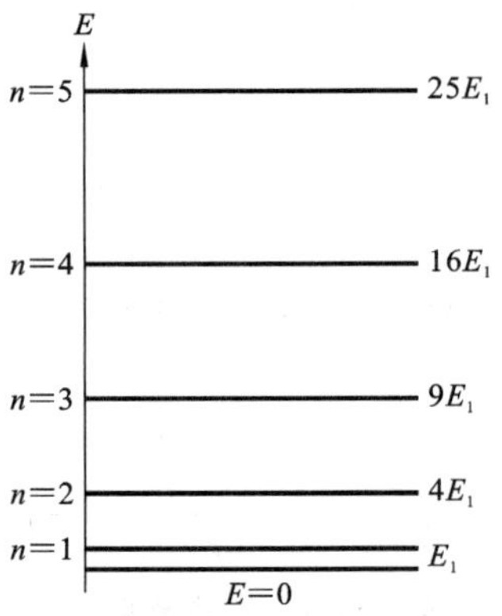

图 15-22 势阱中粒子的能量

所示。这就是说，一维无限深方势阱中粒子的能量是量子化的。由此可见，能量量子化乃是物质的波粒二象性的自然结论，而不像初期量子理论那样，需以人为假定的方式引入。

下面再来确定常数 A。由于粒子被限制在 $0\leqslant x\leqslant a$ 的势阱中，因此，按照归一化条件，粒子在此区间内出现的概率总和应等于 1，即

$$\int_0^a \Psi\Psi^* \mathrm{d}x = \int_0^a |\Psi|^2 \mathrm{d}x = 1$$

或

$$A^2\int_0^a \sin^2 \frac{n\pi}{a}x\,\mathrm{d}x = 1$$

令 $\theta=\dfrac{\pi x}{a}$，$\mathrm{d}\theta=\dfrac{\pi}{a}\mathrm{d}x$，则上式左侧积分为

$$A^2\int_0^\pi \frac{a}{\pi}\sin^2 n\theta\,\mathrm{d}\theta = \left(\frac{A^2 a}{\pi}\right)\frac{\pi}{2} = \frac{1}{2}A^2 a$$

于是，可得

$$A=\sqrt{\frac{2}{a}}$$

这样，式(15-45)所表示的波函数即为

$$\Psi(x)=\sqrt{\frac{2}{a}}\sin\frac{n\pi}{a}x,\quad 0\leqslant x\leqslant a \tag{15-47}$$

由此可得，能量为 E 的粒子在势阱中的概率密度为

$$|\Psi(x)|^2=\frac{2}{a}\sin^2\frac{n\pi}{a}x \tag{15-48}$$

图 15-23 给出在无限深的一维势阱中，粒子在前三个能级的波函数和概率密度。从图中可看出，粒子在势阱中各处的概率密度并不是均匀分布的，而是随量子数不断改变的。例如当量子数 $n=1$ 时，粒子在势阱中部(即 $x=a/2$ 附近)出现的概率最大，而在两端出现的概率为零。这一点与经典力学很不相同。按照经典力学，粒子在势阱内各处的运动是不受限制的，粒子在势阱内各处出现的概率也应当相等。此外，从图中还可以看出，随着量子数 n 的增大，概率密度分布曲线的峰值的个数也增多。例如，$n=2$ 有两个峰值；$n=3$ 有三个峰值……而且两相邻峰值

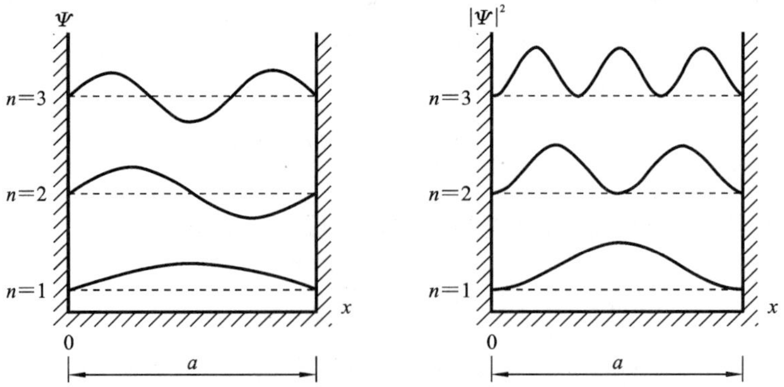

图 15-23 无限深的一维势阱

之间的距离随 n 的增大而变小。可以想象，当 n 很大时，相邻峰值之间的距离将缩得很小，彼此靠得很近。这就非常接近于经典力学中，粒子在势阱中各处概率相同的情况了。

例 15-6　有一粒子沿 Ox 轴正方向运动，其波函数为 $\Psi(x)=\dfrac{A}{1+\mathrm{i}x}$，将此波函数归一化。

解　由归一化条件 $\int_{-\infty}^{\infty}|\Psi|^2\mathrm{d}x=1$，有

$$\int_{-\infty}^{\infty}|\Psi|^2\mathrm{d}x=A^2\int_{-\infty}^{\infty}\frac{\mathrm{d}x}{1+x^2}=A^2\pi=1$$

归一化系数为

$$A=\frac{1}{\sqrt{\pi}}$$

则归一化波函数为

$$\Psi(x)=\frac{1}{\sqrt{\pi}}\frac{1}{1+\mathrm{i}x}$$

习　题

15-1　(1) 温度为室温(20 ℃)的黑体，其单色辐出度的峰值所对应的波长为多少？(2) 从太阳光谱的实验观测中，测知单色辐出度的峰值所对应的波长 λ_m 约为 483 nm，试由此估计太阳表面的温度？(3) 以上两辐出度的比为多少？

15-2　天狼星的温度大约是 11 000 ℃，试由维恩位移定律计算其辐射峰值的波长。

15-3　太阳可看作是半径为 7.0×10^8 m 的球形黑体，试计算太阳的温度。设太阳射到地球表面上的辐射能量为 1.4×10^3 W·m^{-2}，地球与太阳间的距离为 1.5×10^{11} m。

15-4　钨的逸出功为 4.52 eV，钡的逸出功为 2.50 eV，分别计算钨和钡的截止频率。哪种金属可以用作可见光范围内的光电管阴极材料？

15-5　钾的截止频率为 4.62×10^{14} Hz，今以波长为 435.8 nm 的光照射，求钾放出的光电子的初速度。

15-6　在康普顿效应中，入射光子的波长为 3.0×10^{-3} nm，反冲电子的速度为光速的 60%，求散射光子的波长及散射角。

15-7　设有波长为 1.00×10^{-10} m 的 X 射线的光子与自由电子做弹性碰撞，散射 X 射线的散射角为 90°，问：

(1) 散射波长的改变量 $\Delta\lambda$ 为多少？

(2) 反冲电子得到多少动能？

(3) 在碰撞中，光子的能量损失了多少？

15-8　计算氢原子光谱中莱曼系的最短和最长波长，并指出是否为可见光。

15-9　已知 α 粒子的静止质量为 6.68×10^{-27} kg，求速率为 5000 km·s^{-1}的 α 粒子的德布罗意波的波长。

15-10　求动能为 1.0 eV 的电子的德布罗意波的波长。

15-11　电子位置的不确定量为 5.0×10^{-2} nm 时，其速率的不确定量为多少？

15-12 一质量为 40 g 的子弹以 $1.0\times10^{3}\ \mathrm{m\cdot s^{-1}}$ 的速率飞行,求:

(1) 其德布罗意波的波长;

(2) 若子弹位置的不确定量为 0.10 mm,求其速率的不确定量。

15-13 已知一维运动粒子的波函数为

$$\Psi(x)=\begin{cases}Axe^{-\lambda x}, & x\geqslant 0\\ 0, & x<0\end{cases}$$

式中 $\lambda>0$,试求:

(1) 归一化常数 A 和归一化波函数;

(2) 该粒子位置坐标的概率分布函数(又称概率密度);

(3) 在何处找到粒子的概率最大。

习题参考答案

第 9 章

9-1　B

9-2　C

9-3　D

9-4　A

9-5　B

9-6　$x=2.0\times10^{-2}\cos(2\pi t+0.75\pi)$ (SI)

9-7　$T=2\pi/\omega=0.25\ \text{s}, A=0.1\ \text{m}, \varphi=2\pi/3, v_{\max}=\omega A=2.5\ \text{m}\cdot\text{s}^{-1}, a_{\max}=\omega^2 A=6.4\pi^2\ \text{m}\cdot\text{s}^{-2}=63\ \text{m}\cdot\text{s}^{-2}$

9-8　(1) 0.63 s, $10\ \text{s}^{-1}$；　(2) -1.3 m/s, $\frac{1}{3}\pi$；　(3) $x=15\times10^{-2}\cos\left(10t+\frac{1}{3}\pi\right)$ (SI)

9-9　(1) 0.052 m, -0.094 m/s, $-0.513\ \text{m/s}^2$；　(2) 0.833 s

9-10　(1) 略；　(2) $\frac{1}{2\pi}\sqrt{\frac{k_1k_2}{k_1+k_2}\frac{1}{m}}$

9-11　1.95 s

9-12　(1) $x_1=8.0\times10^{-2}\cos(10t+\pi)$ (SI)；　(2) $x_2=6.0\times10^{-2}\cos\left(10t+\frac{\pi}{2}\right)$ (SI)

9-13　$x=x_0+l_0\cos\left(\sqrt{\frac{g\rho S}{m}}t\right)$

9-14　$\frac{1}{2}\pi$

9-15　(1) 0.5 Hz；　(2) 8.8 cm, 3.96 rad(或-2.33 rad)

9-16　2.00 mm

9-17　(1) 0.201 s；　(2) 2.45×10^{-5} J

9-18　(1) 0.08 m；　(2) ±0.0566 m；　(3) ±0.8 m/s

9-19　$x=7.81\times10^{-2}\cos(10t+1.48)$ (SI)

9-20　$x=2\times10^{-2}\cos(4t+\pi/3)$ (SI)

9-21　$x=y, x^2+y^2-\sqrt{3}xy=A^2/4, x^2+y^2=A^2$

9-22　(1) $30\ \text{s}^{-1}$；　(2) $26.5\ \text{s}^{-1}$, 0.177 m

9-23　$20\ \text{s}^{-1}$

9-24　(1) 2.0×10^{-4} s；　(2) 1.01×10^{-2} H；　(3) $-0.157\sin 10^4\pi t$ (A)

9-25　(1) 6.0；　(2) 33.75 pF, 2.58×10^{-4} H

第 10 章

10-1 A

10-2 C

10-3 B

10-4 C

10-5 D

10-6 D

10-7 A

10-8 B

10-9 (1) $y_0=\sqrt{2}\times10^{-2}\cos\left(\frac{1}{2}\pi t+\frac{1}{3}\pi\right)$; (2) $y=\sqrt{2}\times10^{-2}\cos\left(\frac{1}{2}\pi x-\frac{5}{6}\pi\right)$

10-10 $y=\cos\left(200\pi t-\frac{5}{2}\pi\right)$, $-\frac{5}{2}\pi$, $\frac{\pi}{2}$

10-11 -0.01 m, 0, 6.17×10^3 m/s^2

10-12 (1) 0.05 m, 50 m/s, 50 Hz, 1.0 m; (2) 50 m/s, 4.93×10^3 m/s^2; (3) π

10-13 (1) $y=A\cos\left(\frac{2\pi vt}{\lambda}-\frac{\pi}{2}+\frac{2\pi}{\lambda}x\right)$ (SI); (2) 略

10-14 (1) $y=0.03\cos\left(50\pi t-\frac{\pi}{2}\right)$ (SI); (2) $y=0.03\cos\left(50\pi t-\frac{25}{3}\pi x-\frac{\pi}{2}\right)$ (SI); (3) $y=0.03\cos\left(\frac{99}{2}\pi-\frac{25}{3}\pi x\right)$ (SI); (4) $y=0.03\cos\left(50\pi t-\frac{5\pi}{2}\right)$ (SI); (5) 2π

10-15 $y=2\times10^{-2}\cos\left(100\pi t-\frac{1}{2}\pi\right)$ (SI), 6.28 m/s

10-16 (1) 略; (2) $y_0=0.2\cos\left(180\pi t+\frac{\pi}{2}\right)$ (SI); (3) $y=0.2\cos\left(180\pi t-5\pi x+\frac{\pi}{2}\right)$ (SI)

10-17 (1) 1.58×10^5 W/m; (2) 3.79×10^3 J

10-18 0.40 m

10-19 6 m, π

10-20 $y_A=0.03\cos\left(4\pi t-\frac{\pi}{5}x\right)$ (SI), $y_B=0.03\cos\left(4\pi t-\frac{\pi}{5}x-\frac{9}{5}\pi\right)$ (SI), $y_C=0.03\cos\left(4\pi t-\frac{\pi}{5}x+\pi\right)$ (SI)

10-21 $x=2k+15$ ($k=0,\pm1,\pm2,\cdots,\pm7$)

10-22 合振幅最大的点:$x=\pm\frac{1}{2}k\lambda$ ($k=0,1,2,3,\cdots$);合振幅最小的点:$x=\pm(2k+1)\lambda/4$ ($k=0,1,2,\cdots$)

10-23 50 W/m^2

10-24 (1) 1.5×10^{-2} m, 343.8 m/s; (2) 0.625 m; (3) -46.2 m/s

10-25 1.08×10^3 m

第 11 章

11-1 B

11-2 C

11-3 A

11-4 1

11-5 (1) 条纹间距增大； (2) 条纹间距减小； (3) 条纹间距增大

11-6 1.34×10^{-4} m

11-7 5 mm;4.3 mm;3.9 mm;2.9 mm

11-8 8.0 μm

11-9 在可见光范围内，当 $k=2$ 时，$\lambda=668.8$ nm(红光)，当 $k=3$ 时，$\lambda=401.3$ nm(紫光)，正面呈红紫色； 当 $k=2$ 时，$\lambda=501.6$ nm(绿光)，背面呈绿色。

11-10 (1) 110.96 nm； (2) 590.3 nm

11-11 114.6 nm

11-12 5.75×10^{-5} m

11-13 33;45

11-14 1.22

11-15 588.4 nm

11-16 1.00029

11-17 (1) 明环； (2) 4

11-18 5×10^{-4} m;1.3×10^{-2} m

11-19 (1) 1.47×10^{-3} m； (2) 3.68×10^{-3} m

11-20 428.6 nm

11-21 $x_1=3.0\times10^{-3}$ m，$x_2=5.7\times10^{-3}$ m，2.7×10^{-3} m； $x_1=2.0\times10^{-2}$ m，$x_2=3.8\times10^{-2}$ m，1.8×10^{-2} m

11-22 8.2×10^{3} m

11-23 天文望远镜的分辨率是普通望远镜的 120 倍

11-24 线偏振光占入射光强的$\frac{2}{3}$，自然光占$\frac{1}{3}$

11-25 $\frac{1}{3}$

第 12 章

12-1 4.3×10^{5} Pa

12-2 氧气;氖气

12-3 A

12-4 B

12-5 B

12-6 A

12-7 1.29 kg · m^{-3}

12-8　8.21×10^{-3} m^3;3.3×10^{-2} kg

12-9　9.42×10^{-21} J,8.12×10^3 J

12-10　(1) 28×10^{-3} kg·mol^{-1},氮气 N_2 或一氧化碳 CO；(2) $E_{平均平动动能}=5.6\times10^{-21}$ J,$E_{平均转动动能}=3.7\times10^{-21}$ J；(3) 1.5×10^3 J·m^{-3}

12-11　3.94×10^2 m·s^{-1};4.47×10^2 m·s^{-1};4.83×10^2 m·s^{-1}

12-12　(1) 2.44×10^{25} m^{-3}；(2) 1.3 kg·m^{-3}；(3) 6.21×10^{-21} J；(4) 3.45×10^{-9} m

12-13　(1) 1.35×10^5 Pa；(2) 7.49×10^{-21} J；3.62×10^2 K

12-14　(1) 6.21×10^{-21} J,300 K；(2) 3.94×10^2 m·s^{-1}

12-15　氩,氖,氦

12-16　(1) 4000 m·s^{-1}；(2) 1000 m·s^{-1}

12-17　(1) $\frac{1}{2}kT$ 表示理想气体分子每一个自由度所具有的平均能量；(2) $\frac{3}{2}kT$ 理想气体分子的平均平动动能或者单原子分子的平均动能；(3) $\frac{i}{2}kT$ 表示自由度为 i 的分子的平均动能；(4) $\frac{i}{2}RT$ 表示自由度为 i 的 1 mol 理想气体的内能；(5) $\frac{m}{\mu}\cdot\frac{3}{2}RT$ 表示质量为 m 的单原子分子的内能；(6) $\frac{m}{\mu}\cdot\frac{i}{2}RT$ 表示自由度为 i 质量为 m 的理想气体的内能

12-18　(1)

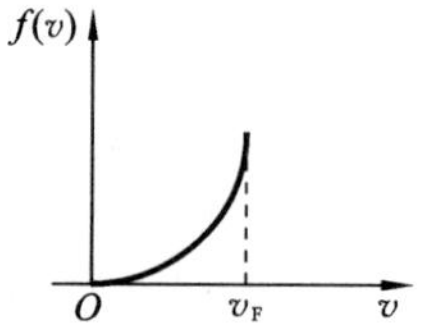

(2) $\frac{3}{v_F^3}$；(3) v_F,$\frac{3}{4}v_F$,$\sqrt{\frac{3}{5}}v_F$

12-19　(1) 表示平衡态下,速率在 $v\sim v+dv$ 区间的分子数占总分子数的比率；(2) 表示平衡态下,速率在 $v\sim v+dv$ 区间的分子数；(3) 表示平衡态下,速率在 $v_1\sim v_2$ 区间的分子数占总分子数的比率；(4) 表示平衡态下,速率在 $v_1\sim v_2$ 区间的分子数；(5) 表示平衡态下,速率在 $v_1\sim v_2$ 区间的算术平均值；(6) 表示平衡态下,速率在 $v_p\sim\infty$ 区间的分子数占总分子数的比率；(7) 表示所有分子的速率平方的平均值；(8) 表示所有分子的平均平动动能的平均值

12-20　3.2×10^{17} m^{-3}，7.8 m，60 s^{-1}

12-21　$\frac{\sqrt{2}}{2}\bar{Z}_0$，$\bar{\lambda}=\bar{\lambda}_0$

第 13 章

13-1　B

13-2　D

13-3　C

13-4　A

13-5　B

13-6　A

13-7　C

13-8　1.15 K

13-9　1.5×10^6 J

13-10　(1) 5.0×10^2 J；　(2) 1.21×10^3 J

13-11　$\frac{5}{2}(p_2V_2-p_1V_1)$；$(p_1+p_2)(V_2-V_1)/2$；$3(p_2V_2-p_1V_1)$

13-12　$pV+4pV\ln2$；$\frac{11}{2}pV+4pV\ln2$；$\frac{9}{2}pV$

13-13　$Q_{\mathrm{I}}<0$ 放热；$Q_{\mathrm{III}}>0$ 吸热

13-14　76.1 J

13-15　(1) $T_a=400$ K，$T_b=636$ K，$T_c=800$ K，$T_d=800$ K；　(2) $E_c=9.97\times10^3$ J；(3) $W=0.748\times10^3$ J

13-16　(1) $\frac{3}{2}p_0V_0$，0，$\frac{3}{2}p_0V_0$；0，$4p_0V_0$，$4p_0V_0$。　(2) 温度最高状态为 $d(2p_0,2V_0)$。(3) $b\to c$ 过程不均是吸热过程

13-17　410 K

13-18　−500 J

13-19　55.7 J

13-20　(1) 29.4%；　(2) 425 K

13-21　9.9%

13-22　(1) $\sqrt{T_1T_2}$；　(2) $C(T_1+T_2-2T_f)$

13-23　$1-\frac{T_3}{T_2}$

13-24　15%

13-25　8.0 kW·h

第 14 章

14-1　C

14-2　火车上的观察者发现两个闪光不同时；时差为 1.54×10^{-13} s

14-3　(1) 1.25×10^{-7} s；　(2) 4.0×10^{-7} s

14-4　(1) 0.8 m；　(2) 4.4×10^{-9} s

14-5　2×10^8 m·s^{-1}；671 m

14-6　(1) 2.9×10^8 m·s^{-1}；(2) c

14-7　$0.86c$，$0.98c$，$0.99c$

14-8　$\frac{m_0}{\sqrt{1-K^2}}$；7，1

14-9　$0.15m_0c^2$，$1.27m_0c^2$，$6.14m_0c^2$

14-10　(1) $\frac{m_0}{\sqrt{1-\frac{v^2}{c^2}}}$；　(2) $\frac{\rho_0}{1-\frac{v^2}{c^2}}$；　(3) 是经典结果

第 15 章

15-1 (1) 9890 nm; (2) 6000 K; (3) 1.76×10^{5}

15-2 257 nm

15-3 5800 K

15-4 $\nu_{钨}=1.09\times10^{15}$ Hz, $\nu_{钡}=0.603\times10^{15}$ Hz; 钡可以用作可见光范围内的光电管阴极材料

15-5 $5.74\times10^{5}\ \mathrm{m\cdot s^{-1}}$

15-6 4.35×10^{-3} nm, $63°36'$

15-7 (1) 2.43×10^{-12} m; (2) 295 eV; (3) 295 eV

15-8 $\lambda_{min}=91.2$ nm; $\lambda_{max}=121.5$ nm; 均不是可见光

15-9 1.99×10^{-5} nm

15-10 1.23 nm

15-11 $1.46\times10^{7}\ \mathrm{m\cdot s^{-1}}$

15-12 (1) 1.66×10^{-35} m; (2) 1.66×10^{-28} m/s

15-13 (1) $A=2\lambda^{3/2}$, $\Psi(x)=\begin{cases}2\lambda\sqrt{\lambda}x\mathrm{e}^{-\lambda x}, & x\geqslant0\\ 0, & x<0\end{cases}$; (2) $|\Psi(x)|^2=\begin{cases}4\lambda^3x^2\mathrm{e}^{-2\lambda x}, & x\geqslant0\\ 0, & x<0\end{cases}$; (3) $x=\dfrac{1}{\lambda}$

附录　物理量的量纲和单位

一、国际单位制中的单位词头

词头	符号	幂	词头	符号	幂
尧[它]yotta	Y	10^{24}	吉[咖]giga	G	10^{9}
泽[它]zetta	Z	10^{21}	兆 mega	M	10^{6}
艾[可萨]exa	E	10^{18}	千 kilo	K	10^{3}
拍[它]peta	P	10^{15}	百 hecto	H	10^{2}
太[拉]tera	T	10^{12}	十 deka	da	10
分 deci	d	10^{-1}	皮可 pico	p	10^{-12}
厘 milli	c	10^{-2}	飞母托 femto	f	10^{-15}
毫 micro	m	10^{-3}	阿托 atto	a	10^{-18}
微 micro	μ	10^{-6}	仄普托 zepto	Z	10^{-21}
纳[诺]nano	n	10^{-9}	幺科托 yocto	Y	10^{-24}

二、物理量的名称、符号和单位(SI)一览表

物理量名称	物理量符号	单位名称	单位符号
长度	l,L	米	m
面积	S,A	平方米	m^2
体积，容积	V	立方米	m^3
时间	t	秒	s
[平面]角	$\alpha,\beta,\gamma,\theta,\varphi$ 等	弧度	rad
立体角	Ω	球面度	sr
角速度	ω	弧度每秒	$rad \cdot s^{-1}$
角加速度	α	弧度每二次方秒	$rad \cdot s^{-2}$
速度	v,u,c	米每秒	$m \cdot s^{-1}$
加速度	a	米每二次方秒	$m \cdot s^{-2}$
周期	T	秒	$rad \cdot s^{-1}$
转速	n	每秒	s^{-1}

续表

物理量名称	物理量符号	单位名称	单位符号
频率	ν, f	赫[兹]	Hz
角频率	ω	弧度每秒	$rad \cdot s^{-1}$
波长	λ	米	m
波数	K	每米	m^{-1}
振幅	A	米	m
质量	M, m	千克	kg
密度	ρ	千克每立方米	$kg \cdot m^{-3}$
面密度	σ	千克每平方米	$kg \cdot m^{-2}$
线密度	λ	千克每米	$kg \cdot m^{-1}$
动量	P, p	千克米每秒	$kg \cdot m \cdot s^{-1}$
冲量	I	千克米每秒	$kg \cdot m \cdot s^{-1}$
动量矩 角动量	L	千克二次方米每秒	$kg \cdot m^2 \cdot s^{-1}$
转动惯量	I, J	千克二次方米	$kg \cdot m^2$
力	F, f	牛[顿]	N
力矩	M	牛[顿]米	$N \cdot m$
压强，压力	p	帕[斯卡]	$N \cdot m^{-2}$, Pa
相[位]	φ	弧度	rad
功	W, A	焦[耳]，电子伏[特]	J, eV
能[量]	E, W	焦[耳]，电子伏[特]	J, eV
动能	E_k, T	焦[耳]，电子伏[特]	J, eV
势能	E_p, V	焦[耳]，电子伏[特]	J, eV
功率	P	瓦[特]	$J \cdot s^{-1}$, W
热力学温度	T	开[尔文]	K
摄氏温度	t	摄氏度	℃
热量	Q	焦[耳]	$N \cdot m$, J
热导率(导热系数)	κ, λ	瓦[特]每米开[尔文]	$W \cdot m^{-1} \cdot K^{-1}$
热容[量]	C	焦[耳]每开[尔文]	$J \cdot K^{-1}$
比热容	c	焦[耳]每千克开[尔文]	$J \cdot kg^{-1} \cdot K^{-1}$
摩尔质量	μ	千克每摩[尔]	$kg \cdot mol^{-1}$
摩尔定压热容	C_p	焦[耳]每摩[尔]开[尔文]	$J \cdot mol^{-1} \cdot K^{-1}$
摩尔定容热容	C_V	焦[耳]每摩[尔]开[尔文]	$J \cdot mol^{-1} \cdot K^{-1}$
内能	U, E	焦[耳]	J

续表

物理量名称	物理量符号	单位名称	单位符号
熵	S	焦[耳]每开[尔文]	$J \cdot K^{-1}$
平均自由程	λ	米	m
扩散系数	D	米二次方每秒	$m^2 \cdot s^{-1}$
电量	Q,q	库[仑]	C
电流	I,i	安[培]	A
电荷密度	ρ	库[仑]每立方米	$C \cdot m^{-3}$
电荷面密度	σ	库[仑]每平方米	$C \cdot m^{-2}$
电荷线密度	λ	库[仑]每米	$C \cdot m^{-1}$
电场强度	E	伏[特]每米	$V \cdot m^{-1}$
电势(电位)	U,V	伏[特]	V
电势差(电位差),电压	U_{12},U_1-U_2	伏[特]	V
电动势	ε	伏[特]	V
电位移	D	库[仑]每平方米	$C \cdot m^{-2}$
电通量	Φ_e	库[仑]	C
电容	C	法[拉]	$F(1\ F=1\ C \cdot V^{-1})$
电容率(介电常数)	ε	法[拉]每米	$F \cdot m^{-1}$
相对电容率(相对介电常数)	ε_r	量纲一	
电[偶极]矩	p	库[仑]米	$C \cdot m$
电流密度	j	安[培]每平方米	$A \cdot m^{-2}$
磁场强度	H	安[培]每米	$A \cdot m^{-1}$
磁感应强度	B	特[斯拉]	$T(1\ T=1\ Wb \cdot m^{-2})$
磁通量	Φ_m,ψ	韦[伯]	$Wb(1\ Wb=1\ V \cdot s)$
自感	L	亨[利]	$H(1\ H=1\ Wb \cdot A^{-1})$
互感	M	亨[利]	$H(1\ H=1\ Wb \cdot A^{-1})$
磁导率	μ	亨[利]每米	$H \cdot m^{-1}$
磁矩	p_m	安[培]平方米	$A \cdot m^2$
电磁能密度	w	焦[耳]每立方米	$J \cdot m^{-3}$
[直流]电阻	R	欧[姆]	$\Omega(1\ \Omega=1\ V \cdot A^{-1})$
电阻率	ρ	欧[姆]米	$\Omega \cdot m$
光强	I	瓦[特]每平方米	$W \cdot m^{-2}$
相对磁导率	μ_r	量纲一	

续表

物理量名称	物理量符号	单位名称	单位符号
折射率	n	量纲一	
发光强度	I	坎[德拉]	cd
辐[射]出[射]度	M	瓦[特]每平方米	$W \cdot m^{-2}$
辐[射]照度	I	瓦[特]每平方米	$W \cdot m^{-2}$
声强级	L_I	分贝	dB
核的结合能	E_B	焦[耳]	J
半衰期	τ	秒	s

三、基本物理常数表(2010年国际推荐值)

物理量	符号	数值	单位	不确定度
真空光速	c	299 792 458	$m \cdot s^{-1}$	(精确)
真空磁导率	μ_0	$4\pi \times 10^{-7}$	$H \cdot m^{-1}$	(精确)
真空介电常数	ε_0	$8.854\ 187\ 817\cdots \times 10^{-12}$	$F \cdot m^{-1}$	(精确)
牛顿引力常数	G	$6.673\ 84(80) \times 10^{-11}$	$m^3 \cdot kg^{-1} \cdot s^{-2}$	1.2×10^{-4}
普朗克常量	h	$6.626\ 069\ 57(29) \times 10^{-34}$	$J \cdot s$	4.4×10^{-8}
基本电荷	e	$1.602\ 176\ 565(35) \times 10^{-19}$	C	2.2×10^{-8}
里德伯常数	R_∞	10 973 731.568 539(55)	m^{-1}	5.0×10^{-12}
电子质量	m_e	$9.109\ 382\ 91(40) \times 10^{-31}$	kg	4.4×10^{-8}
质子质量	m_p	$1.672\ 621\ 777(74) \times 10^{-27}$	kg	4.4×10^{-8}
阿伏伽德罗常量	N_A, L	$6.022\ 141\ 29(27) \times 10^{23}$	mol^{-1}	4.4×10^{-8}
原子(统一)质量单位,原子质量常数 $1\ u = m_u = \frac{1}{12} m(^{12}C)$	m_u	$1.660\ 538\ 921(73) \times 10^{-27}$	kg	4.4×10^{-8}
气体常数	R	8.314 462 1(75)	$J \cdot mol^{-1} \cdot K^{-1}$	9.1×10^{-7}
玻尔兹曼常数	k	$1.380\ 648\ 8(13) \times 10^{-23}$	$J \cdot K^{-1}$	9.1×10^{-7}
摩尔体积(理想气体) $T=273.15$ K $p=101.325$ kPa	V_m	$22.413\ 968(20) \times 10^{-3}$	$m^3 \cdot mol^{-1}$	9.1×10^{-7}
斯特藩-玻尔兹曼常数	σ	$5.670\ 373(21) \times 10^{-8}$	$W \cdot m^{-2} \cdot K^{-4}$	3.6×10^{-6}